图解机电一体化技术应用丛书

传感器技术及应用电路

第二版

主　编　陈圣林　王东霞
副主编　郭　云　李建勇
参　编　邵在虎　刘　琨
　　　　裴勇生　施秉旭
主　审　殷淑英

中国电力出版社
CHINA ELECTRIC POWER PRESS

内 容 提 要

本书是《图解传感器技术及应用电路（第二版）》，全书在第一版的基础上将原有内容整合为9个项目，内容包括传感器概述、压力传感器、电感式传感器、测速传感器、光电式传感器、温度传感器、气体传感器、特殊类型传感器以及智能传感器。本书保持了第一版通俗易懂的形式，旨在帮助广大读者理解和认识各类常用传感器装置的结构、工作原理和应用，提升其综合应用能力。

本书可作为普通本科院校、高职高专院校电子信息、自动化、应用电子技术等专业的教学用书，也可作为工程技术人员的参考用书，还可作为传感器技术爱好者的自学用书。

图书在版编目（CIP）数据

图解传感器技术及应用电路 / 陈圣林，王东霞主编. —2版. —北京：中国电力出版社，2016.4（2025.3重印）
ISBN 978-7-5123-8245-9

Ⅰ. ①图… Ⅱ. ①陈… ②王… Ⅲ. ①传感器－图解 Ⅳ. ① TP212-64

中国版本图书馆 CIP 数据核字（2015）第 215484 号

中国电力出版社出版、发行
（北京市东城区北京站西街19号 100005 http://www.cepp.sgcc.com.cn）
北京天宇星印刷厂印刷
各地新华书店经售
*
2009年8月第一版
2016年4月第二版 2025年3月北京第十一次印刷
787毫米×1092毫米 16开本 18.5 印张 305 千字
定价45.00 元

前　　言

随着工业 4.0 时代的到来，制造业向智能化转型。现代智能工厂高度依赖的四大基础条件之一是传感器（数据采集），它是工业 4.0 实施的关键要素。智能工厂，这种新型生产模式的兴起，必将带来机器人的大规模普及和传感器的大量使用。

传感器是实现检测与自动控制的首要环节。传感器技术又是衡量一个国家科学技术和工业水平的重要标志。传感器的种类繁多，所涉及的知识领域广泛，鉴于篇幅有限，本书所选择的传感器都是目前应用最为广泛且技术比较成熟的传感器。

作者先后深入十几家公司及生产车间熟悉传感器产品的实际应用情况，广泛听取各种意见，在内容选择上充分考虑简单实用，并与实际工作相结合。通过 9 个项目，阐述了常用传感器的原理、结构、测试方法及应用，力求通俗易懂，明了直观，使学习者能够轻松入门。

本书在岗位能力调研的基础上，经过认真分析和筛选后，编入了大量的传感器图片和技术资料，内容由浅入深，循序渐进。同时在系统阐述了各种传感器的概念和原理的基础上，在“做一做”环节又加强了实践应用，突出了理论与实践并重。

本书由陈圣林、王东霞主编，项目 1 与项目 9 由陈圣林编写，项目 2 与项目 8 由王东霞编写，项目 3 与项目 4 由郭云编写，项目 5 由李建勇编写，项目 6 由邵在虎编写，项目 7 由刘琨编写，裴勇生负责对书中的应用电路进行仿真验证，施秉旭负责对书中“做一做”环节的项目进行实际验证。全书由陈圣林总体策划，并负责统稿，由殷淑英教授审稿。在编写过程中，北京交通大学刘晓东博士提出了很多宝贵建议，在此表示感谢。

限于编者的学识与能力，书中难免有不足之处，恳请广大读者批评指正。联系方式：chen2297@163.com。

编　者

2015 年 8 月

第一版前言

对于从事传感器技术教学的广大师生以及传感器技术的爱好者而言，如何找到一本好的教学用书或者学习资料一直困扰着我们，笔者就深有体会。目前，与传感器技术相关的书籍有很多，在原理性、实用性以及广度和深度等方面都各有特色，但是随着新技术的发展，为了专业面的拓宽和适应传感器的开发与应用，更希望有一本二者兼顾而且通俗易懂的书籍。本书正是以这一思想为启示，在中国电力出版社的大力指导与帮助下编写了该书。

作为信息技术三大支柱之一的传感器技术，在科学技术领域中的地位是不言而喻的。传感器的种类繁多，所涉及的知识领域非常广泛，鉴于篇幅有限，本书所选择的传感器都是目前应用最为广泛且技术比较成熟的传感器装置。在编写中力求通俗易懂、明了直观，使学习传感器的人员能够轻松入门。

全书共 12 个项目，项目 1 为传感器概述，项目 2 为电阻式传感器，项目 3 为电容式传感器，项目 4 为电感式传感器，项目 5 为霍尔传感器，项目 6 为压电式传感器，项目 7 为光电式传感器，项目 8 为温度传感器，项目 9 为气敏传感器，项目 10 为湿度传感器，项目 11 为特殊类型传感器，项目 12 为智能传感器。

本书由陈圣林、侯成晶等人编写，其中项目 1 和项目 6 由侯成晶编写，项目 2 由郭云编写，项目 3 和项目 5 由魏润仙编写，项目 4、7、11 由陈圣林编写，项目 8

和项目 12 由何彦虎编写，项目 9 和项目 10 由吴方编写，宋清龙与孙淑红负责对本书所给的硬件线路与程序进行仿真调试。全书由陈圣林统稿。本书在编写的过程中得到了北京交通大学刘晓东博士的大力支持，在此表示感谢。

传感器技术发展迅猛，各种传感器装置层出不穷，限于编者的学识与能力，肯定有很多不足之处，恳请广大读者批评指正。联系方式：chen2297@163. com。

编　者

2009 年 6 月

目录

contents

项目 1 传感器概述

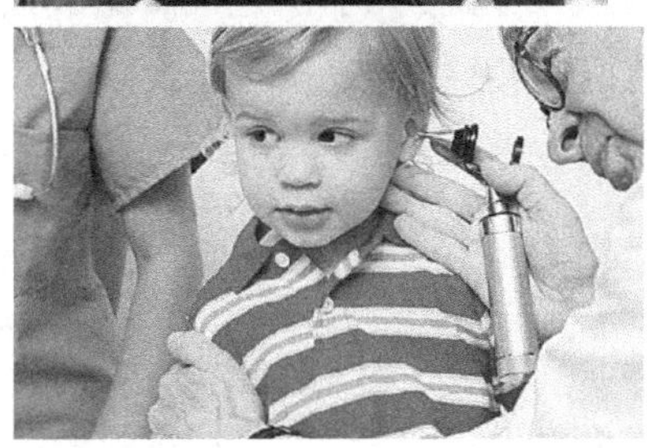
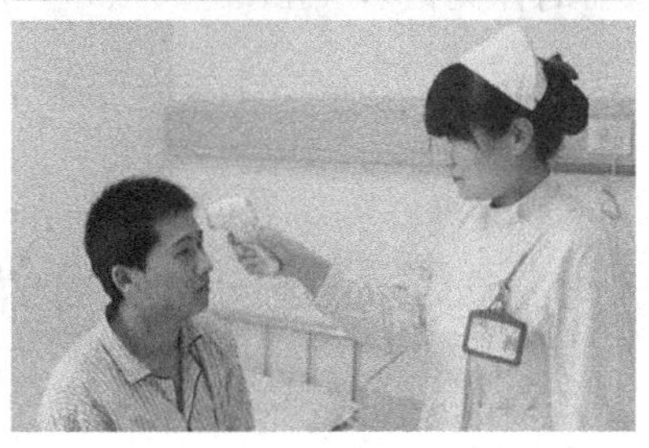

日常生活中，人们通过五官来感受外界的变化，因此五官是人类非常重要的器官。传感器就相当于人的感官，承担着采集和转换信息的任务。自然界中有电量和非电量两大类参数，人们对物质和事物本质的认识，主要通过检测各种非电量来实现的，而非电量测量需要的仪器就是传感器。

传感器提取信息的准确与否直接决定着整个检测系统的精度。因此，传感器是现代信息产业不可或缺的重要工具。一个国家的现代化水平主要用其自动化水平来衡量，而传感器技术水平的高低对自动化水平的影响是非常重大的。由此可见，传感器技术非常重要。由于世界各国的普遍重视，使传感器的发展十分迅猛。目前，传感器已经广泛应用于航天航空、电力、交通、冶金、石油、建筑、医学、食品制造、机器人等诸多领域，并且已逐渐深入到人们的日常生活中。

项目导读

▷ 传感器的地位与作用。

▷ 传感器的静态特性和动态特性。衡量传感器静态特性的重要指标有线性度、灵敏度、迟滞、重复性、分辨率、漂移。

▷ 传感器的分类。

▷ 传感器的标定。

1.1 认识传感器

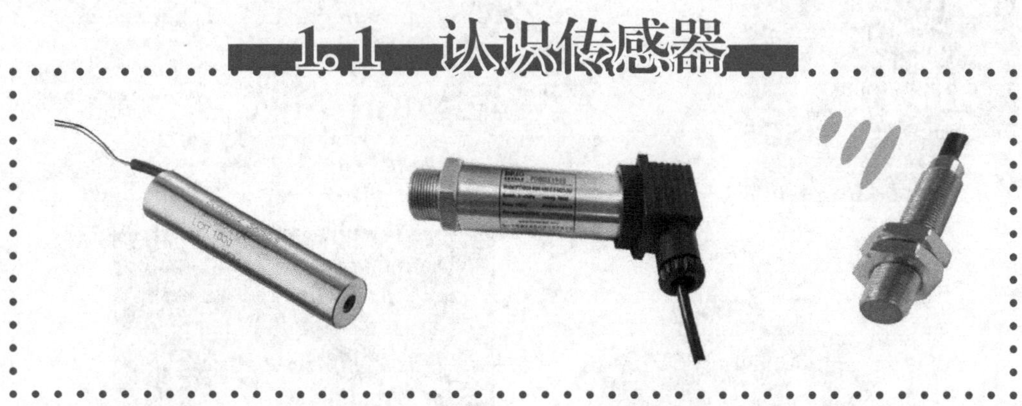

传感器的种类很多，形状各异。本节详细介绍了传感器的定义、组成以及分类，让大家认识传感器，进一步领会传感器在自动控制系统中所起的作用。

学一学 传感器的地位与作用

1. 传感器的地位

随着社会的进步，科学技术的发展，特别是近20年来，电子技术发展日新月异，计算机的普及和应用把人类带到了信息时代。信息技术对社会发展、科学进步起到了决定性的作用。现代信息技术的三大支柱包括信息采集、信息传输与信息处理，如图1.1.1所示。

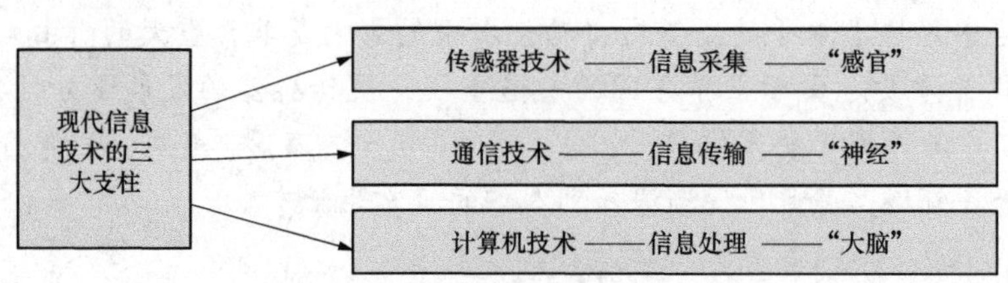

图1.1.1 现代信息技术的三大支柱

传感器技术是构成现代信息技术的三大支柱之一，人们在利用信息的过程中，首先要获取信息，而传感器是获取信息的主要手段和途径。例如，在自动检测系统中，传感器的任务是把被测非电量转换成相应的物理量（通常为电量）。传感器获得信息的正确与否，关系到整个检测系统的精度，因而在检测系统中占有很重要的地位。

2. 传感器的作用

传感器相当于人体的感觉器官，它能将各种非电量（如机械量、化学量、生物量及光学量等）转换成电量，从而实现对非电量的检测。在自动控制系统中，检测是实现自动控制的首要环节，没有对被控对象的精确检测，就不可能实现精确控制。如数控机床中的位移测量装置是利用高精度位移传感器（光栅传感器或感应同步器）进行位移测量的。

目前，传感器涉及的领域有现代工业生产、基础学科研究、宇宙开发、海洋探测、军事、环境保护、医学诊断、智能建筑、汽车、家用电器、生物工程等。在工业生产领域，工厂的自动流水生产线、全自动加工设备、许多智能化的检测仪器设备，都大量地采用了各种各样的传感器，它们在合理化进行生产、减轻人们劳动强度、避免有害作业等方面均发挥了巨大的作用；在家用电器领域，如全自动洗衣机、电饭煲和微波炉都离不开传感器；在医疗卫生领域，如电子脉搏仪、血压计、医用呼吸机、超声波诊断仪、断层扫描（CT）及核磁共振诊断设备，都大量地使用了各种各样的传感器，这些对改善人们的生活水平，提高生活质量和健康水平起到了重要的作用；在军事领域，各种侦测设备、红外夜视探测、雷达跟踪、武器的精确制导，没有传感器是难以实现的；在航空航天领域，空中管制、导航、飞机的飞行管理和自动驾驶、仪表着陆盲降系统，都需要传感器。人造卫星的遥感、遥测都与传感器紧密相关。此外，在矿产资源、海洋开发、生命科学、生物工程等领域，传感器都有着广泛的用途。总而言之，在信息技术不断发展的今天，传感器将会在信息的采集和处理过程中发挥出巨大的作用。传感器技术已受到各国的高度重视，并已发展成为一门专门的技术学科。

学一学　传感器的定义与组成

1. 传感器的定义

传感器是一种以一定精确度把被测量（主要是非电量）转换为与之有确定关系、便于应用的某种物理量（主要是电量）的测量装置。这一定义包含以下几方面的含义：

（1）传感器是测量装置，能完成检测任务。

（2）输出与输入间有对应关系，且有一定的精确度。

（3）它的输入量是某一被测量，如物理量、化学量、生物量等。

（4）它的输出是某种物理量，这种量要便于传输、转换、处理、显示等，这种量可以是气、光、电量，但主要是电量。

2. 传感器的组成

传感器一般由敏感元件、转换元件、测量电路三部分组成，如图 1.1.2 所示。

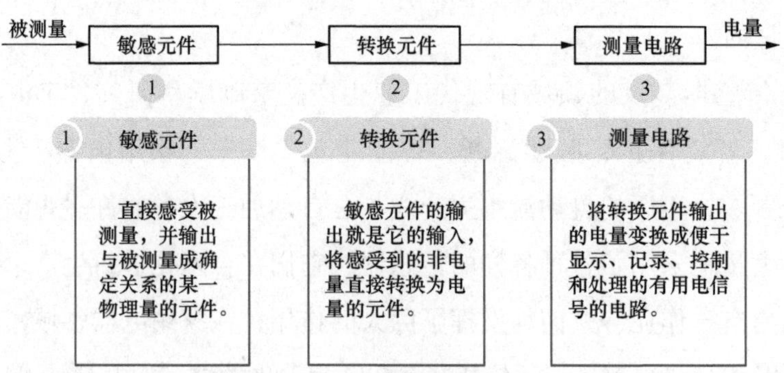

图 1.1.2　传感器的组成

实际上，有些传感器很简单，有些则较为复杂，大多数是开环系统，也有些是带反馈的闭环系统。最简单的传感器由一个敏感元件（兼转换元件）组成，它感受被测量时直接输出电量，如热电偶传感器。有些传感器由敏感元件和转换元件组成，没有测量电路，如压电式加速度传感器。有些传感器的转换元件不止一个，需经过若干次转换。需要指出的是并非所有的传感器都能包括敏感元件和转换元件，如热敏电阻、光电器件无敏感元件。另外一些传感器，其敏感元件和转换元件可合二为一，如固态压阻式压力传感器等。测量电路的类型视转换元件的分类而定，经常采用的有电桥电路及其他特殊电路，如高阻输入电路、脉冲调宽电路、振荡回路等。

学一学　传感器的分类

传感器是一门知识密集型技术。传感器的原理各种各样，与许多学科有关，种类繁多，分类方法也很多，目前广泛采用的分类方法见表 1.1.1。

表 1.1.1　传感器的分类

分类方法	传感器种类	说明
按输入量	位移传感器、速度传感器、温度传感器、压力传感器等	传感器以被测物理量命名

续表

分类方法	传感器种类	说明
按工作原理	应变式传感器、电容式传感器、电感式传感器、压电式传感器、热电式传感器等	传感器以工作原理命名
按物理现象	结构型传感器	传感器依赖其结构参数变化实现信息转换
	特性型传感器	传感器依赖其敏感元件物理特性的变化实现信息转换
按能量关系	能量转换型传感器	直接将被测量的能量转化为输出量的能量
	能量控制型传感器	由外部供给传感器能量，而由被测量来控制输出的能量
按输出信号	模拟式	输出为模拟量
	数字式	输出为数字量

YL-CG 系列传感器与检测技术实训台由各挡电源部分、激励源、显示部分与数据采集通信为一体组成的实训装置，19 种不同类型传感器组成的 11 块不同的独立测试电路模块以及工作台三部分组成。

1. 实训台结构

YL-CG 系列传感器与检测技术实训台面板排列结构如图 1.1.3 所示。

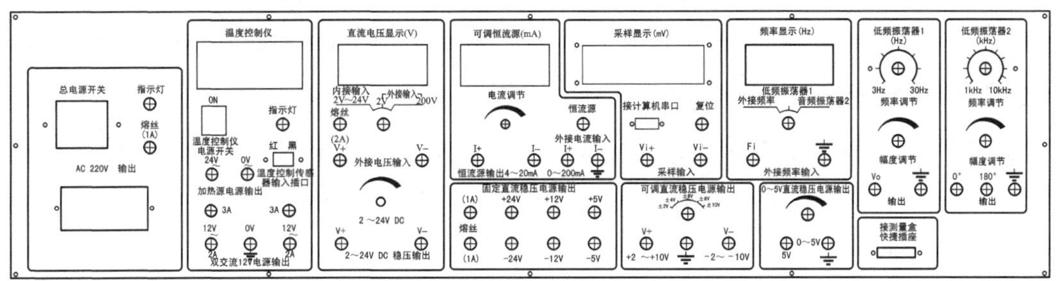

图 1.1.3 YL–CG 系列传感器与检测技术实训台面板排列结构

2. 电源部分

（1）由总电源空气式带漏电保护的开关切换整个实训台的单相 220V 电源，额定电流最大为 3 A，安全可靠。

（2）指示灯在电源线插入电网后即亮，表示实训台已接入电源。

（3）AC220V 输出双路多功能插座可输出 220V 单相电源，功率不大于 300W。

3. 温度控制部分

（1）温度控制仪面板说明如图 1.1.4 所示

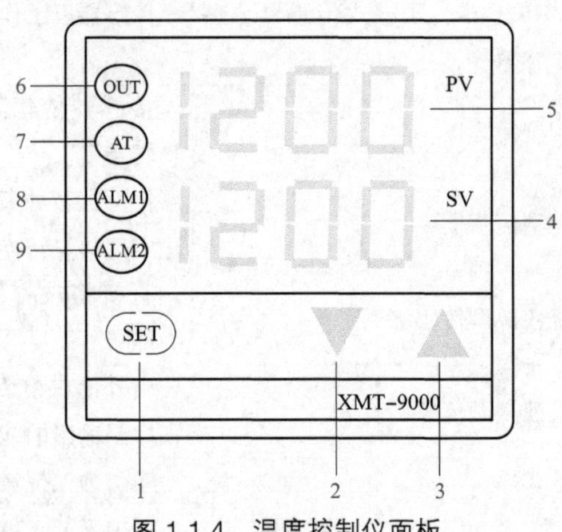

图 1.1.4　温度控制仪面板

1—设定键；2—设定值减少键；3—设定值增加键；4—设定值显示器；5—测量值显示器；6—控制输出指示灯；7—自整定指示灯；8—第一报警指示灯；9—第二报警指示灯

（2）将 K 型热电偶接入主控箱面板温度控制中的 Ei（+、–）标准值插孔中，合上热源开关。仪表首先按 1）、2）、3）程序进行自检：

1）所有数码管笔及所有指示灯全部点亮，检测发光系统是否正常，此时如发现有不能点亮的发光件，则停止使用该仪表并送修（此过程只持续 0.2s）。

2）PV 窗口（即上排显示窗口）显示“TYPE”，SV 窗口（即下排显示窗口）显示仪表目前应配输入类型（此过程持续 2s）。

3）显示仪表的控制范围，SV 窗口显示下限测量控制值，PV 窗口显示上限控制值，比例带根据此范围取得比例系数，如 PV 窗口显示 100℃，SV 窗口显示 –50℃，则范围为 150℃（此过程持续 2s）。

（3）仪表完成以上三步自检后，即投入正常测控状态，上排 PV 窗口显示测量值，下排 SV 窗口显示设定值。

（4）修改设定值时，应在正常的显示方式下，按一下 SET 键，PV 窗口显示“SP”，SV 窗口显示已设置的值，此时按▲键向上调节设定值，按▼键向下调节设定值，长时间按住▲键或▼键可实现快加或快减，按 SET 键可完成确认修改，在不按任何键的状态下自动退回到正常显示状态，仪表承认修改。

（5）修改“SP”以外的参数值时，应在正常显示方式下，按住 SET 键 3s 以上，即可进入内部参数设定，根据应用系统需要设置不同的参数值，特别是

“Pb”“Ti”“Td”“t”4 项，应由有经验的操作人员设定。当然也可以通过打开自整定参数功能来实现 PID 参数和自动整定。

（6）AT 默认为 OFF，将其设置成 ON 后，面板上的 AT 指示灯亮，仪表按照普通的二位式调节仪表来控制系统，经过上下 3 个振荡周期后，将会得出系统设定点的最佳 PID 参数值，并永久保存，除非用户自行更改，或重新启动自整定功能使其改变。启用自整定时，应尽量避免引入任何的干扰信号，否则可能导致得出的参数的不正确，破坏系统的正常运行。注意：开启自整定功能前应先确定设定值，自整定的参数只对应该设定点在该系统的相对参数。

（7）温度控制仪电源开关可控制整个温度控制部分电源的开或关。

（8）指示灯亮表示电源部分总电源开关已打开，实验仪在工作。

（9）温度控制传感器输入插口通过配套插头及模块连接使用。

（10）加热源电源输出端可提供 20V 交流 5A 功率电源，与配套模块电源输入端连接进行加热温控，控制温度精度为 ±1℃。

4. 数显单元和 2~24V 直流电源部分

（1）直流电压表为 $3\frac{1}{2}$ 数字电压表，读数为 V。

（2）通过切换开关可控制直流电压表输入端，当为内接输入位置时可测量指示 2~24V 1A 直流稳压源输出电压，外接输入有 0~2V、0~200V 两挡。

（3）外接电压输入 V+、V– 分别表示正端输入、负端输入。

（4）2~24V 稳压源调节电位器可从 2~24V 连续调节输出电压。

（5）2~24V 直流稳压输出端 V+ 表示正端输出，V– 表示负端输出。

5. 恒流源输出

可调恒流源电流表为 $3\frac{1}{2}$ 数字电流表，读数为 mA，电流调节电位器可从 0.5~20mA 连续调节，直流输出端子 I+、I– 分别表示正端输出、负端输出，外接电流为 0~200mA。

6. 输出口

通过排插可快速将电压信号送入测试模块内，插座内接 ±2~±10V 电压源。1~10kHz 交流振荡电源，输出电压为 ±12V。

7. 固定直流稳压电源

固定直流稳压电源输出值为 ±24、±12、±5V。

8. 数据采集部分

（1）检测数据显示屏为4位半数字液晶显示，读数为mV，最大输入为20 000mV，精度为 ±0.5%。

（2）复位钮为机内复位按钮。

（3）采样输入 Vi+、Vi– 分别表示正端输入、负端输入。

（4）将采集信号通信口接入计算机串口实现上位机数据采集。

9. ±2~±10V 电源部分

（1）电压调节开关将 ±2~±10V 分为5挡，分别为 ±2、±4、±6、±8、±10V 5挡。

（2）可调电压源输出端 V+、V– 分别表示正端输出、负端输出。电流最大为0.2A，精度为 ±0.5%，0.2A 满载时精度不低于 ±1%。

10. 频率计部分

（1）频率计显示屏由四位数码管组成，最大显示为9999Hz，精度为 ±5%。

（2）选择开关控制频率计输入端，使它分别接外接频率，有低频振荡器 1、音频振振荡器 2。当外接时可作频率表使用，被测信号所需正脉冲最小不低于 $0.5U_{pp}$ 最大不大于 $20U_{pp}$。当内接低频时，则显示 3~30Hz，内接音频时，则指示 1k~10kHz 振荡器频率。外接频率输入端子可作为频率计的输入端使用，精度为 ±5%。

（3）复位按钮作清零处理。

11. 0~5V 直流稳压电源输出

电压源输出负载的输入电阻不小于 100kΩ。

12. 低频振荡器部分

低频振荡器的频率范围为 3~30Hz，电压幅度可从 $0\sim25U_{pp}$ 连续调节，输出端子为 Vo，另一端接地。

13. 音频振荡源部分

频率调节电位器的可调振荡频率为 1~10kHz，精度为 ±5%；幅度可从 $0\sim25U_{pp}$ 连续调节；0° 输出为正相输出，180° 输出为反相输出。

1.2 传感器技术指标

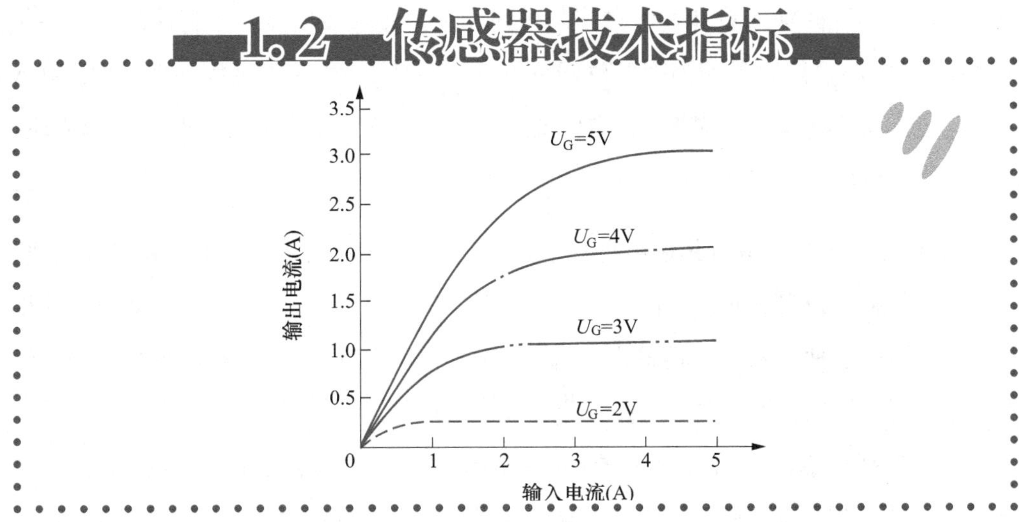

传感器测量的物理量基本上有两种形式：一种是稳态（静态或准静态）形式，这种形式的信号不随时间变化（或变化很缓慢）；另一种是动态（周期变化或瞬态）形式，这种形式的信号是随时间而变化的。

由于输入物理量形式不同，传感器所表现出的输出—输入特性也不同，因此存在静态特性和动态特性。不同传感器有着不同的内部参数，它们的静态特性和动态特性所表现出的特点不同，因此对测量结果的影响也不相同。

一个高精度的传感器，必须同时具有良好的静态特性和动态特性，这样才能完成对信号的（或能量）无失真转换。

以一定等级的仪器设备为依据，对传感器的动、静态特性进行检测，这个过程称为传感器的动、静态标定。本节讨论传感器的特性及标定，通过灵敏度、线性度等指标的学习来理解传感器技术指标的含义，掌握检测这些指标的基本方法。

学一学 传感器的静态特性

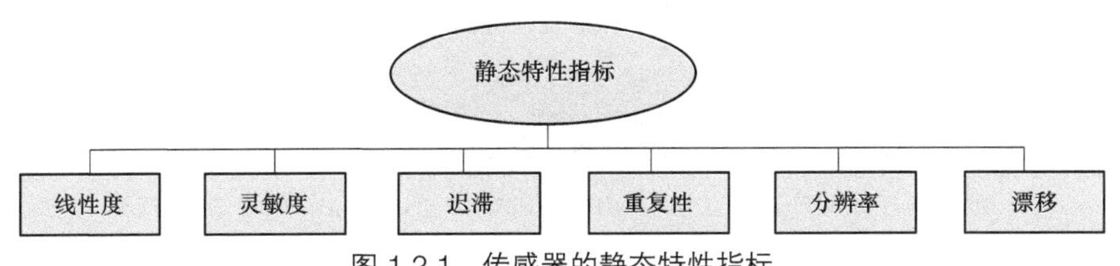

图 1.2.1 传感器的静态特性指标

传感器的静态特性是指被测量的值处于稳定状态时，传感器的输出与输入之间的关系。因为这时输入量和输出量都与时间无关，衡量传感器静态特性的重要指标如图 1.2.1 所示。传感器的静态特性可用一个不含时间变量的代数方程表示 [见式（1.2.1）]，或以输入量为横坐标，输出量为纵坐标的特性曲线（见图 1.2.2）来描述。

1. 线性度

传感器的线性度是指其输出量与输入量之间的实际关系曲线（即静特性曲线）偏离直线的程度，又称非线性误差。如果理想的输出 y—输入 x 关系是一条直线，即 $y = a_0x$，则称这种关系为线性输出—输入特性。实际使用中大多数传感器为非线性的，为了得到线性关系，常引入各种非线性补偿环节。

（1）非线性输出—输入特性。传感器的输出—输入特性是非线性的，在静态情况下，如果不考虑滞后和蠕变效应，输出—输入特性总可以用式（1.2.1）来逼近

$$y = a_0 + a_1x + a_2x^2 + a_3x^3 + \cdots + a_nx^n \tag{1.2.1}$$

输出量　零点输出量　传感器线性灵敏度量　输入量　非线性项系数

（2）多项式（1.2.1）有 4 种情况，分别表示不同类型的传感器输出—输入特性。

1）理想线性特性如图 1.2.2（a）所示。

2）输出—输入特性仅有奇次非线性项如图 1.2.2（b）所示，具有这种特性的传感器，在靠近原点的相当大范围内，输出—输入特性基本上呈线性关系，且当大小相等而符号相反时，y 也大小相等而符号相反，相对坐标原点对称。

3）输出—输入特性仅有偶次非线性项如图 1.2.2（c）所示，具有这种特性的传感器，其线性范围窄，且对称性差，用两个特性相同的传感器差动工作，即能有效消除非线性误差。

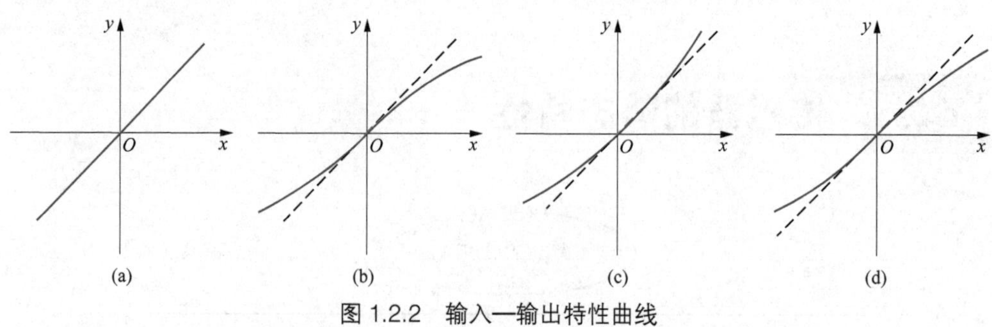

图 1.2.2　输入—输出特性曲线

（a）理想线性特性；（b）仅有奇次非线性项；（c）仅有偶次非线性项；

（d）有奇次非线性项也有偶次非线性项

4）输出—输入特性有奇次非线性项，也有偶次非线性项，如图 1.2.2（d）所示。

（3）非线性特性的“线性化”。在实际使用非线性特性传感器时，如果非线性项次不高，在输入量不大的条件下，可以用实际特性曲线的切线或割线等直线来近似地代表实际特性曲线的一段，如图 1.2.3 所示，这种方法称为传感器的非线性特性的线性化，所采用的直线称为拟合直线。实际特性曲线与拟合直线之间的偏差称为非线性误差（或线性度）通常用相对误差表示，即

$$\gamma_L = \pm(\Delta L_{\max}/Y_{FS})\times 100\% \tag{1.2.2}$$

满量程输出

最大非线性绝对误差

非线性误差是以拟合直线作基准直线计算出来的，基准线不同，计算出来的线性度也不相同。因此，在提到线性度或非线性误差时，必须说明其依据了怎样的基本直线。拟合直线的几种常见方法有：

1）理论拟合。拟合直线为传感器的理论特性，与实际测试值无关，方法十分简单，但一般来说 $\Delta L_{\max}$ 较大，如图 1.2.3（a）所示。

2）过零旋转拟合。曲线过零的传感器，拟合图像如图 1.2.3（b）所示。

3）端点连线拟合。把输出曲线两端点的连线作为拟合直线，如图 1.2.3(c）所示。

4）端点连线平移拟合。在端点连线拟合基础上使直线平移，移动距离为原先的一半，如图 1.2.3（d）所示。

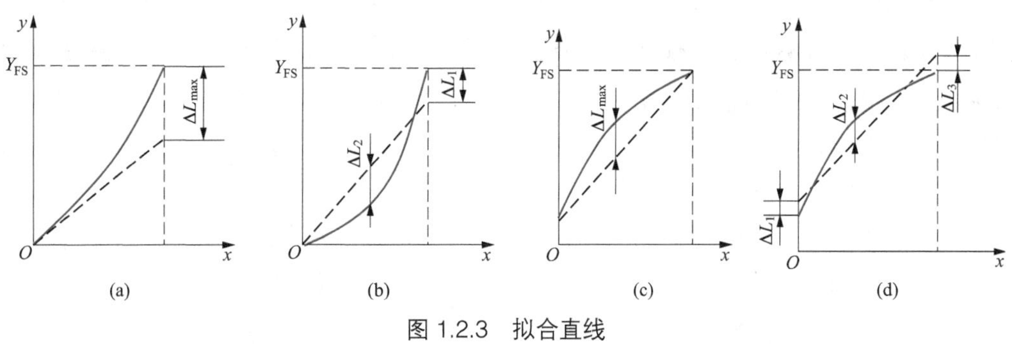

图 1.2.3　拟合直线

（a）理论拟合；（b）过零旋转拟合；（c）端点连线拟合；（d）端点连线平移拟合

2. 灵敏度

灵敏度是指传感器在稳态下的输出变化量 Δy 与引起此变化的输入变化量 Δx 之比，用 K 表示，即

$$K=\frac{\Delta y}{\Delta x} \tag{1.2.3}$$

式中　K——表示传感器对输入量变化的反应能力。

对于线性传感器，灵敏度就是其静态特性的斜率，即$K=\frac{y}{x}$为常数，而非线性传感器的灵敏度为一变量，用$K=\frac{dy}{dx}$表示。一般希望传感器的灵敏度高，在满量程范围内是恒定的，即传感器的输出—输入特性为直线。如位移传感器，当位移量 Δx 为 lmm，输出量 Δy 为 0.2mV 时，灵敏度 K 为 0.2mV/mm。

3. 迟滞

传感器在正（输入量增大）反（输入量减小）行程期间，其输出—输入特性曲线不重合的现象称为迟滞，如图 1.2.4 所示。也就是说，对于同一大小的输入信号，传感器的正反行程输出信号大小不相等。产生这种现象的主要原因是传感器敏感元件材料的物理性质和机械零部件的缺陷，如弹性敏感元件的弹性滞后、运动部件的摩擦、传动机构的间隙、紧固件松动等。

迟滞 γ_H 的大小一般要由测试方法确定。用最大输出差值 ΔH_{max} 或其一半对满量程输出 Y_{FS} 的百分比表示

$$\gamma_H=\pm(1/2)(\Delta H_{max}/Y_{FS})\times 100\% \tag{1.2.4}$$

$$\gamma_R=\pm(\Delta R_{max}/Y_{FS})\times 100\% \tag{1.2.5}$$

4. 重复性

重复性是指传感器在输入按同一方向连续多次变动时所得特性曲线不一致的程度，如图 1.2.5 所示。正行程的最大重复性偏差 ΔR_{max1}，反行程的最大重复性偏差 ΔR_{max2}，ΔR_{max} 取两数值中的最大者。

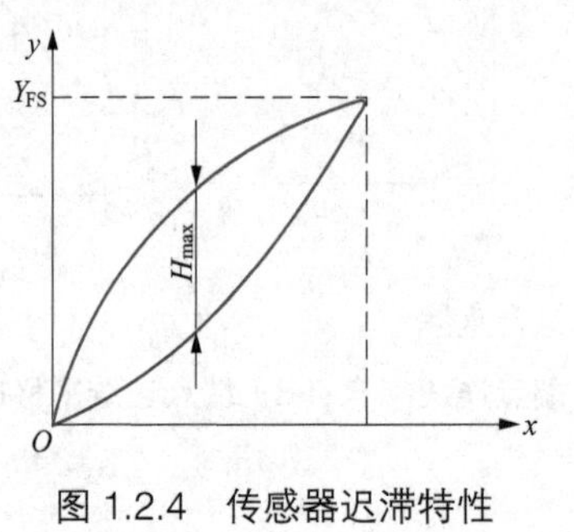

图 1.2.4　传感器迟滞特性

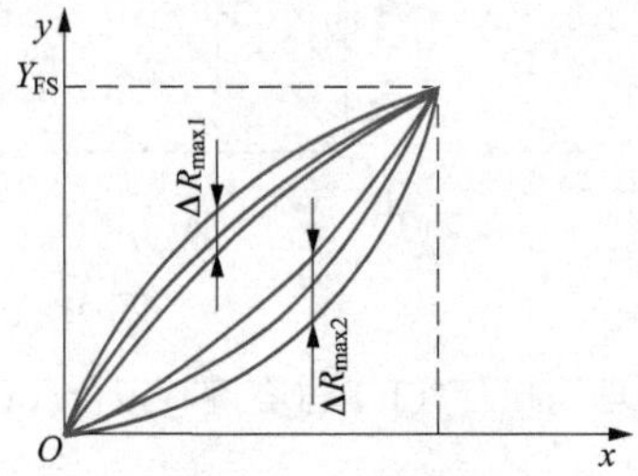

图 1.2.5　传感器重复性

5. 分辨率

传感器的分辨率是指在规定测量范围内所能检测到的输入量的最小变化量 Δx_{min}，有时也用该值相对满量程输入值的百分数（$\Delta x_{min}/x_{FS}\times 100\%$）表示。

6. 漂移

传感器的漂移是指在外界的干扰下，输出量发生与输入量无关的变化，包括零点漂移和灵敏度漂移等。

传感器在零输入时，输出的变化称为零点漂移。零点漂移或灵敏度漂移又可分为时间漂移和温度漂移。时间漂移是指在规定的条件下，零点或灵敏度随时间的缓慢变化。温度漂移是指当环境温度变化时，引起的零点或灵敏度漂移。漂移一般可通过串联或并联可调电阻来消除。

学一学 传感器的动态特性

在实际测量中，大量的被测量是随时间变化的动态信号，这就要求传感器的输出不仅能精确地反映被测量的大小，还要正确地再现被测量随时间变化的规律。

传感器的动态特性是指传感器的输出对随时间变化的输入量的响应特性。一个动态特性好的传感器，其输出将再现输入量的变化规律，即具有相同的时间函数。实际上除了具有理想的比例特性的环节外，由于传感器固有因素的影响，输出信号将不会与输入信号具有相同的时间函数，这种输出与输入之间的差异就是所谓的动态误差。研究传感器的动态特性主要是从测量误差角度分析产生动态误差的原因及改善措施。

由于绝大多数传感器都可以简化为一阶或二阶系统，因此一阶和二阶传感器是最基本的。研究传感器的动态特性可以从时域和频域两个方面，采用瞬态响应法和频率响应法分析。对于加速度等动态测量的传感器必须进行动态特性的研究。一般在“自动控制原理”中都有详细讨论，这里不再赘述。

学一学 传感器的标定

传感器的标定是通过试验建立传感器输入量与输出量之间的关系。同时，确定出不同使用条件下的误差关系。传感器的标定工作可分为静态标定和动态标定。

1. 静态标定

（1）静态标准条件。即没有加速度、振动、冲击（除非这些参数本身就是被测物理量），环境温度一般为室温（20 ± 5℃），相对湿度不大于 85%，大气压力为（101 ± 7）kPa 的情况。

（2）标定仪器设备精度等级的确定。对传感器进行标定，就是根据试验数据确定传感器的各项性能指标，实际上也是确定传感器的测量精度。所用的测量仪器的精度至少要比被标定的传感器的精度高一个等级。这样，通过标定确定的传感器的静态性能指标才是可靠的，所确定的精度才是可信的。

（3）静态特性标定的方法。标定过程如下：

1）将传感器的量程（测量范围）分成若干等间距点。

2）根据传感器量程分点情况，由小到大逐渐一点一点的输入标准量值，并记录与各输入值相对应的输出值。

3）将输入值由大到小一点一点地减少，同时记录与各输入值相对应的输出值。

4）按 2）、3）所述过程，对传感器进行正反行程往复循环多次测试，将得到的输出—输入测试数据用表格列出或画成曲线。

5）对测试数据进行必要的处理，根据处理结果就可以确定传感器的线性度、灵敏度、滞后和重复性等静态特性指标。

2. 动态标定

传感器的动态标定主要是研究传感器的动态响应，而与动态响应有关的参数：一阶传感器只有一个时间常数 τ，二阶传感器有固有频率 ω_n 和阻尼比 ξ 两个参数。

对传感器进行动态标定，需要对它输入一个标准激励信号。为了便于比较和评价，常常采用阶跃变化和正弦变化的输入信号，即以一个已知的阶跃信号激励传感器，使传感器按自身的固有频率振动，并记录下运动状态，从而确定其动态参量；或者以一个振幅和频率均为已知、可调的正弦信号激励传感器，根据记录的运动状态，确定传感器的动态特征。

思 考 题

1. 什么是传感器的静态特性和动态特性？静态特性有哪些性能指标？如何表征

这些指标？

2. 什么是传感器？其分析方法有哪几种？

3. 已知某一传感器的测量范围为 0~30mm，静态测量时，输入值与输出值之间的关系见下表，试求该传感器的线性度和灵敏度。

题 3 表　　某传感器的输入值与输出值对应表

输入值(mm)	1	5	10	15	20	25	30
输出值（V）	1.50	3.52	6.01	8.47	11.06	13.26	15.88

4. 采用电容式传感器进行位移测量，该传感器的灵敏度为 2×10^{-12}F/mm，将它与增益（灵敏度）为 5×10^{10}V/F 的放大器相连，放大器的输出接到一台笔试记录仪上，记录仪的灵敏度为 20mm/V。试计算这个测量系统的灵敏度。当位移为 6mm 时，记录笔在记录纸上的偏移量是多少？

5. 用压电加速度传感器结合电荷放大器测量加速度，已知传感器的灵敏度为 50pC/(m/s^2)，电荷放大器的灵敏度为 150mV/pC。当被测加速度为 40m/s^2 时，计算此时输出电压是多少？

6. 简述标定传感器的方法。

项目 2 压力传感器

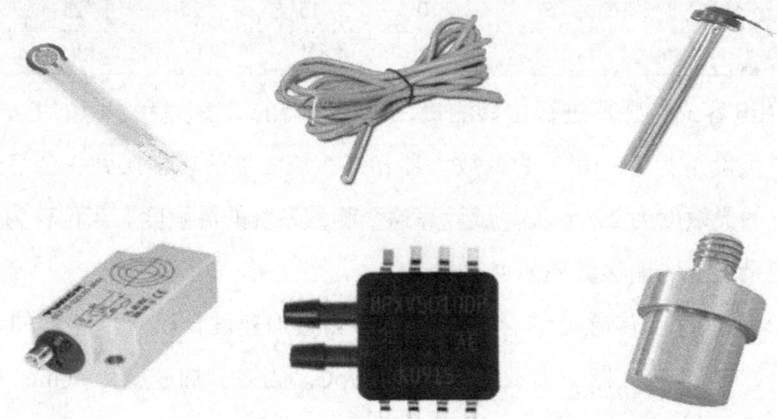

在工业测量中，力的测量应用十分广泛，按照转换原理来分，常用的压力传感器主要包括压电式传感器、金属应变片式传感器、压阻式传感器以及电容式传感器。压电式传感器刚度好、灵敏度好、稳定性好、频率响应范围宽，但是一般不用于静态力测量，适用于瞬态和交变力的测量；金属应变片式传感器所测力的范围宽，且动态、静态力都能测量，因而应用十分广泛；压阻式传感器具有灵敏度高、动态响应快、测量精度高、稳定性好、工作温度范围宽、体积小和便于批量生产等特点。电容式传感器适合恶劣环境下静态力的测量。

项目导读

- ▷ 压电式传感器的结构，掌握测量原理、方法与应用。
- ▷ 金属应变片式传感器的结构，掌握测量原理、方法与应用。
- ▷ 压阻式传感器的结构，掌握测量原理、方法与应用。
- ▷ 电容式传感器的结构，掌握测量原理、方法与应用。

2.1 压电式传感器

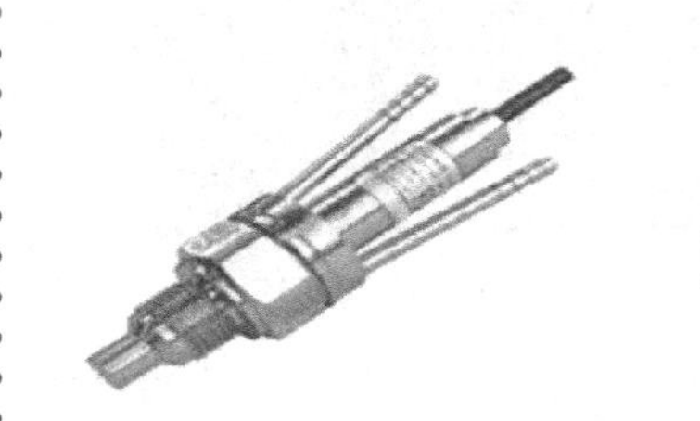

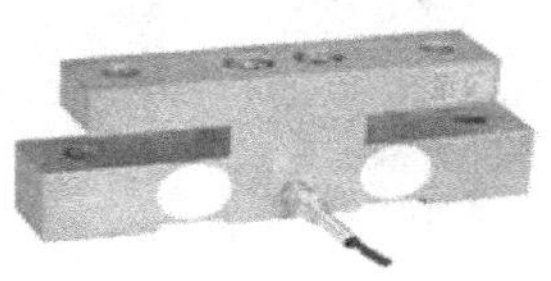

压电式传感器是一种自发电式传感器。它以某些电介质的压电效应为基础，在外力作用下，在电介质表面产生电荷，从而实现非电量电测的目的。压电式传感器具有体积小、质量轻、频率响应范围宽、信噪比大等特点。由于它没有运动部件，因此结构坚固、可靠性和稳定性高。

学一学 压电材料及特性

压电式传感器中的压电元件材料一般有三类：压电晶体（即石英晶体）、压电陶瓷以及高分子压电材料。

1. 压电晶体

天然结构的石英晶体呈六角形晶柱，它是制造压电传感器的材料，如图 2.1.1 所示。

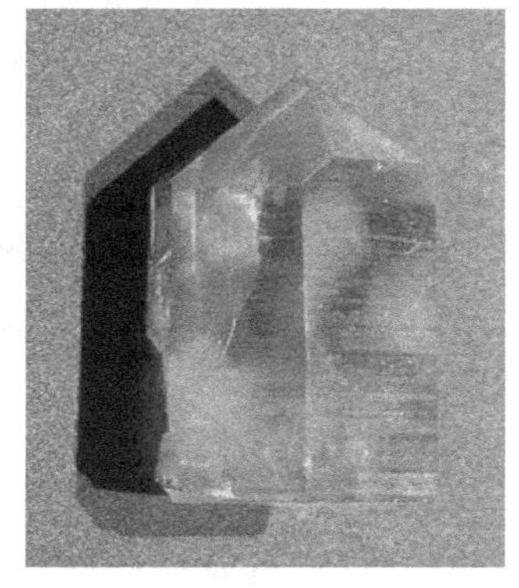

图 2.1.1 石英晶体结构

可以利用金刚石刀具将晶体切割成一片片的正方形薄片，如图 2.1.2 所示。薄片可以采用双面镀银进行封装，如图 2.1.3 所示。

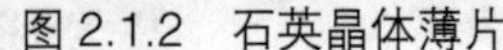

图 2.1.2　石英晶体薄片

图 2.1.3　石英晶体的封装

石英晶体化学式为 SiO_2，是单晶体结构，俗称水晶，有天然和人工之分。图 2.1.4（a）为天然石英晶体结构，图 2.1.4（b）为割出的一晶体薄片的结构。

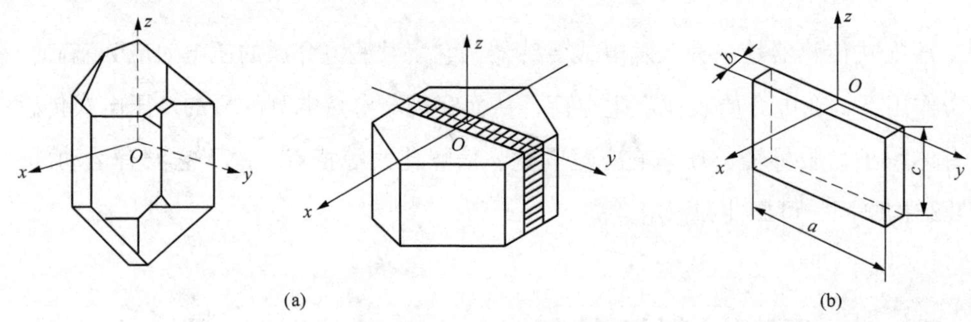

图 2.1.4　石英晶体

（a）天然石英晶体结构；（b）石英晶体薄片

晶体不受外力时，晶体表面不产生电荷；沿晶体电轴（x 轴）方向施加作用力时，晶体表面产生电荷（沿电轴方向的力作用下产生电荷的压电效应称为“纵向压电效应”）；沿晶体机械轴（y 轴）方向施加作用力时，晶体表面产生电荷（沿机械轴方向的力作用下产生电荷的压电效应称为“横向压电效应”）；沿光轴（z 轴）方向施加作用力时，晶体表面不产生电荷。

压电晶体的电荷量的大小与外力成正比关系，即

$$Q=dF \tag{2.1.1}$$

式中　d——压电晶体的压电系数；

　　F——压电晶体的作用力。

2. 压电陶瓷

压电陶瓷是人工制造的多晶体压电材料。它比石英晶体的压电灵敏度高得多，而制造成本却较低，因此目前国内外生产的压电元件绝大多数都采用压电陶瓷。常用的压电陶瓷材料有锆钛酸铅系列压电陶瓷（PZT）及非铅系压电陶瓷（如 $BaTiO_3$）。压电陶瓷的实物如图 2.1.5 所示。

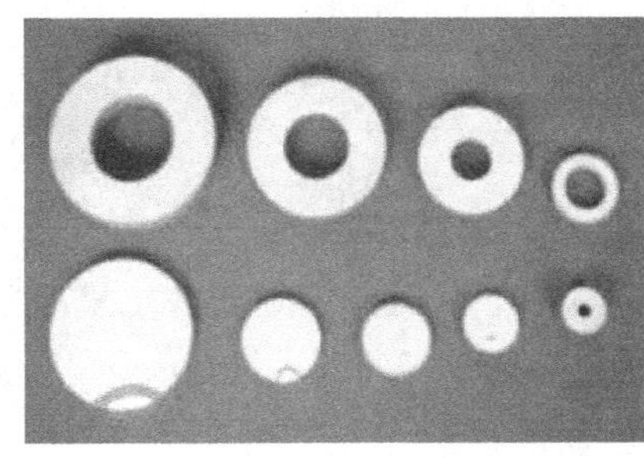

图 2.1.5 压电陶瓷的实物

压电陶瓷内部的晶粒有许多自发极化的电畴，它有一定的极化方向，因此陶瓷内极化强度为零。原始的压电陶瓷呈中性，不具有压电性质，如图 2.1.6（a）所示。

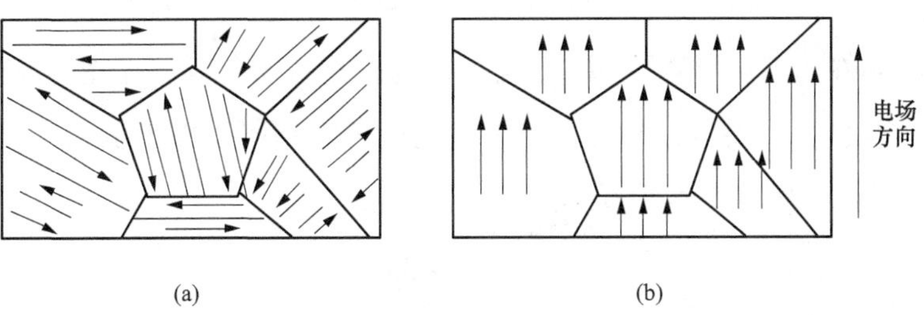

图 2.1.6 压电陶瓷的极化

（a）未极化；（b）电极化

在陶瓷上施加外电场，电畴的极化方向发生转动，趋向于按外电场方向排列，从而使材料得到整体的极化效果。外电场越强，越有更多的电畴更完全地转向外电场方向，使外电场强度大到使材料极化饱和的程度，即所有电畴极化方向都整齐地与外电场方向一致，外电场去掉后，电畴的极化方向基本不变，即剩余极化强度很大，这时的材料具有压电特性，如图 2.1.6（b）所示。

压电陶瓷的电荷量的大小与外力成正比关系，即

$$Q=dF \tag{2.1.2}$$

式中 d——压电陶瓷的压电系数；

F——压电陶瓷的作用力。

3. 高分子压电材料

典型的高分子压电材料有聚偏二氟乙烯（PVF2 或 PVDF）、聚氟乙烯（PVF）、改性聚氯乙烯（PVC）等。它是一种柔软的压电材料，可根据需要制成薄膜或电缆套管等形状，不易破碎，具有防水性，可以大量连续拉制，制成较大面积或较长的尺度，价格便宜，频率响应范围较宽，测量动态范围可达 80dB。如图 2.1.7 所示是由高分子压电材料制成的压电薄膜和电缆。

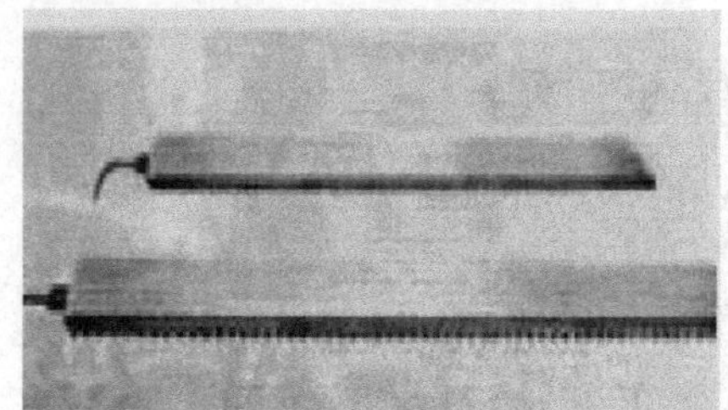

图 2.1.7　压电薄膜和电缆

学一学　压电式传感器的等效与测量电路

由压电元件的工作原理可知，压电式传感器可以看作是一个电荷发生器。同时，它也是一个电容器，晶体上聚集正负电荷的两表面相当于电容的两个极板，极板间物质等效于一种介质，则电容量为

$$C_a=\frac{\varepsilon_r\varepsilon_0 S}{d} \tag{2.1.3}$$

式中　S——压电片的面积；

d——压电片的厚度；

ε_r——压电材料的相对介电常数。

因此，压电式传感器可以等效为一个与电容并联的电压源，如图 2.1.8（a）所示。也可以等效为一个电荷源，如图 2.1.8（b）所示。

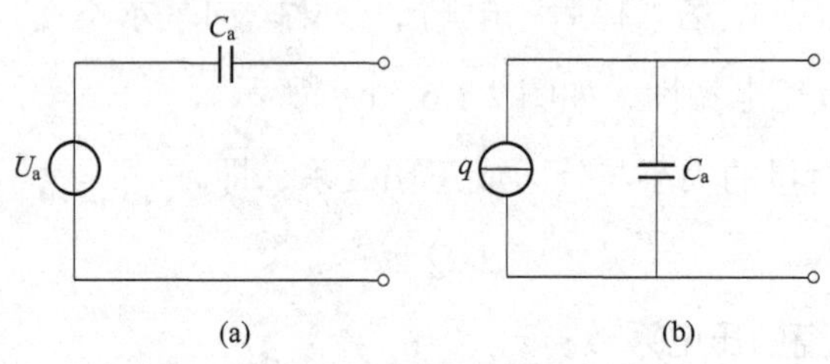

图 2.1.8　压电传感器的等效电路

（a）电压源;（b）电荷源

压电式传感器本身的内阻抗很高，而输出能量较小，因此它的测量电路通常需要接入一个高输入阻抗的前置放大器。压电式传感器的输出可以是电压信号，也可以是电荷信号，因此前置放大器有电压放大器和电荷放大器两种形式。

1. 电压放大器（阻抗变换器）

如图 2.1.9 所示是电压放大器的电路原理图及其等效电路图。

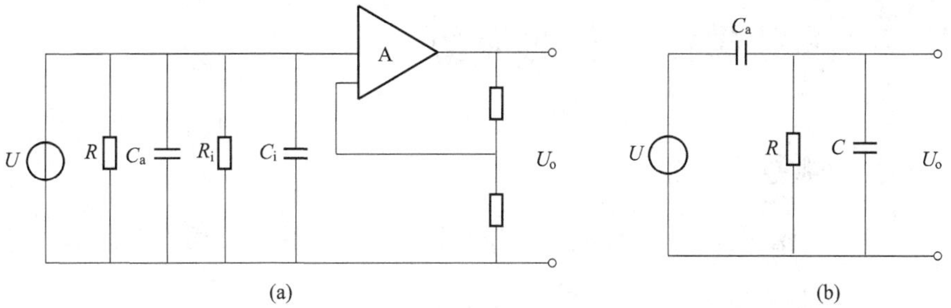

图 2.1.9　电压放大器的电路原理图及其等效电路图

（a）电路原理图；（b）等效电路图

C_a—连接电缆的等效电容；C_i、R_i—放大器的输入电容和输入电阻；R—压电传感器的泄漏电阻

若压电元件受正弦力 $f=F_m\sin\omega t$ 的作用，则放大器输入端电压 U_i 的大小为

$$U_i=\frac{dF_m\omega R}{\sqrt{1+\omega^2R^2(C_i+C_a+C_C)^2}} \tag{2.1.4}$$

理想情况下，传感器的电阻值 R_a 与前置放大器输入电阻 R_i 都为无穷大，即 $\omega R(C_i+C_a+C_C)>>1$，理想情况下输入电压幅值 U_i 为

$$U_i=\frac{dF_m}{(C_i+C_a+C_C)} \tag{2.1.5}$$

压电式传感器高频特性好，不能用于静态力测量。

2. 电荷放大器

电荷放大器常作为压电式传感器的输入电路，由一个反馈电容 C_f 和高增益运算放大器构成，当略去 R_a 和 R_i 并联电阻后，电荷放大器等效电路如图 2.1.10 所示，图中 A 为运算放大器。由运算放大器特性，得到电荷放大器的输出电压为

$$U_o=-\frac{Kq}{C_a+C_c+C_i+(1+K)C_f} \tag{2.1.6}$$

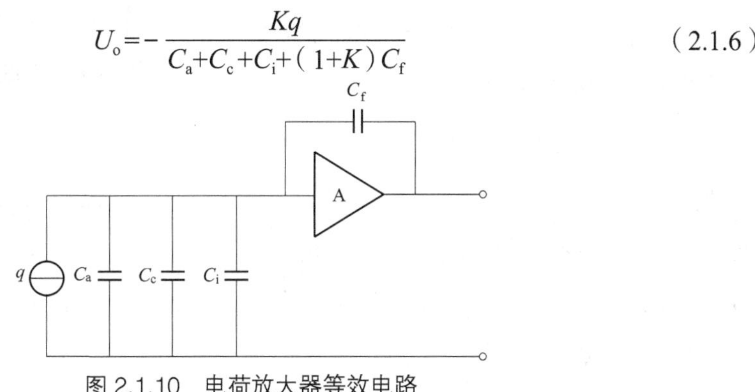

图 2.1.10　电荷放大器等效电路

式中，K 为运算放大器的增益，由于 $K=10^4$~10^6，若满足 $(1+K)C_f>>C_a+C_c+C_i$ 时，上式可表示为

输出电压与电缆电容 C_c 无关，但与 q 成正比。

$$U_o=\frac{q}{C_f} \tag{2.1.7}$$

学一学 压电式传感器的应用

1. 压电式测力传感器

如图 2.1.11 所示是压电式单向测力传感器结构图，它主要由石英晶体、绝缘套、电极、上盖及基座等组成。

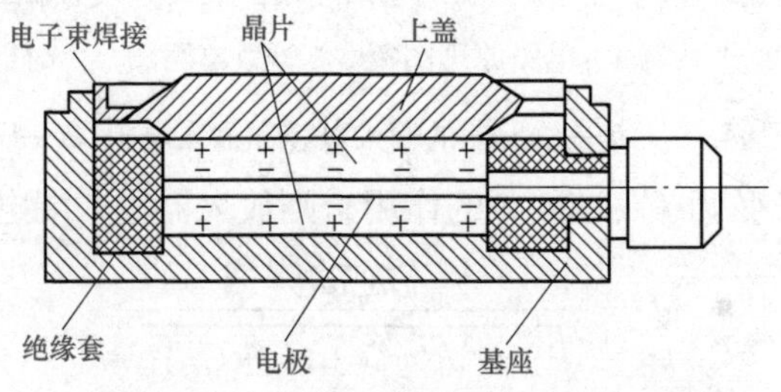

图 2.1.11 压电式单向测力传感器结构图

传感器上盖为传力元件，外缘壁厚为 0.1~0.5mm，当外力作用时，它将产生弹性变形，将力传递到石英晶体上。石英晶片采用 x 轴方向切片，利用其纵向压电效应实现力电转换。石英晶片的尺寸约为 ϕ8mm × 1mm。该传感器的测力范围为 0~50N，最小分辨率为 0.01N，固有频率约为 50~60kHz，整个传感器质量为 10g。

2. 压电式加速度传感器

如图 2.1.12 所示是一种压电式加速度传感器结构图。它主要由压电元件、质量块、预压弹簧、基座及外壳等组成。整个部分装在外壳内，并用螺栓加以固定。

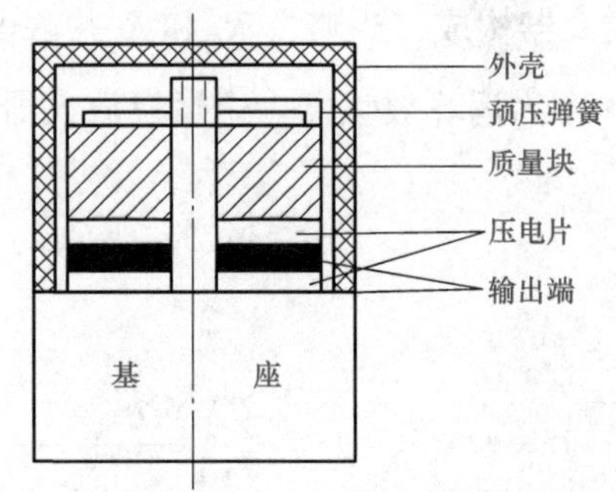

图 2.1.12 压电式加速度传感器结构图

当加速度传感器和被测物一起受到冲击力振动时，压电元件受质量块惯性力的作用。根据牛顿第二定律，此惯性力是加速度的函数，即 $F=ma$，此惯性力 F 作用于压电元件上，因而产生电荷 Q，当传感器选定后，m 为常数，则传感器输出电荷为

$$Q=dF=dma \tag{2.1.8}$$

由式（2.1.8）可知，电荷 Q 与加速度 a 成正比。因此，测得加速度传感器输出的电荷便可知加速度的大小。

3. 压电式金属加工切削力测量

如图 2.1.13 所示是利用压电陶瓷传感器测量刀具切削力的示意图。由于压电陶瓷元件的自振频率高，特别适合测量变化剧烈的载荷，图 2.1.13 中压电式传感器位于车刀前部的下方，当进行切削加工时，切削力通过刀具传给压电传感器，压电传感器将切削力转换为电信号输出，记录下电信号的变化，从而测得切削力的变化。

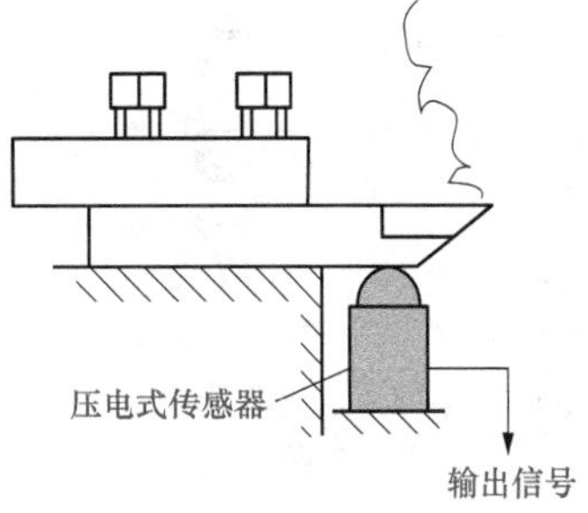

图 2.1.13　压电式刀具切削测量示意图

4. 压电式玻璃破碎报警器

BS-D2 压电式传感器是专门用于检测玻璃破碎的一种传感器，如图 2.1.14 所示。它利用压电元件对振动敏感的特性来感知玻璃受撞击和破碎时产生的振动波。传感器把振动波转换为电压输出，输出电压经放大、滤波、比较等处理后提供给报警系统。

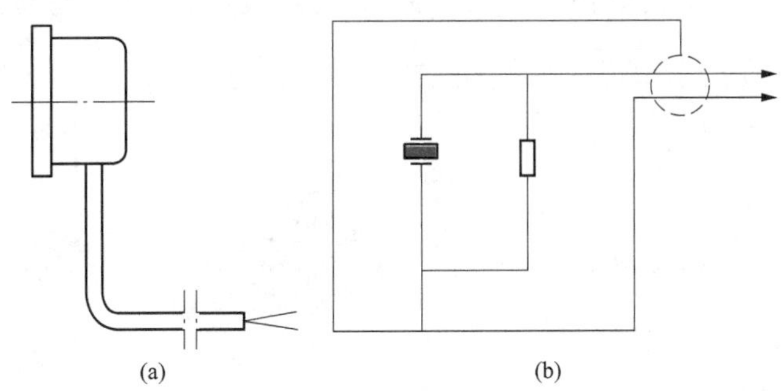

图 2.1.14　BS-D2 压电式玻璃破碎传感器
（a）外形;（b）内部电路

报警器使用时，用胶将传感器粘贴在玻璃上，然后通过电缆和报警电路相连。为了提高报警器的灵敏度，信号经放大后，需经带通滤波器进行滤波，其对选定的频谱通带的衰减要小，对带外衰减要尽量大。由于玻璃振动的波长在音频和超声波范围内，这使滤波器成为电路中的关键。当传感器输出信号高于设定的阈值时，才会输出报警信号，驱动报警执行机构工作。

压电式玻璃破碎报警器可广泛应用于文物保管、贵重物品保管及其他商品柜台等场合。

5. 压电式流量计

如图 2.1.15 所示为压电式流量计，它利用超声波在顺流方向和逆流方向的传播速度

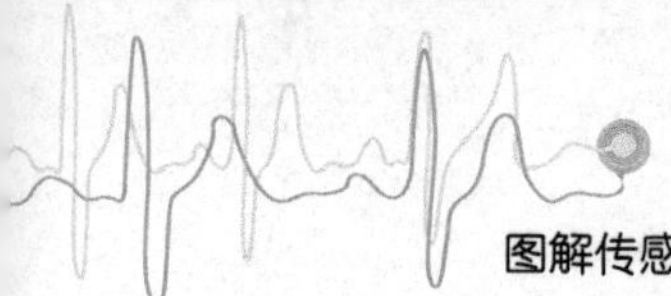

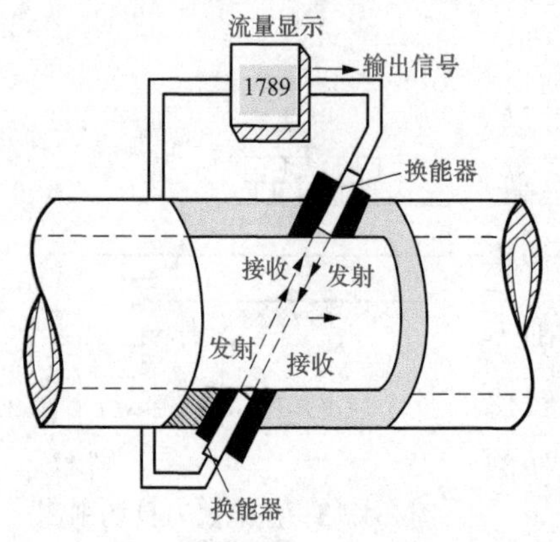

图 2.1.15　压电式流量计

进行测量，其测量装置是在管外设置两个相隔一定距离的收发两用的压电超声换能器，每隔一段时间（如 1/100s）发射和接收互换一次。在顺流和逆流的情况下，发射和接收的相位差与流速成正比。根据这个关系，可精确地测定流速以及流速与管道横截面积的乘积等于流量。此流量计可测量各种液体的流速以及中压和低压气体的流速，不受该流体的导电率、黏度、密度、腐蚀性以及成分的影响。其准确度可达 0.5%，有的可达到 0.01%。

6. 集成压电式传感器

集成压电式传感器是一种高性能、低成本动态微压传感器，如图 2.1.16 所示。产品采用压电薄膜作为换能材料，动态压力信号通过薄膜变成电荷量，再经传感器内部放大电路转换成电压输出。该传感器具有灵敏度高、抗过载及冲击能力强、抗干扰性好、操作简便、体积小、质量轻、成本低等特点，广泛应用于医疗、工业控制、交通、安全防卫等领域，如：

（1）脉搏计数探测。

（2）按键键盘、触摸键盘。

（3）振动、冲击、碰撞报警。

（4）振动加速度测量。

（5）管道压力波动。

（6）其他机电转换、动态力检测等。

图 2.1.16　集成压电式传感器

7. 压电式传感器的其他应用

压电式传感器的其他应用如图 2.1.17~ 图 2.1.21 所示。

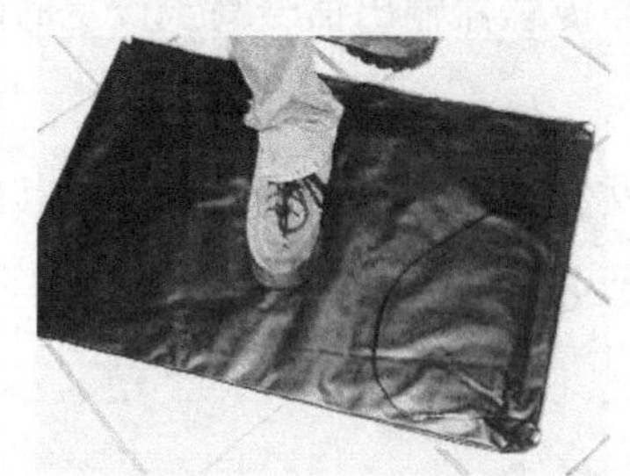

图 2.1.17　压电式脚踏报警器

图 2.1.18　高分子压电薄膜制作的压电喇叭

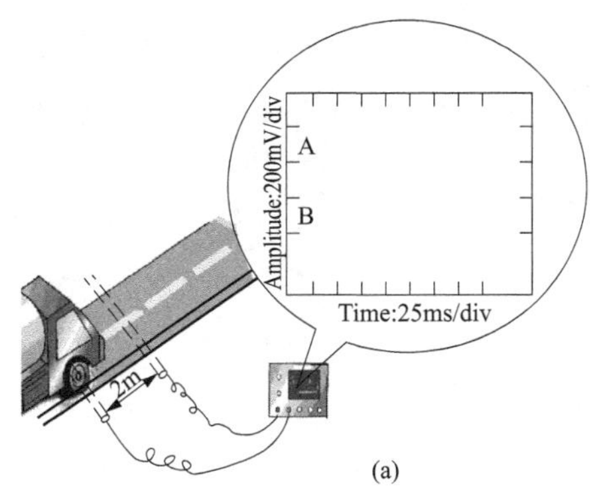

(a)

要点提示

将两根高分子压电电缆相距若干米，平行埋设于柏油公路的路面下约5cm，可以用来测量车速及汽车的载质量，并根据存储在计算机内部的档案数据，判定汽车的车型。

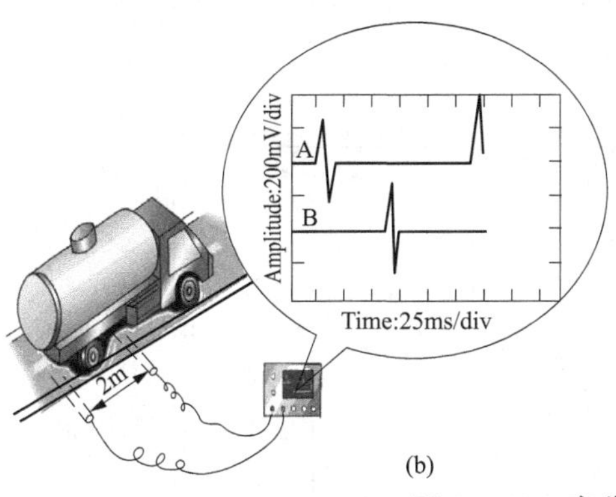

(b)

要点提示

将高分子压电电缆埋在公路下面，可获取车型分类信息(包括轴数、轴距、轮距、单双轮胎)、车速监测、收费站地磅、闯红灯拍照、停车区域监控、交通数据信息采集(道路监控)及机场滑行道等。

图 2.1.19　高分子压电电缆

（a）车进入压电电缆;（b）获取信息

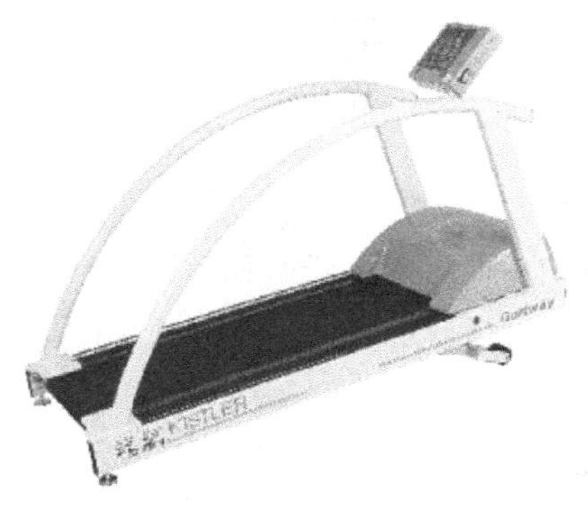
图 2.1.20　压电式步态分析跑台

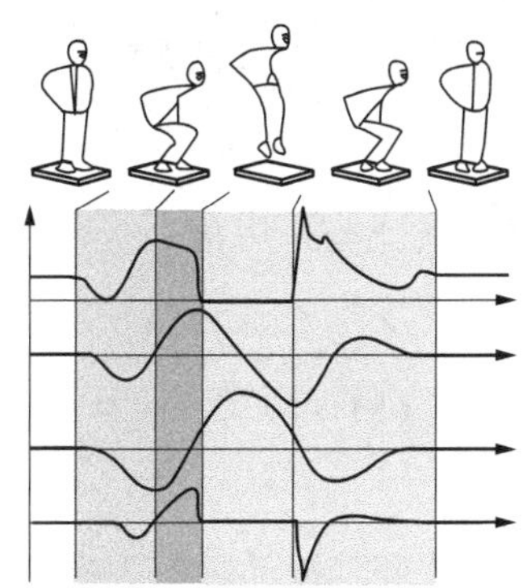
图 2.1.21　压电式传感器测量双腿跳的动态力

做一做　压电式传感器的振动测试

1. 测试目的

熟悉压电式传感器测量振动的原理和方法。

2. 测试原理

把交变力通过刚性连接至压电晶片上，压电晶片产生正比于交变力的表面电荷，通过场效应管的阻抗变换取得正比于交变力的输出电压。

3. 所需器件及模块

振动测试模块、示波器。

4. 测试步骤

（1）按图 2.1.22 所示的振动测试连接图，将 3~30Hz 输出端接在振动测试模块的 GND 和 3~30Hz 端口，振动幅度由小到大。

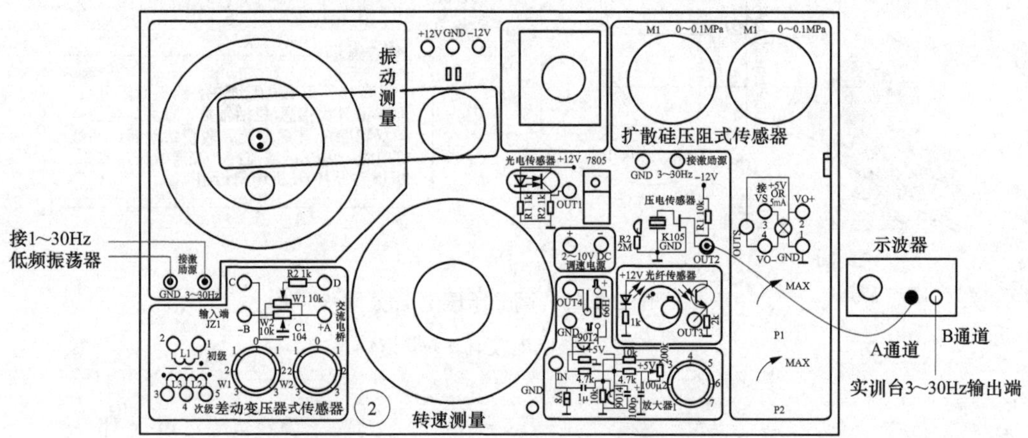

图 2.1.22　压电式传感器振动测试连接图

（2）接 ±12V 电源。

（3）示波器 A 通道接在压力传感器 OUT2 端，B 通道接实训台 3~30Hz 输出端。

（4）将频率固定在 8~12Hz，调节输出电压，观察 OUT2 输出，并将峰值记录于表 2.1.1 中。

（5）改变其振动频率观察 OUT2 输出波形。

表 2.1.1　　　　振动频率与峰值输出记录表

振动幅度 U_{pp}（V）									
OUT2 输出 U_{pp}（mV）									

5. 思考问题

利用压电原理做一个微振动仪还需增加什么测量电路?

2.2 金属应变片式传感器

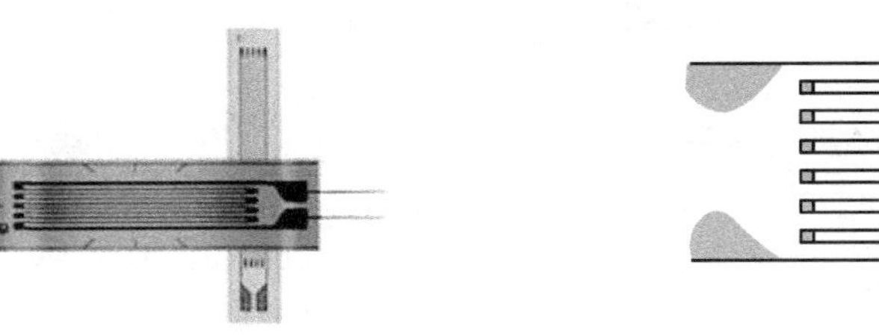

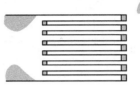

金属应变片式传感器是电阻式传感器的一种，广泛用于压力等非电信号的测量，它是基于电阻的应变效应工作的。

英国物理学家开尔文发现，金属导体或者半导体在受外力作用时，会产生相应的应变，其阻值也会随之变化，这种物理现象称为应变效应。

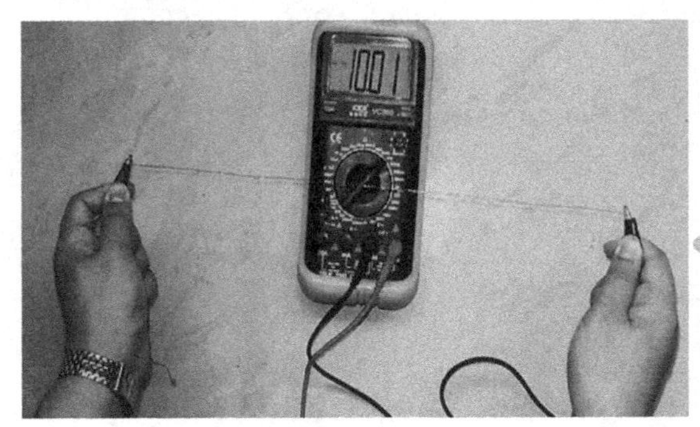

应变效应实验，金属丝长度增加，阻值增大。

学一学　金属应变片的结构

金属应变片的组成与结构如图 2.2.1 所示，利用胶黏剂将核心元件电阻丝（敏感栅）粘在基底上，通过引线与外围电路相连。为了保护电阻丝，在电阻丝上面加覆盖层。

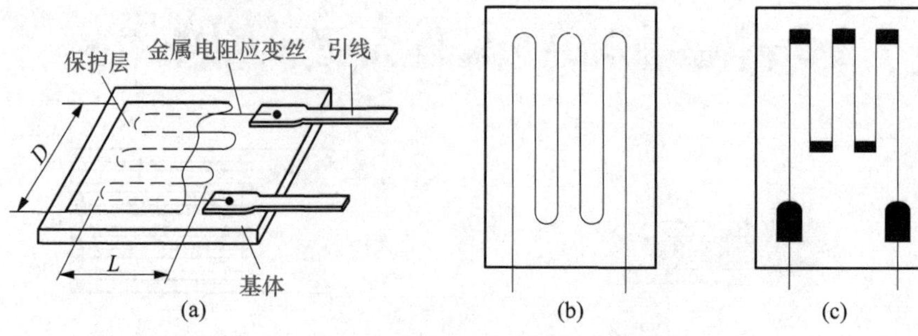

图 2.2.1　金属应变片的组成与结构

（a）金属应变片；（b）丝式；（c）箔式

学一学　应变片的粘贴

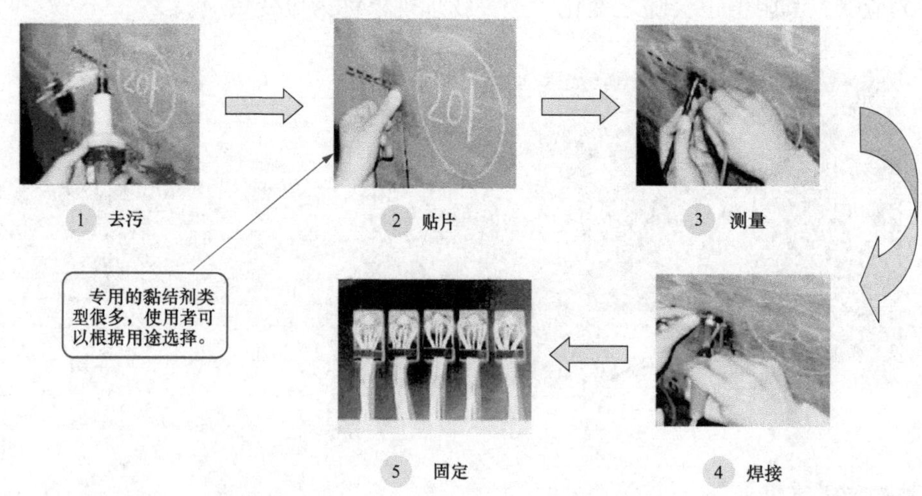

1 去污

采用手持砂轮工具除去构件表面的油污、漆、锈斑等，并用细纱布交叉打磨出细纹以增加粘贴力，用浸有酒精或丙酮的纱布片或脱脂棉球擦洗。

2 贴片

在应变片的表面和处理过的粘贴表面上，各涂一层均匀的粘贴胶，用镊子将应变片放上去，并调好位置，然后盖上塑料薄膜，用手指揉和滚压，排出下面的气泡。

3 测量

从分开的端子处，预先用万用表测量应变片的电阻，检测应变片是否损坏。

4 焊接

将引线和端子用烙铁焊接起来，注意不要把端子扯断。

5 固定

焊接后用胶布将引线和被测对象固定在一起，防止损坏引线和应变片。

图 2.2.2　应变片的粘贴

学一学 金属应变片的工作原理与测量电路

假设有一圆形截面导线，长度为 L，截面积为 A，材料的电阻率为 ρ，这段导线的电阻值为

$$R=\rho\frac{L}{A} \tag{2.2.1}$$

对式（2.2.1）进行微分得

$$\mathrm{d}R=\frac{L}{A}\mathrm{d}\rho+\frac{\rho}{A}\mathrm{d}L-\frac{\rho L}{A^2}\mathrm{d}A \tag{2.2.2}$$

两边同时除以 R 得

$$\frac{\mathrm{d}R}{R}=\frac{\mathrm{d}\rho}{\rho}+\frac{\mathrm{d}L}{L}-\frac{\mathrm{d}A}{A} \tag{2.2.3}$$

轴向应变 ε_x

将 $A=\pi r^2$ 代入式（2.2.3）并整理得

$$\frac{\mathrm{d}R}{R}=\frac{\mathrm{d}\rho}{\rho}+\frac{\mathrm{d}L}{L}-2\frac{\mathrm{d}r}{r} \tag{2.2.4}$$

2 倍的径向应变 ε_y

根据材料力学，可知

$$\varepsilon_y=-\mu\varepsilon_x \tag{2.2.5}$$

泊松比

代入式（2.2.4）并整理得

$$\frac{\mathrm{d}R}{R}=(1+2\mu)\varepsilon_x+\frac{\mathrm{d}\rho}{\rho} \tag{2.2.6}$$

对于金属材料，$\frac{\mathrm{d}\rho}{\rho}<<1$，因此有

金属应变片的灵敏度

$$\frac{\mathrm{d}R}{R}=(1+2\mu)\varepsilon_x=k\varepsilon_x \tag{2.2.7}$$

应变片的电阻变化值很微弱，用万用表无法测量，为了便于显示和控制需将变化的阻值转换成电信号输出，所以通常采用电桥作为测量电路。

1. 单臂电桥

单臂电桥的电路形式如图 2.2.3 所示。R_1 为应变片的电阻，电桥平衡输出电压为

$$U_o=U_{bd}=U_{ba}+U_{ad} \tag{2.2.8}$$

$$U_{ba}=\frac{U_iR_1}{R_1+R_2} \tag{2.2.9}$$

$$U_{ad}=-\frac{U_iR_4}{R_3+R_4} \tag{2.2.10}$$

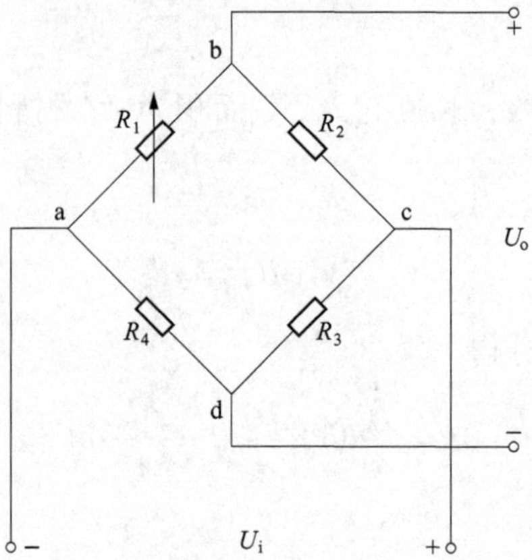

图 2.2.3　单臂电桥

则
$$U_o=\frac{U_iR_1}{R_1+R_2}-\frac{U_iR_4}{R_3+R_4}=\frac{R_1R_3-R_2R_4}{(R_1+R_2)(R_3+R_4)}U_i \tag{2.2.11}$$

初始时刻，$R_1=R_2=R_3=R_4=R$，电桥平衡，$U_o=0V$。

当应变片受力产生的应变变化为 ΔR 时，根据式（2.2.11），其输出电压为

$$U_o=\frac{R\Delta R}{2R(2R+\Delta R)}U_i \tag{2.2.12}$$

通常情况，$\Delta R\leqslant R$，所以

$$U_o=\frac{U_i}{4}\frac{\Delta R}{R} \tag{2.2.13}$$

因此，单臂电桥的灵敏度为

$$K=\frac{U_i}{4} \tag{2.2.14}$$

2. 半桥双臂

半桥双臂的电路形式如图 2.2.4 所示，R_1 和 R_2 为相同规格应变片的电阻，将 R_1 和 R_2 接成差动形式，即 R_1 与 R_2 电阻变化大小相同但方向相反。

根据式（2.2.11），输出电压为

$$U_o=\frac{U_i}{2}\frac{\Delta R}{R} \tag{2.2.15}$$

因此，半桥双臂的灵敏度为

$$K=\frac{U_i}{2} \tag{2.2.16}$$

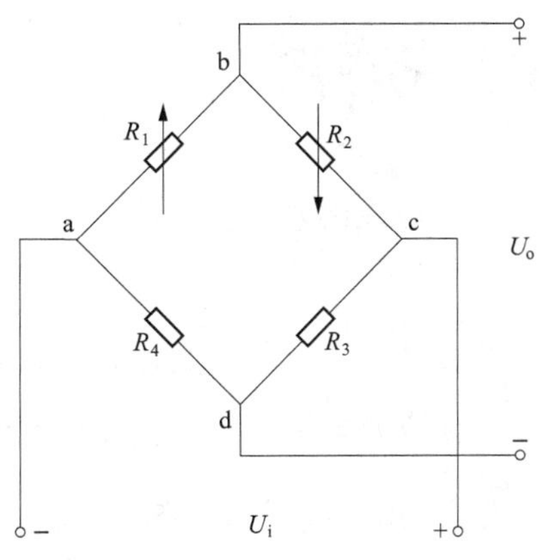

图 2.2.4 半桥双臂

3. 全桥电路

全桥电路的形式如图 2.2.5 所示，R_1、R_2、R_3 和 R_4 为相同规格应变片的电阻，将其接成差动形式，即 R_1、R_2、R_3 和 R_4 电阻变化大小相同，但 R_1、R_3 与 R_2、R_4 的变化方向相反。

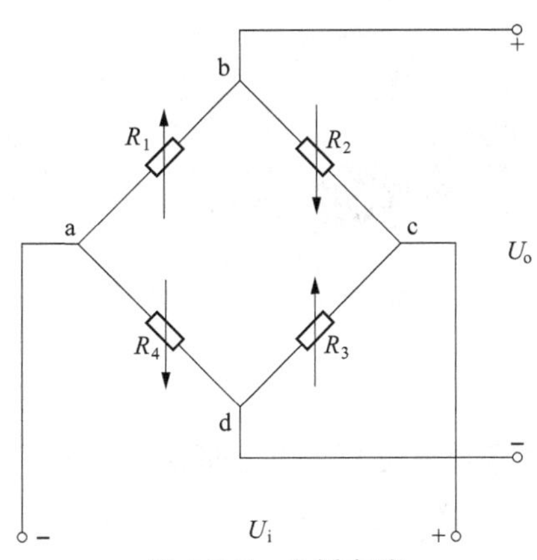

图 2.2.5 全桥电路

根据式（2.2.11），输出电压为

$$U_o=U_i\frac{\Delta R}{R} \qquad (2.2.17)$$

因此，全桥电路的灵敏度为

$$K=U_i \qquad (2.2.18)$$

综上所述

（1）直流电桥的输出电压与被测应变量成线性关系。

（2）$K_{全桥}=2K_{半桥}=4K_{单臂}$。

（3）半桥与全桥电路能够较好地克服温漂信号。

学一学 金属应变片的应用

应变片的应用十分广泛，它可以测量应变应力、弯矩、扭矩、加速度、位移等物理量。其应用可分为两大类：

（1）将应变片粘贴于某些弹性体上，并将其接到测量转换电路中构成测量各种物理量的专用应变式传感器。在应变式传感器中，敏感元件一般为各种弹性体，传感元件就是应变片，测量转换电路一般为电桥电路。

（2）将应变片贴于被测试件上，然后将其接到应变仪上就可直接从应变仪上读取被测试件的应变量。

1. 悬臂梁

悬臂梁的结构如图 2.2.6 所示。

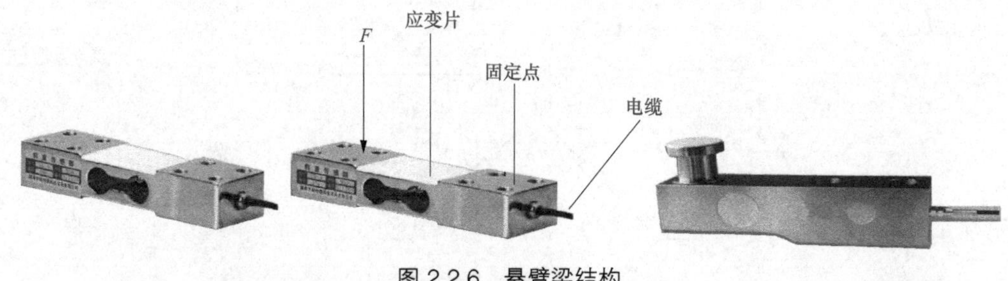

图 2.2.6 悬臂梁结构

2. 应变式荷重传感器

如图 2.2.7 所示为应变式荷重传感器的原理演示图与实物图，应变片的连接方式采用全桥电路形式。当 F 向下作用时，R2 与 R4 受到压应变，R1 与 R3 受到拉应变。

应变式荷重传感器是应力计中最具有代表性的压力传感器，它可以用来测试汽车的质量等。该传感器需要有专用的放大器，专用的放大器在市场上即可买到。

3. 汽车衡

汽车衡也称地磅，是厂矿、商家等用于大宗货物计量的主要称重设备。汽车衡标准配置主要由承重传力机构（秤体）、高精度称重传感器、称重显示仪表三大主件组成。这三大主件即可完成汽车衡的基本称重功能，也可根据不同用户的要求，选配打印机、大屏幕显示器、电脑管理系统以完成更高层次的数据管理及传输需要。其结构如图 2.2.8 所示。

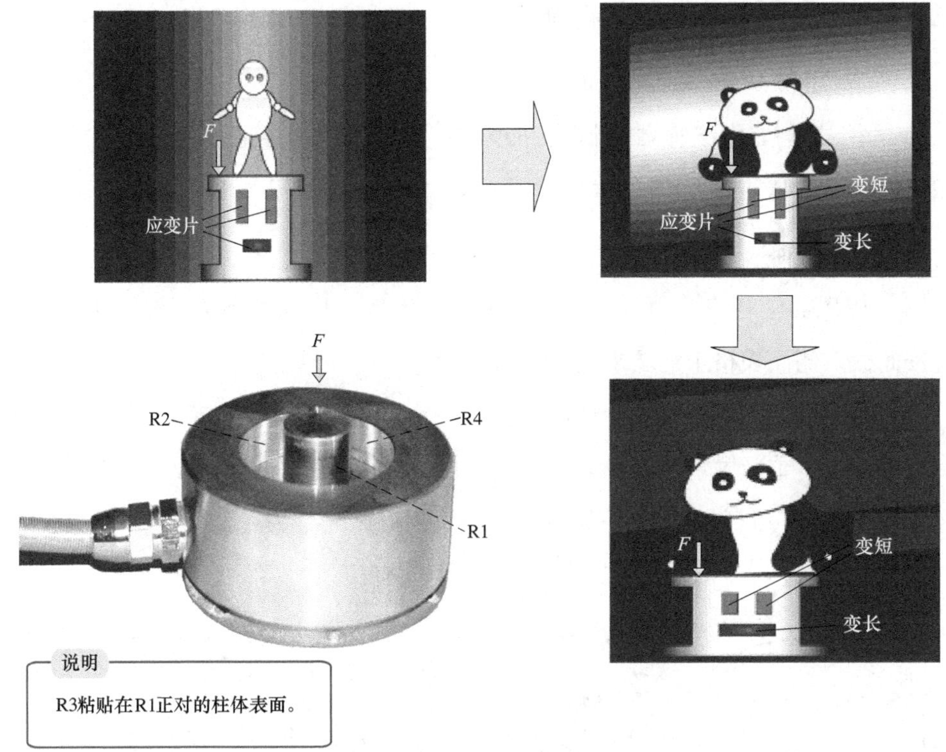

图 2.2.7 应变式荷重传感器的原理演示与实物图

图 2.2.8 汽车衡结构图

做一做 全桥测量电路的性能测试

1. 测试目的

熟悉全桥测量电路的优点。

2. 测试原理

在全桥测量电路中，将受力性质相同的两应变片接入电桥对边，受力性质不同的两应变片接入电桥邻边，当应变片初始阻值 $R_1=R_2=R_3=R_4$，其变化值 $\Delta R_1=\Delta R_2=\Delta R_3=\Delta R_4$ 时，其桥路输出电压 $U_{o3}=KE\varepsilon$。其输出灵敏度比半桥提高了一倍，非线性误差和温度误差均得到了改善。

3. 所需器件及模块

金属箔式应变片传感器测试电路模块、差动放大电路模块、20g 砝码 20 枚、±12V 电源、±4V 电源、万用表。

4. 测试步骤

（1）传感器中各应变片 R1、R2、R3、R4 已接入模块的下方，K1、K2、K3 开关应按面板右侧面表格中的要求进行全桥设置。

（2）按图 2.2.9 接上桥路两端电源电压 +8V（+10V）。检查接线无误后，合上实训台电源开关，重新微量调节差动放大电路模块 W3、W4，使数显表显示为零（注意：W1、W2 的位置一旦确定，就不能改变，一直到测试完毕为止）。

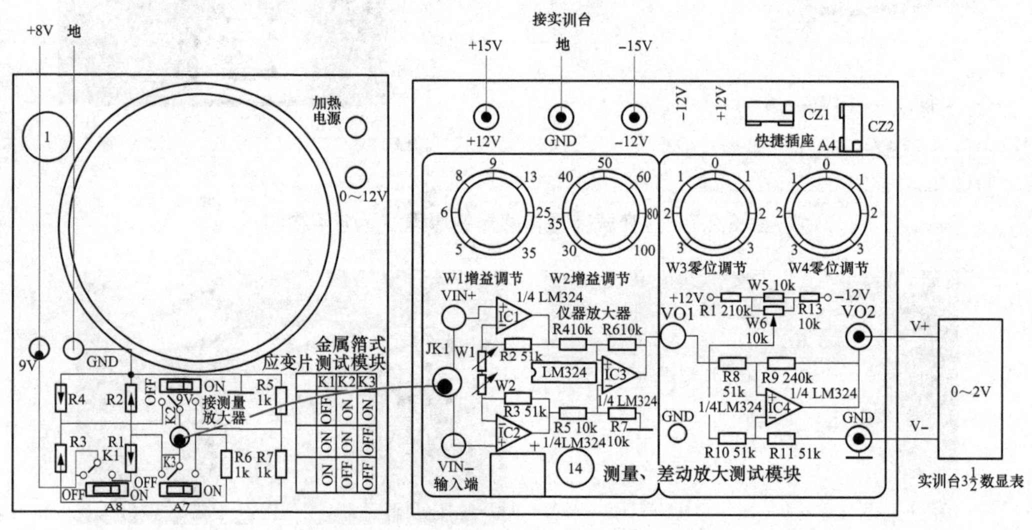

图 2.2.9 全桥测量电路性能测试连接图

（3）将差动放大电路模块接 ±12V 电源，其差动放大输出端 VO2 接数显表 0~2V 输入端，调节 W3、W4 使数显表为 0.000V，W1、W2 为增益调节电位器。

（4）放一枚 20g 砝码，将测试结果填入表 2.2.1 中，直至 10 枚砝码放完，然后进行灵敏度和非线性误差计算。

（5）如果采用计算机采集数据，则计算机可对 0~20000mV 的数据进行采集。

表 2.2.1　　质量与电压记录表

质量（g）	20	40	60	80	100	120	140	160	180	200
电压（mV）										

5. 思考问题

（1）全桥测量电路中，当两组对边（R_1、R_3 为对边）电阻值相同时，即 $R_1=R_3$，$R_2=R_4$，而 $R_1 \neq R_2$ 时，是否可以组成全桥测量电路？

（2）为什么 W1 和 W2 在进行单臂、半桥、全桥测试时要保持不动？

2.3 固态压阻式传感器

固态压阻式传感器是利用硅的压阻效应和集成电路技术制成的新型传感器。它具有灵敏度高、动态响应快、测量精度高、稳定性好、工作温度范围宽、体积小和便于批量生产等特点，因此得到了广泛应用。由于它克服了半导体应变片存在的问题，并能将电阻条、补偿线路、信号转换电路集成在一块硅片上，甚至还能将计算处理电路与传感器集成在一起制成智能型传感器，因此是一种具有发展前途的传感器。

学一学 固态压阻式传感器的结构

固态压阻式传感器的符号与实物如图 2.3.1 所示。

图 2.3.1 固态压阻式传感器的符号和实物图

（a）符号；（b）实物图

学一学　固态压阻式传感器的工作原理

单晶硅在受到力作用后，其电阻率将随作用力而变化，这种物理现象称为压阻效应。半导体材料电阻的变化率 $\Delta R/R$ 主要由 $\Delta\rho/\rho$ 引起，即取决于半导体材料的压阻效应。在弹性变形限度内，硅的压阻效应是可逆的，即在应力作用下硅的电阻发生变化，而当应力除去时，硅的电阻又恢复到原来的数值。硅的压阻效应因晶体的取向不同而不同。固态压阻式传感器的核心是硅膜片。通常多选用 N 型硅晶片做硅膜片，在其上扩散 P 型杂质，形成 4 个阻值相等的电阻条。如图 2.3.2 所示是固态压阻式传感器硅膜片芯体的结构图。将芯片封接在传感器的壳体内，再连接出电极引线就可制成典型的固态压阻式传感器。

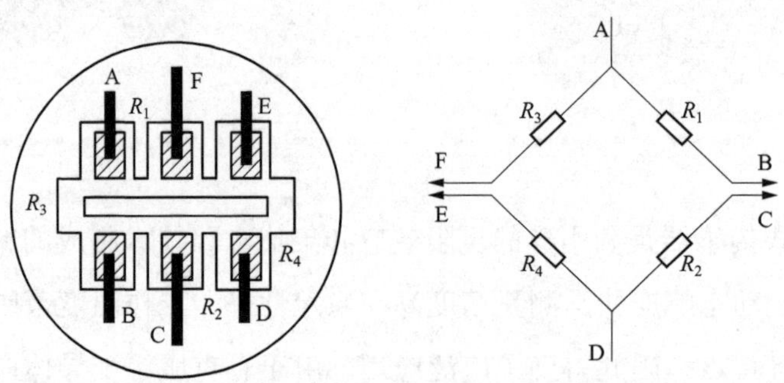

图 2.3.2　固态压阻式传感器硅模片芯体结构

学一学　固态压阻式传感器的应用

由于压敏电阻具有频率响应范围宽、体积小、精度高、灵敏度高等优点，所以它在航空、航海、石油、化工、动力机械、兵器工业以及医学等方面得到了广泛的应用。

在机械工业中，可测量冷冻机、空调机、空气压缩机的压力和气流流速，以监测机器的工作状态。

在航空工业中，可测量飞机发动机的中心压力。在飞机风洞模型中，可以将微型压阻式传感器安装在模型上，以取得准确的实验数据。

在兵器工业中，可测量枪炮膛内的压力，也可对爆炸压力及冲击波进行测量。

还广泛用于医疗事业中，目前已有多种微型传感器可用来测量心血管、颅内、尿道、眼球内的压力。随着微电子技术以及电子计算机的发展，固态压阻式传感器的应用将会越来越广泛。

1. 压力测试

固态压阻式压力传感器的结构如图 2.3.3 所示。传感器硅膜片两边有两个压力腔，一个是和被测压力相连接的高压腔，另一个是低压腔，通常和大气相通。当膜片两边存在压力差时，膜片上各点存在应力。膜片上的 4 个电阻在应力作用下，阻值发生变化，电桥失去平衡，其输出的电压与膜片两边压力差成正比。

2. 列车车厢门的自动开关控制

列车车厢门的自动开关控制示意图如图 2.3.4 所示。当人走到门前时，车门自动打开，其原理是在门的前后各设置一个压力传感器，人走到门前触发压力传感装置输出一个开关信号，然后驱动有关传动机构打开车厢门，并经过一段延时后门关上，如在这段延迟时间里又收到触发信号，车厢门将保持打开状态。

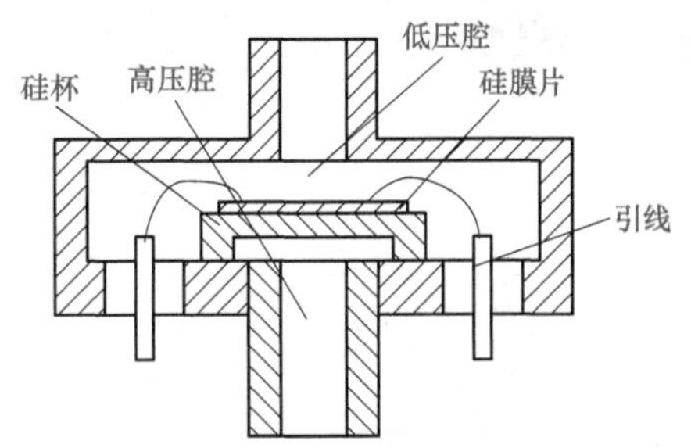

图 2.3.3　固态压阻式压力传感器的结构

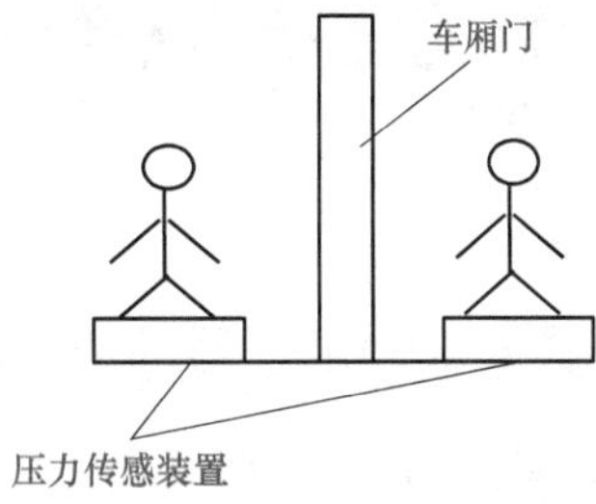

图 2.3.4　列车车厢门的自动开关控制示意图

3. 液位测量

如图 2.3.5 所示是压阻式压力传感器示意图，其安装在不锈钢壳体内，并由不锈钢支架固定放置在液体底部，传感器的高压侧进气孔与液体相通，安装高度 h_0 处的水压 $P_1=\rho g h_1$。传感器的低压侧进气口通过一根橡胶背压管与外界的仪表接口相连接。被测液位可由式（2.3.1）得到

$$H=h_0+h_1=h_0+P_1/\rho g \tag{2.3.1}$$

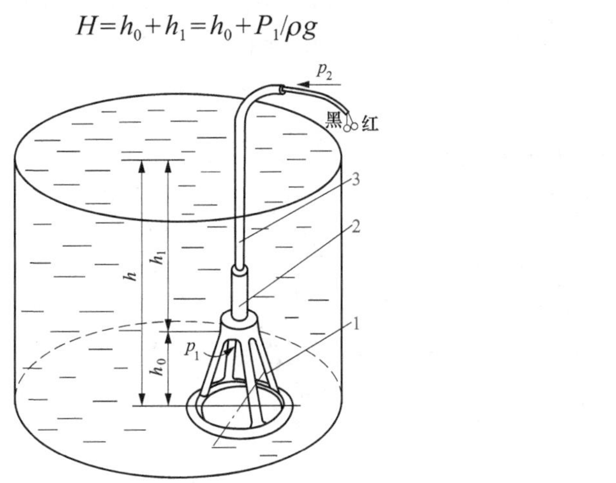

图 2.3.5　压阻式压力传感器示意图

1—支架；2—压阻式压力传感器；3—背压管

这种投入式液位传感器安装方便，适用于几米到几十米混有大量污物、杂质的水或其他液体的液位测量。如图 2.3.6 所示是不同形式的压阻式液位传感器。

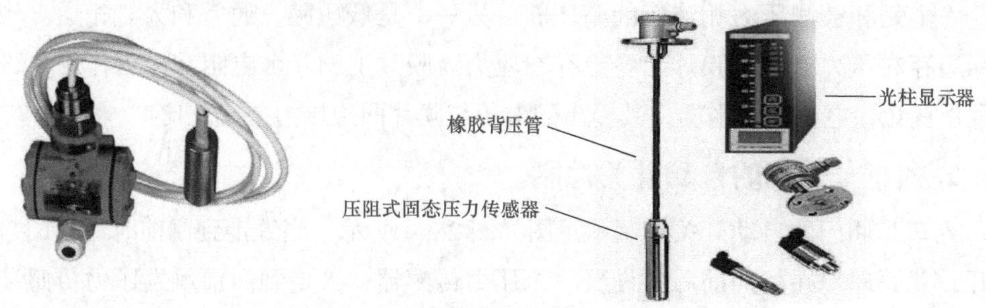

图 2.3.6　不同形式的压阻式液位传感器

做一做　固态压阻式传感器的压力测试

1. 测试目的

熟悉扩散硅压阻式压力传感器测量压力的原理和方法。

2. 所需器件及模块

综合电路模块、0~2V 数显单元、± 5V 与 ± 12V 直流稳压源、0.5~20mA 恒流源。

3. 测试步骤

（1）按图 2.3.7 将综合电路模块 VS 端连接 ± 5V 直流稳压源或 5mA 恒流源，VO+、VO- 输出接 0~2V 数显单元，并接通电源。

（2）将综合电路模块的 P1、P2 加压旋钮旋出，使压力表均指示 0。压力传感器有 4 个端子：1 端子为接地线，2 端子为 VO+，3 端子为 VS 接恒流源，4 端子为 VO-。1、2、3、4 端子的排列顺序如图 2.3.7 所示。

（3）旋动 P1 旋钮加压，如输出为正值则为正压，反之 P1 松开使压力表为 0，旋动 P2 旋钮加压，输出为负值则为负压。

（4）分别对应 P1 或 P2 将压力和输出电压记录于表 2.3.1 中。

表 2.3.1　　压力与输出电压记录表

P（kPa）	10	20	30	40	50	60	70	80	90	100
U_o（mV）										

（5）如果采用计算机采集数据，则计算机可对 0~20000mV 的数据进行采集。

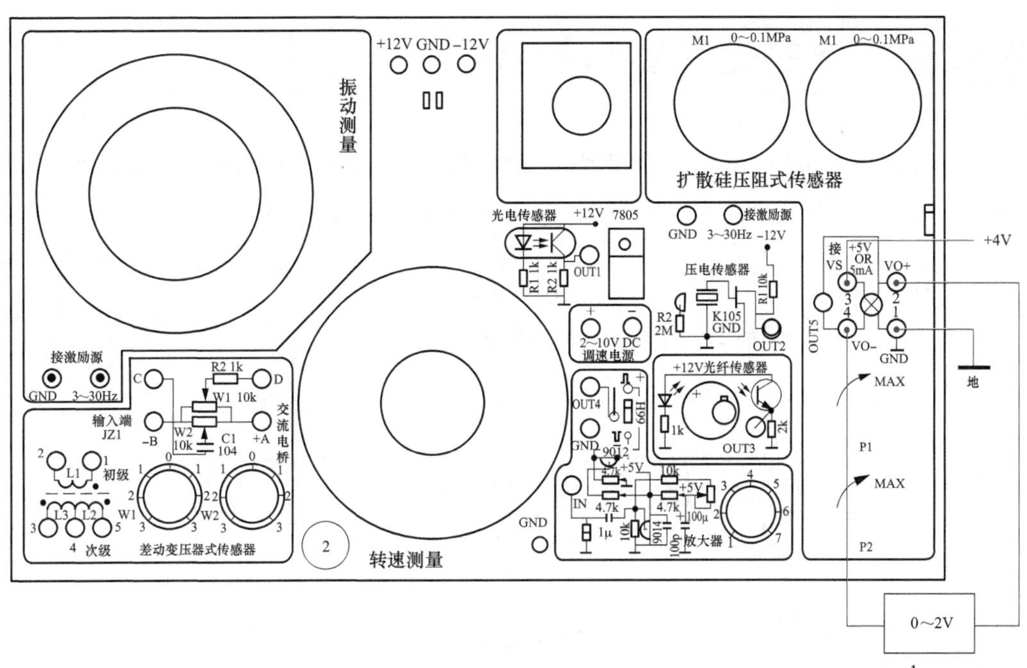

图 2.3.7 扩散硅压阻式压力传感器的压力测量连接图

（6）计算压力测试系统的灵敏度和非线性误差。

（7）在压力测试基础上将该装置改成一个压力计，则必须对电路进行标定，方法是：输入 40kPa 气压，借助扩展模块，调节 W5 或 W6 使数显表显示 0.4V；输入 100kPa 气压，再借助扩展模块，调节 W3、W4（高限调节）使数显表显示 1V，反复调节直到足够精确即可。

4. 思考问题

如何利用压阻式传感器进行真空度测量？

2.4 电容式传感器

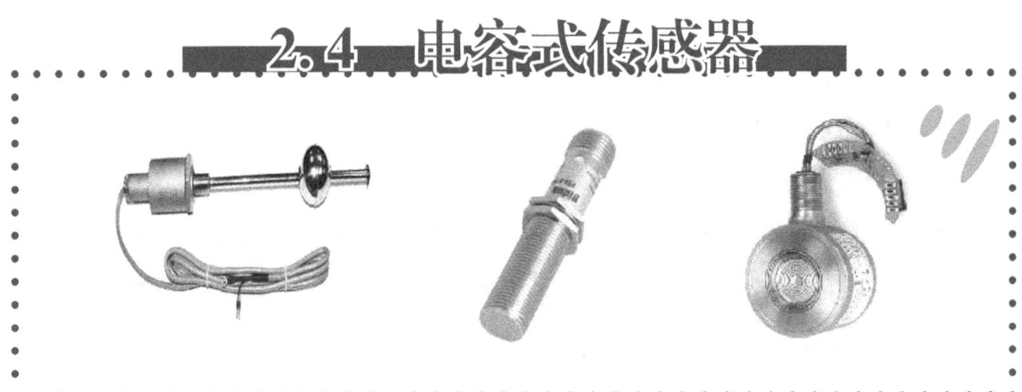

学一学 电容式传感器的结构

电容式传感器是一种将被测非电量变化转换为电容量变化的传感器，主要完成位移、振动、角度、加速度、压力、液位、成分含量等非电量转换。

1. 结构框图

电容式传感器的结构框图如图 2.4.1 所示。

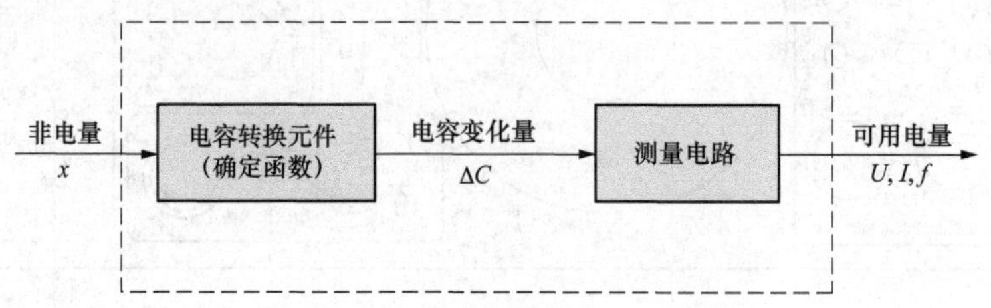

图 2.4.1　电容式传感器的结构框图

2. 工作过程

被测非电量经过电容转换元件转换为电容变化量，然后输入到测量电路中得到电压（电流或频率）变化，经标度变换显示出非电量值，如图 2.4.2 所示。

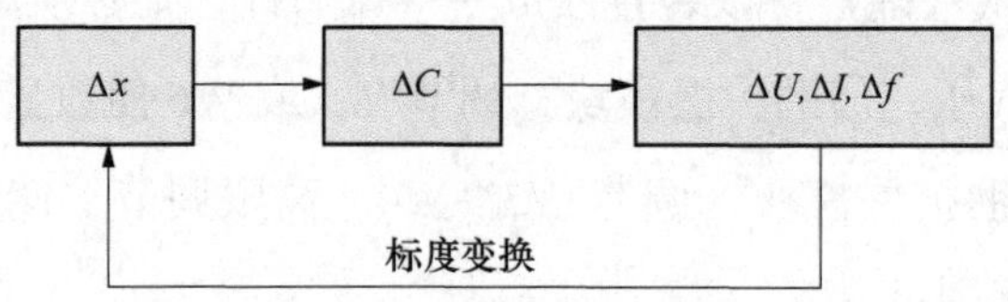

图 2.4.2　电容式传感器的工作过程

学一学 电容式传感器的特点

1. 电容式传感器的优点

（1）结构简单，适应性强。

（2）测量范围大，灵敏度高。

（3）稳定性好。由于电容器极板多为金属材料，极板间衬物多为无机材料，如空气、玻璃、陶瓷、石英等，因此可以在高温、低温强磁场、强辐射环境长期工作，尤其是可以解决高温高压环境下的检测难题。

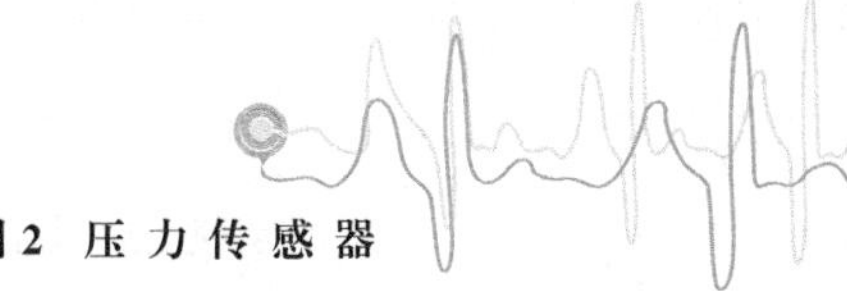

（4）动态响应好。

1）极板间的静电引力很小，需要的作用能量极小。可测极低的压力，很小的速度、加速度。可以做得很灵敏，分辨率非常高，能感受 0.001mm 甚至更小的位移。

2）可动部分可以做得很小很薄，即质量很轻。其固有频率很高，动态响应时间短，能在几兆赫的频率下工作，特别适合动态测量。

3）介质损耗小，可用较高频率供电。系统工作频率高，可用于测量高速变化的参数，如测量振动、瞬时压力等。

2. 电容式传感器的缺点

（1）输出阻抗高，负载能力差。传感器的电容量受其电极几何尺寸等限制，一般为几十到几百皮法，使传感器的输出阻抗很高，尤其当采用音频范围内的交流电源时，其输出阻抗高达 106~108Ω。因此，传感器负载能力差，易受外界干扰影响。

（2）寄生电容影响大。传感器的初始电容量很小，而传感器的引线电缆电容、测量电路的杂散电容以及传感器极板与其周围导体构成的电容等寄生电容却较大，这一方面降低了传感器的灵敏度，另一方面这些电容（如电缆电容）常常是随机变化的，将使传感器工作不稳定，影响测量精度。

学一学 电容式传感器的工作原理与类型

电容器是由两个用介质（固体、液体或气体）或真空隔开的导电体构成的器件。平板电容器如图 2.4.3 所示。

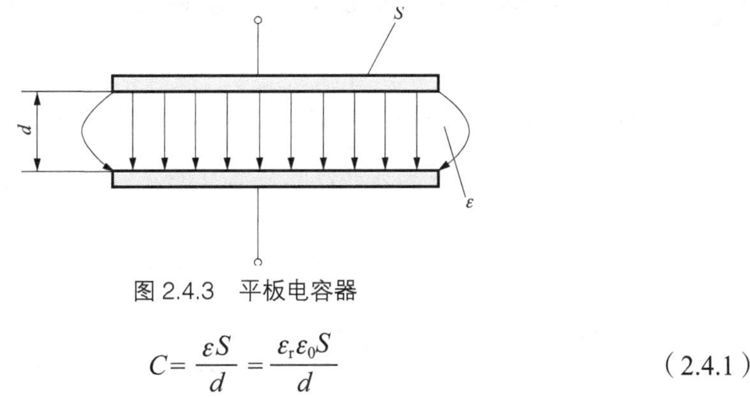

图 2.4.3 平板电容器

$$C=\frac{\varepsilon S}{d}=\frac{\varepsilon_r\varepsilon_0 S}{d} \tag{2.4.1}$$

式中 S——极板相对覆盖面积；

d——极板间距离；

ε_r——相对介电常数；

ε_0——真空介电常数；

ε——电容极板间介质的介电常数。

当被测参数变化使式中的 S、ε 或 d 发生变化时，电容量 C 也随之变化。如果保持其中两个参数不变，而仅改变其中一个参数，就可把该参数的变化转换为电容量的变化，通过测量电路就可转换为电量输出。因此，电容式传感器可分为变极距型、变面积型和变介质型 3 种类型，如图 2.4.4 所示。

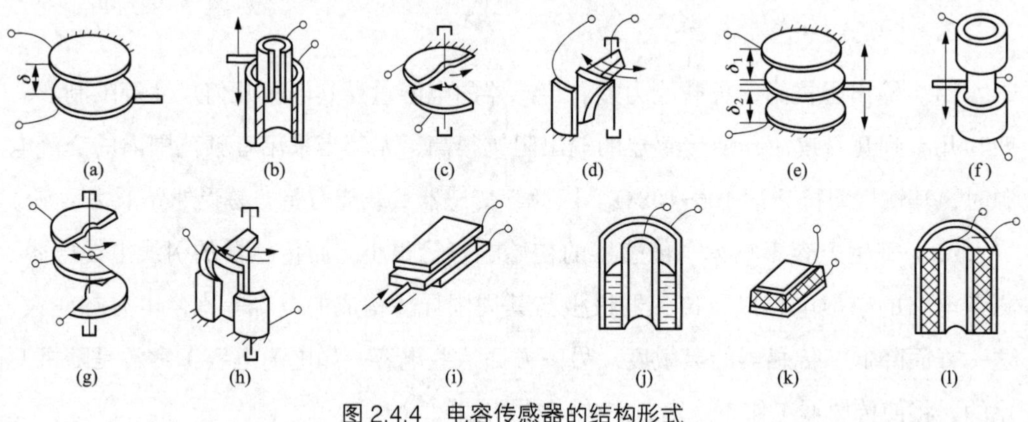

图 2.4.4 电容传感器的结构形式

（a）、（e）变极距型；（b）、（c）、（d）、（f）、（g）、（h）变面积型；

（i）~（l）变介电常数型

变平行极板间距 d 的传感器可以测量微米数量级的位移；变面积 S 的传感器则适用于测量厘米数量级的位移；变介电常数的电容式传感器适用于液面、厚度的测量。

学一学 变极距型电容式传感器

1. 单极变极距型电容式传感器

极板面积为 S，初始距离为 d_0，以空气为介质（$\varepsilon_r=1$），电容器的电容为

$$C_0=\frac{\varepsilon_0 S}{d_0} \tag{2.4.2}$$

若电容器极板距离初始值 d_0 减小 Δd，其电容量增加 ΔC，则电容量 C 为

$$C=C_0+\Delta C=\frac{\varepsilon_0 A}{d_0-\Delta d}=C_0\frac{1}{1-\dfrac{\Delta d}{d_0}}=\frac{C_0\left(1+\dfrac{\Delta d}{d}\right)}{1-\left(\dfrac{\Delta d}{d}\right)^2} \tag{2.4.3}$$

电容的相对变化量为

$$\frac{\Delta C}{C_0}=\frac{\Delta d}{d_0}\left(1-\frac{\Delta d}{d_0}\right)^{-1} \tag{2.4.4}$$

由式（2.4.2）~式（2.4.4）可知，C 与 Δd 不是线性关系。但是，若 $\Delta d/d$<<1，可化简为

$$C=C_0+C_0\frac{\Delta d}{d} \tag{2.4.5}$$

按幂级数展开得

$$\frac{\Delta C}{C_0}=\frac{\Delta d}{d_0}\left[1+\frac{\Delta d}{d_0}+\left(\frac{\Delta d}{d_0}\right)^2+\left(\frac{\Delta d}{d_0}\right)^3+\cdots\right] \tag{2.4.6}$$

略去非线性项（高次项），则得近似的线性关系式为

$$\frac{\Delta C}{C_0}\approx\frac{\Delta d}{d_0} \tag{2.4.7}$$

而电容传感器的灵敏度为

$$K=\frac{\Delta C}{C_0}/\Delta d=\frac{1}{d_0} \tag{2.4.8}$$

> K 为电容式传感器灵敏度系数，其物理意义是：单位位移引起的电容量的相对变化量的大小。

由式（2.4.8）可知，极间距越小，既有利于提高灵敏度，又有利于减小非线性。但 d_0 过小时，容易引起电容器击穿，同时加工精度要求也高。在实际应用中，为提高灵敏度，减小非线性，大都采用差动结构。改善击穿条件的办法是在极板间放置云母片等介电材料。如云母的相对介电常数为空气的 7 倍，其击穿电压不小于 10^3kV/mm，而空气的击穿电压为 3kV/mm。一般电容式传感器的起始电容为 20~30pF，极板距离为 25~200μm。

2. 差动变极距型电容式传感器

如图 2.4.5 所示，在差动变极型电容器中，电容器 C_1 的电容随 Δd 的减小而增大时，另一个电容器 C_2 的电容则随着 Δd 的增大而减小。

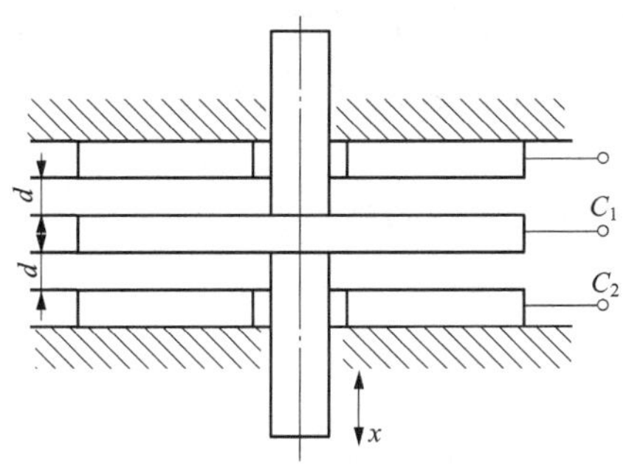

图 2.4.5　差动变极距型电容器

它们的特性方程分别为

$$C_1=C_0\left[1+\left(\frac{\Delta d}{d_0}\right)+\left(\frac{\Delta d}{d_0}\right)^2+\left(\frac{\Delta d}{d_0}\right)^3+\cdots\right] \tag{2.4.9}$$

$$C_2=C_0\left[1-\left(\frac{\Delta d}{d_0}\right)+\left(\frac{\Delta d}{d_0}\right)^2-\left(\frac{\Delta d}{d_0}\right)^3+\cdots\right] \tag{2.4.10}$$

总的电容变化量为

$$\Delta C=C_1-C_2=C_0\left[2\frac{\Delta d}{d_0}+2\left(\frac{\Delta d}{d_0}\right)^3+\cdots\right] \tag{2.4.11}$$

电容的相对变化量为

$$\frac{\Delta C}{C_0}=2\frac{\Delta d}{d_0}\left[1+\left(\frac{\Delta d}{d_0}\right)^2+\left(\frac{\Delta d}{d_0}\right)^4+\cdots\right] \tag{2.4.12}$$

略去高次项，近似成线性关系为

$$\frac{\Delta C}{C_0}\approx\frac{2\Delta d}{d_0} \tag{2.4.13}$$

差动电容式传感器的灵敏系数为

差动式比单极式灵敏度提高 1 倍。

$$K'=\frac{\Delta C}{C_0}\Big/\Delta d=\frac{2}{d_0} \tag{2.4.14}$$

差动式比单极式不仅灵敏度高，还可大大减小非线性误差。由于结构上的对称性，它还能有效地补偿温度变化所造成的误差。

学一学 变面积型电容式传感器

1. 线位移式电容传感器

如图 2.4.6 所示为直线位移式变面积型电容式传感器的示意图，极板长为 b，宽为 a，极距为 d。当动极板移动 Δx 后，覆盖面积就发生变化，电容也随之改变，改变值为

$$\Delta C=C-C_0=\frac{\varepsilon_0\varepsilon_r(a-\Delta x)b}{d} \tag{2.4.15}$$

由式（2.4.15）可知，ΔC 与 Δx 间呈线性关系。变面积型电容式传感器的线性度好，但其灵敏度低，一般用于较大位移的测量。为了提高灵敏度，常采用差动结构。

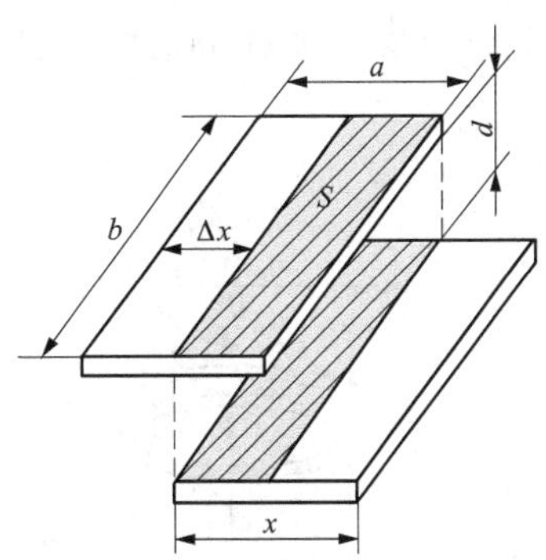

图 2.4.6　直线位移式变面积型电容式传感器示意图

2. 角位移式电容传感器

如图 2.4.7 所示为角位移式变面积型电容式传感器示意图，当动片有一角位移 θ 时，两极板覆盖面积就发生变化，从而导致电容的变化。

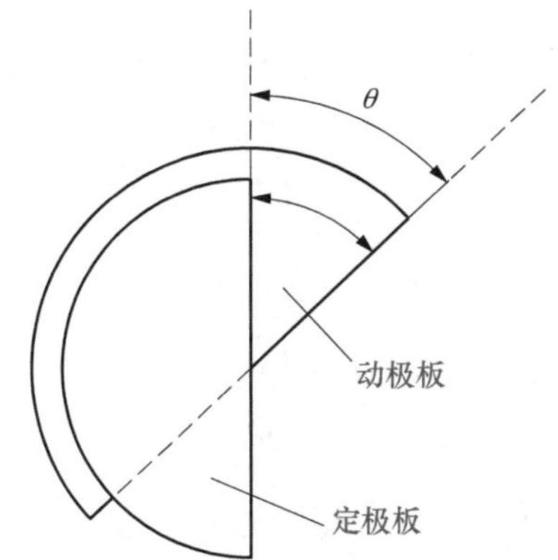

图 2.4.7　角位移式变面积型电容式传感器示意图

当 $\theta=0$ 时，$C_0=\dfrac{\varepsilon_0\varepsilon_r S_0}{d_0}$。

当 $\theta\neq 0$ 时，$C=\dfrac{\varepsilon_0\varepsilon_r\left(1-\dfrac{\theta}{\pi}\right)}{d_0}=C_0-C_0\dfrac{\theta}{\pi}$。

传感器电容量 C 与角位移 θ 间呈线性关系。

综合上述分析，变面积型电容式传感器不论被测量是线位移还是角位移，位移与输出电容都为线性关系。

学一学　变介质型电容式传感器

由于各种介质的相对介电常数不同，如果在电容器两极板间插入不同介质，电容器的电容量就会不同，利用这种原理制作的电容式传感器称为变介电常数型电容式传感器，如图 2.4.8 所示。

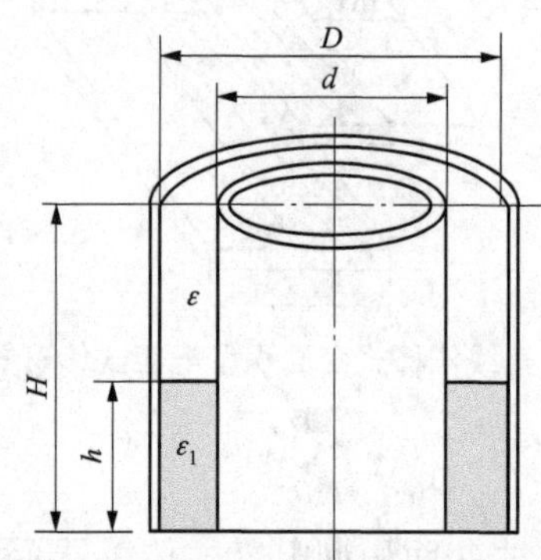

图 2.4.8　变介质常数型电容传感器示意图

被测介质的相对介电常数为 ε_1，空气的相对介电常数为 ε，介质高度为 h，传感器的总高度为 H，内筒外径为 d，外筒的内径为 D，则初始电容为

$$C_0=\frac{K\varepsilon H}{\ln\frac{D}{d}} \tag{2.4.16}$$

传感器的电容为

$$C=C_0+\frac{K(\varepsilon_1-\varepsilon)}{\ln\frac{D}{d}}h \tag{2.4.17}$$

式中　K——因数，当 d 接近 D 时，可略去边缘效应，取 K=0.55。

由式（2.4.17）可见，传感器的电容增量与被测液位高度 h 成正比，故可以测量液位、料位的高度及材料的厚度。

学一学　电容式传感器的测量电路

电容式传感器在实际使用过程中，由于传感器本身电容很小，仅几微法至几十微法，而且由被测量变化所引起的电容变化量都很小，因此较容易受外界电路的干扰，且微小的电容量还不能直接被目前的显示仪表所显示，也很难为记录仪所接受，不便于传输。所以必须经过测量电路检出这一微小电容增量，并将其转换成与其成单值函数关系的电压、电流或者频率。

目前较常用的转换电路有调频电路、运算放大器电路、差动脉宽调制电路、双

T 型电桥电路等。它们各有特点，应按使用场合选用，如普通交流电桥，其测量精度高，适合在 100kHz 以下的场合使用；调频电路适合小容量测量，但不适合被测量在线连续监测。不管采用哪种测量电路，都应装在紧靠传感器处，或采用集成电路将全部测量电路装在传感器壳体内，对壳体和引出导线采取屏蔽措施。

1. 调频电路

将电容式传感器接入高频振荡器的 LC 振荡回路中，作为回路的一部分。当被测量变化使传感器电容改变时，振荡器的振荡频率 $f=\dfrac{1}{2\pi\sqrt{LC}}$ 也随之改变。测定频率经鉴频器和放大后将频率变化转换成电压幅值的变化，就可测得被测量的变化。调频电路原理如图 2.4.9 所示。

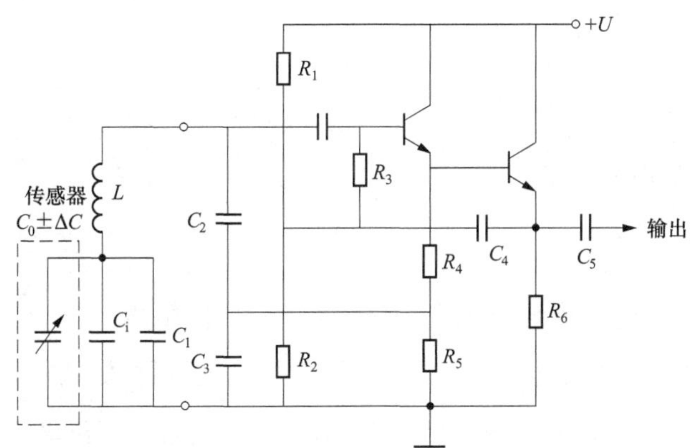

要点提示

(1) 该测量电路灵敏度高，可测 0.01μm的微小位移变化，信号的输出易于用数字仪器测量，并可与计算机通信。

(2) 易受电缆形成的杂散电容影响，也易受温度变化的影响，给使用带来一定困难。

图 2.4.9　调频电路

当被测信号为零时，$\Delta C=0$，振荡器有一个固有振荡频率，其计算公式为

$$f_0=\frac{1}{2\pi\sqrt{L(C_1+C_i+C_0)}} \tag{2.4.18}$$

当被测信号不为零时，$\Delta C\neq0$，此时频率为

$$f=\frac{1}{2\pi\sqrt{L(C_1+C_i+C_0\pm\Delta C)}}=f_0\pm\Delta f \tag{2.4.19}$$

2. 运算放大器电路

将电容式传感器接入运算放大器电路中，作为电路反馈元件，如图 2.4.10 所示，在开环放大倍数和输入阻抗较大的情况下，可认为是一个理想运算放大器，其输出电压为

$$u_o=-u_i\frac{C_0}{C_x} \tag{2.4.20}$$

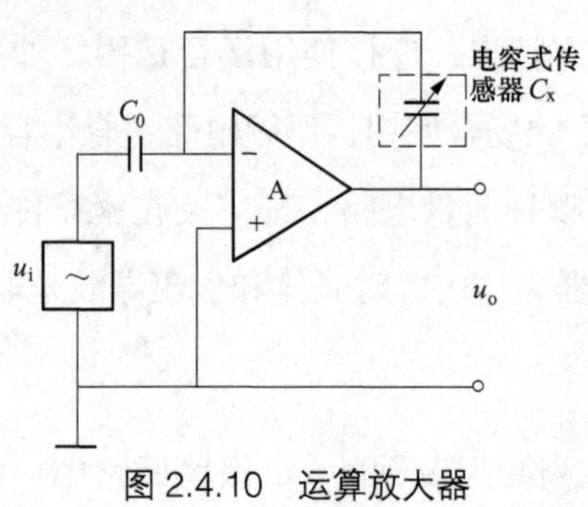

图 2.4.10　运算放大器

将 $C_x=\dfrac{\varepsilon S}{d}$ 代入式（2.4.20），则有

$$u_o=-u_i\frac{C_0}{\varepsilon S}d \tag{2.4.21}$$

式中　u_o——运算放大器输出入电压；

u_i——信号源电压；

C_x——传感器电容；

C_0——固定初始状态电容器的电容。

3. 脉冲宽度调制电路

在图 2.4.11 中，C_1、C_2 为电容式传感器中的差动电容，若双稳触发器处于 Q=1，$\overline{Q}$=0 状态，则电容 C_1 充电，一直充电到 C 点电位高于 V_H，比较器 A1 输出正跳变信号，而电容 C_2 经 R_2 放电，比较器 A2 输出负跳变信号，激励触发器翻转，使 Q=0，$\overline{Q}$=1。于是 C_2 充电，C_1 放电，从而使得比较器 A1 产生负跳变信号，激励触发器翻转。这个循环不断交替，当差动电容器 $C_1=C_2$ 时，A、B 两点间的平均电压为零。若 $C_1\neq C_2$，则 A、B 两点间的平均电压不为零。

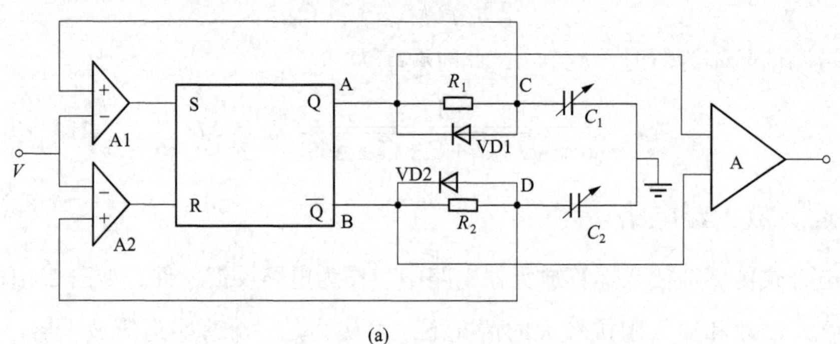

图 2.4.11　电容式传感器脉宽调制电路及电压波形图（一）

（a）脉宽调制电路

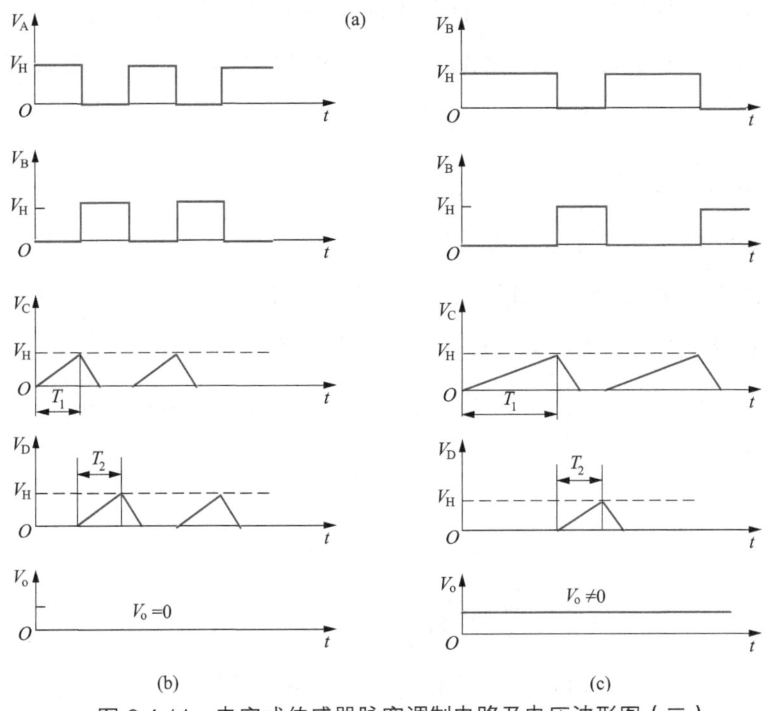

图 2.4.11 电容式传感器脉宽调制电路及电压波形图（二）

（b）$C_1=C_2$；（c）$C_1>C_2$

在改变传感器电容间距情况下

$$V_o=V_A-V_B=V_H\Delta d/d_0$$

或在改变传感器电容极板面积情况下

$$V_o=V_A-V_B=V_H\Delta S/S$$

式中 V_H——触发器的输出高电平值；

d_0——传感器的初始间距；

S——传感器的初始极板面积；

Δd——传感器极板间距的变化量；

ΔS——传感器极板面积的变化量。

脉宽调制电路对元器件性能的要求不高，信号经低通滤波器之后有较大的输出，不存在对载波波形的纯度要求，因而避免了伴随而来的线性问题以及相对相移的要求。

学一学 电容式传感器的应用电路

电容器的容量受三个因素影响，即极距 x、相对面积 S 和极间介电常数 ε。固定其中两个变量，电容量 C 就是另一个变量的一元函数。只要想办法将被测非电量转换成极距、面积、介电常数的变化，就可以通过测量电容量这个电参数来达到非电量电测的目的。

1. 电容式荷重传感器

如图 2.4.12 所示为电容式荷重传感器结构图。当圆孔受荷重变形时，电容值将改变，在电路上各电容并联，因此总电容增量将正比于被测平均荷重 F。这种传感器的特点是测量误差小、受接触面影响小；采用高频振荡电路为测量电路，把检测、放大等电路置于孔内；利用直流供电，输出也是直流信号；无感应现象，工作可靠，温度漂移可补偿到很小。

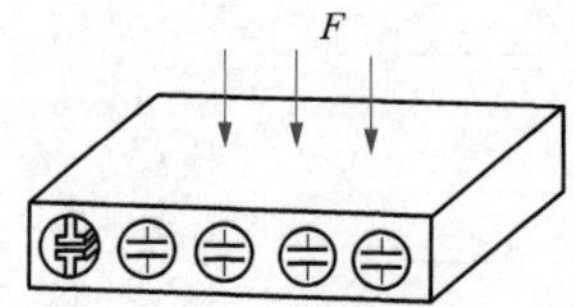

图 2.4.12　电容式荷重传感器结构图

2. 电容式压力传感器

如图 2.4.13 所示为一种典型的差动式电容压力传感器内部结构图，该传感器由金属活动膜片和玻璃片固定电极组成。在被测压力的作用下，膜片弯向低压的一边，从而使一个电容增加，另一个电容减少，电容变化的大小反映了压力变化的大小，其灵敏度取决于初始间隙，初始间隙越小，灵敏度越高，一般可用于测量 0~0.75Pa 的微小压差。这类传感器实质上是位移传感器，它利用弹性膜片在压力下变形所产生的位移来改变传感器的电容。

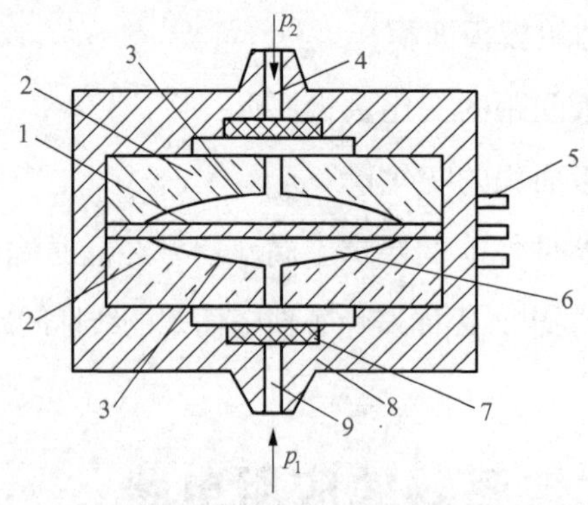

图 2.4.13　差动式电容压力传感器内部结构图

1—弹性膜片；2—凹玻璃片；3—金属镀层；4—低压侧进气孔；5—输出端子；

6—空腔；7—过滤器；8—壳体；9—高压侧进气孔

3. 电容式接近开关

电容式接近开关是根据变极距型电容式传感器原理设计的。它由高频振荡、检波、放大、整形及输出等部分组成。其中装在传感器主体上的金属板为定板，被测物体上相对应位置上的金属板相当于动板。工作时，当被测物体位移后接近传感器主体时（接近的距离范围可通过理论计算或实验取得），由于两者之间的距离发生了变化，从而引起传感器电容量的改变，使输出发生变化。此外，开关的作用表面可与大地之间构成一个电容器，参与振荡回路的工作。当被测物体接近开关的作用表面时，回路的电容量将发生变化，使得高频振荡器的振荡减弱直至停振。振荡器的振荡及停振信号由电路转换成开关信号送到后续开关电路中，使传感器按预先设置的条件发出信号，控制、检测机电设备，使其正常工作。其内部电路如 2.4.14 所示，实物如图 2.4.15 所示。

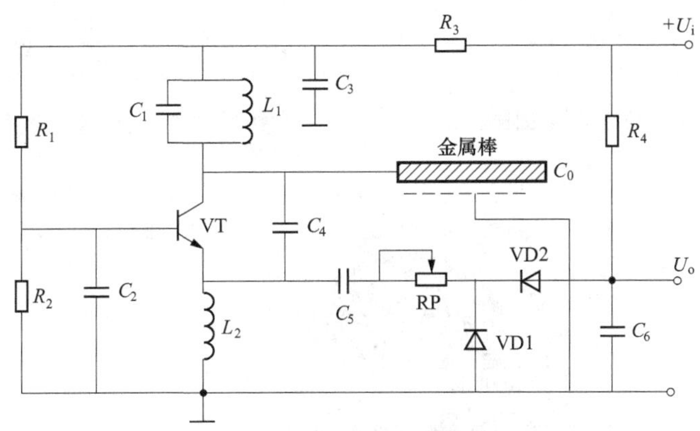

图 2.4.14　电容式接近开头内部电路

图 2.4.15　电容式接近开关实物

4. 电容式液位限位仪

液位限位传感器与液位变送器的区别在于：它不给出模拟量，而是给出开关量。当液位到达设定值时，它输出低电平，有些型号的液位传感器输出为高电平，图 2.4.16 为一电容式液位限位仪。智能化液位传感器的设定方法十分简单，用手指压住设定按钮，当液位达到设定值时，放开按钮，智能仪器就会记住该设定，如图 2.4.17 所示。正常使用时，当水位高于该点后，即可发出报警信号和控制信号。按钮布置如图 2.4.18 所示。

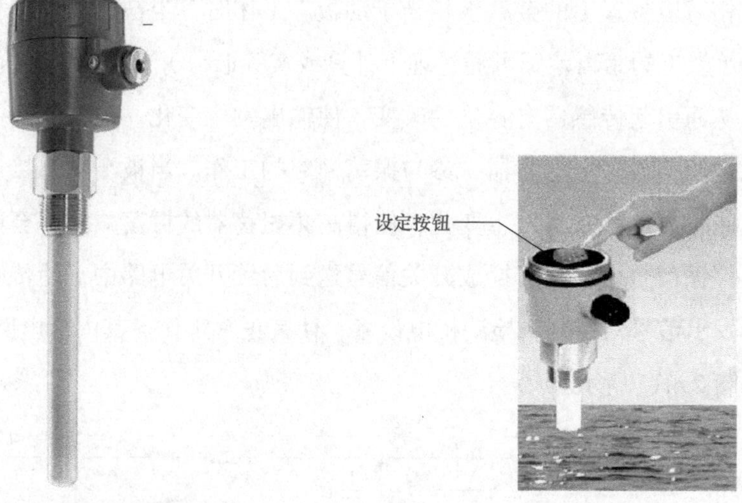

图 2.4.16　电容式液位限位仪

图 2.4.17　液位传感器的设定

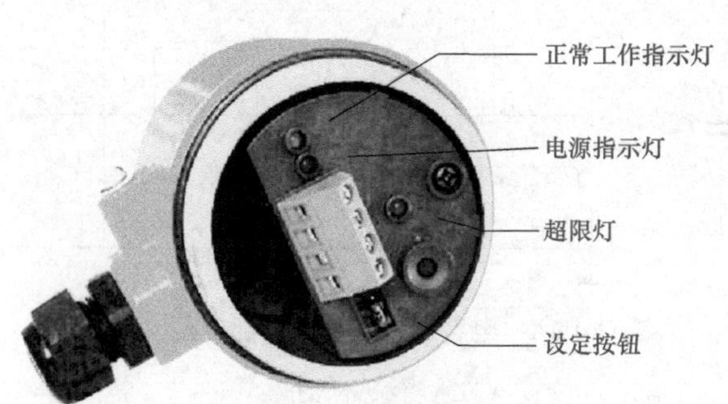

图 2.4.18　液位传感器设定按钮布

5. 电容式加速度传感器

利用微电子加工技术，可以将一块多晶硅加工成多层结构。在硅衬底上，制造出三个多晶硅电极，组成差动电容 C_1、C_2。其结构如图 2.4.19 所示。当它感受到上下振动时，C_1、C_2 呈差动变化。与加速度测试单元封装在同一壳体中的信号处理电路将 ΔC 转换成直流输出电压。如果在壳体内的三个相互垂直方向安装三个加速度传感器，就可以测量三维方向的振动或加速度。

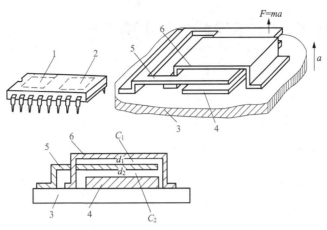

图 2.4.19 电容式加速度传感器结构

1—加速度测试单元；2—信号处理电路；3—衬底；4—底层多晶硅（下电极）；5—多晶硅悬臂梁；6—顶层多晶硅（上电极）

加速度传感器可以安装在轿车上作为碰撞传感器，当测得的负加速度值超过设定值时，微处理器可据此判断发生了碰撞，于是启动轿车前部的折叠式安全气囊使其充气膨胀，托住驾驶员及前排乘员的胸部和头部，如图 2.4.20 所示。

说明

使用加速度传感器可以在汽车发生碰撞时，经控制系统使气囊迅速充气。

图 2.4.20 汽车防撞保护系统

加速度传感器也可以应用在炸弹中，如图 2.4.21 所示。

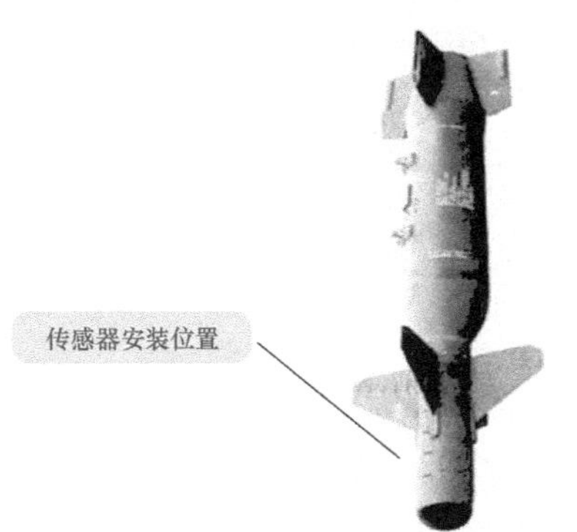

说明

利用加速度传感器实现延时起爆钻地炸弹。

图 2.4.21 加速度传感器应用于炸弹

做一做　电容式传感器的位移特性测试

1. 测试目的

熟悉电容式传感器的结构及特点。

2. 所需器件及模块

电容式传感器电路模块、综合电路模块、测微头、数显表、直流稳压源。

3. 测试步骤

（1）接入 ±12V 电源。

（2）按图 2.4.22 接好线，把测微头安装在综合电路模块支架上，旋转测微头使电容器动片基本居中。

（3）将电容式传感器测试模板的输出端 OUT 与数显表单元 V+ 相接，调节 W1 使数显表近似为零。

（4）旋动测微头推进向上或向下电容式传感器的动极板位置，每间隔 0.05mm 或者 0.1mm 记下位移 X 与输出电压值 U，填入表 2.4.1。

表 2.4.1　　位移与电压输出记录表

X（mm）	0.05	0.1	0.15	0.2	0.25	0.3	0.35	0.4	0.45	0.5
U（mV）										

（5）如果采用计算机采集数据，则计算机可对 0~20000mV 的数据进行采集。

（6）根据表中数据计算电容式传感器的系统灵敏度和非线性误差。

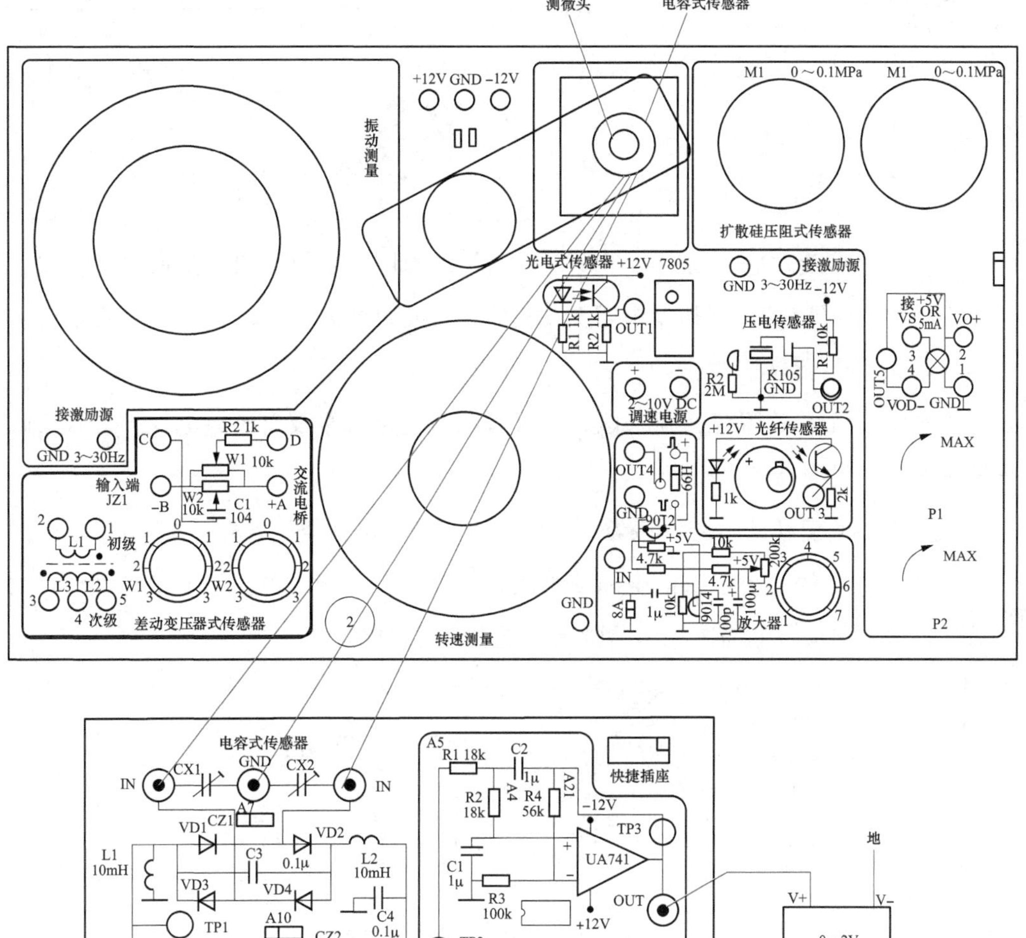

图 2.4.22 电容传感器位移特性连线图

4. 思考问题

设计利用 ε 的变化测量谷物水分含量的传感器的原理及结构，叙述在设计中应考虑的因素。

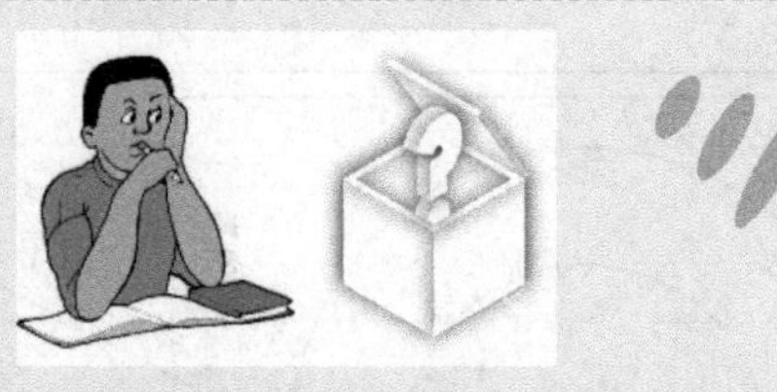

1. 什么是应变效应？利用应变效应解释金属电阻应变片的工作原理。

2. 有一金属应变片，初始电阻为 100Ω，其灵敏度 K=2.5，设工作时其轴向应变为 200με，则 ΔR 为多少？

3. 设计一个称重系统，要求该系统具有压力超标报警及自动断电保护装置，画出原理图，并说明其工作原理。

4. 什么是直流桥式电路？该类型电路分为几种，每种类型各有什么特点？

5. 下图为一压力显示仪的电路原理图，试分析其工作原理。为了提高该电路的可靠性，该电路应该如何改进，请画出改进后的电路原理图。

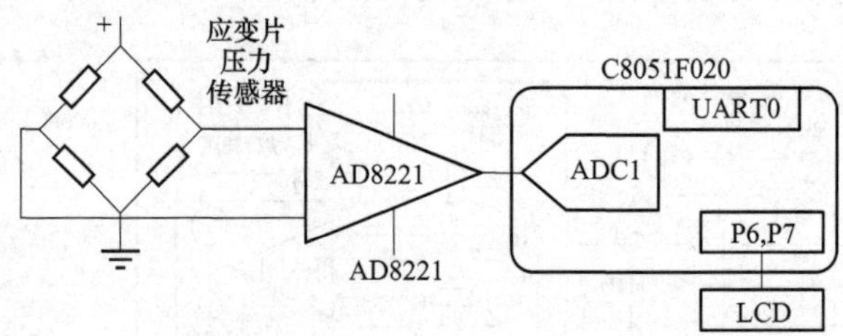

题 5 图　压力显示仪的电路原理图

6. 一直流应变电桥中，$E=4\text{V}$，$R_1=R_2=R_3=R_4=120\Omega$，$R_1$ 为金属应变片的阻值，其余为固定电阻的阻值。试求：当 R_1 变化，增量 $\Delta R_1=1.2\Omega$ 时，电桥的输出电压为多少？

7. 什么是纵向压电效应和横向压电效应？

8. 石英晶体的 x、y、z 轴各有什么特点？

9. 简述压电陶瓷的结构及特性。

10. 画出压电元件的两种等效电路。

11. 电荷放大器所要解决的核心问题是什么？试推导其输入、输出关系。

12. 简述压电式加速度传感器的工作原理。

13. 请利用电压传感器设计一个测量轴承支座受力情况的装置。

14. 简述电容式传感器的工作过程。

15. 电容式传感器有哪几种类型？各用于什么场合？

16. 如何改善单极式变极距型电容式传感器的非线性？

17. 电容式传感器常用的测量电路有哪几种？

18. 某测量电路为放大器电路的变极距型电容式传感器，传感器的初始电容为 C_0=40pF，极板距离 d=2.0mm，C=10pF，运算放大器为理想放大器，输入电压 $u_i=5\sin\omega t$（V），求当电容式传感器动极板上输入一位移量 Δx=0.20mm 使 d 减小时，电路输出电压 u_o 是多少？

19. 下图为差动变面积型电容式传感器振动时幅频特性的测试电路，请分析该电路的原理，并画出完整的测试线路的硬件线路图。

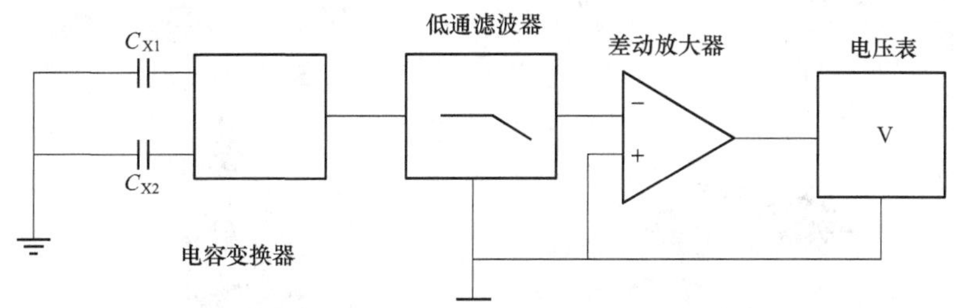

题 19 图　差动变面积型电容式传感器的幅频特性测试电路

项目3 电感式传感器

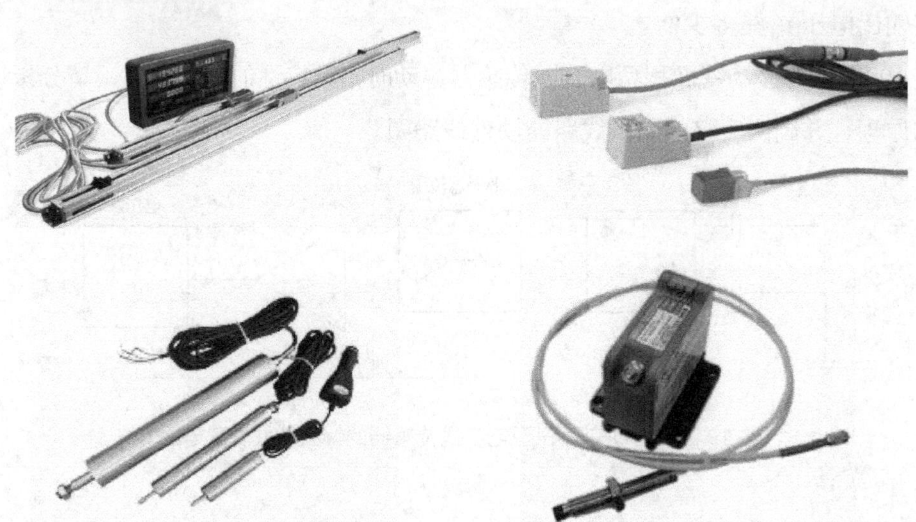

电感式传感器是一种机电转换装置，它是一种将被测量的非电量变化转换成线圈自感或互感量变化的一种传感器，广泛应用于现代工业生产和科学技术中。

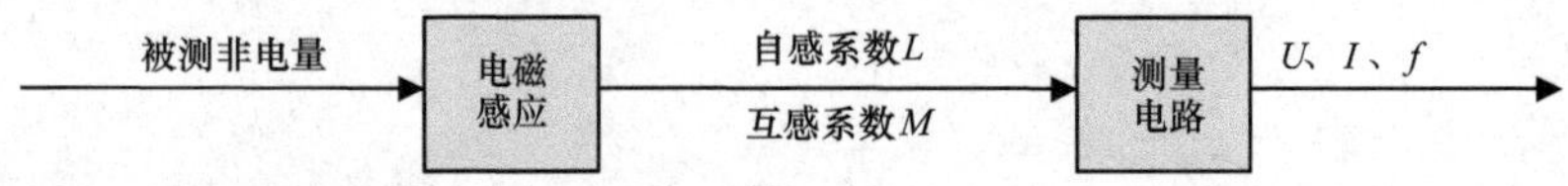

电感式传感器的特点如下：

（1）结构简单。没有活动的电触点，寿命长。

（2）灵敏度高。输出信号强，电压灵敏度每毫米能达到上百毫伏。

（3）分辨率大。能感受微小的机械位移与微小的角度变化。

（4）重复性与线性度好。在一定位移范围内，输出特性的线性度好，输出稳定。

（5）其缺点是存在交流零位信号，不适宜进行高频动态测量。

项目导读

▷ 差动变压器式传感器的结构、测量原理与应用。

▷ 涡流传感器的结构、测量原理与应用。

3.1 差动变压器式传感器

学一学 差动变压器式传感器的结构

差动变压器式传感器是把被测位移量转换为一次绕组与二次绕组间互感量 M 变化的装置。当一次绕组接入激励电源后，二次绕组将产生感应电动势，当两者间的互感量变化时，感应电动势也相应变化。由于两个二次绕组采用差动接法，故称为差动变压器式传感器。目前应用最广泛的结构型式是螺管式差动变压器式传感器（简称螺管式差动变压器）。

螺管式差动变压器的结构如图 3.1.1 所示，其等效电路如图 3.1.2 所示。

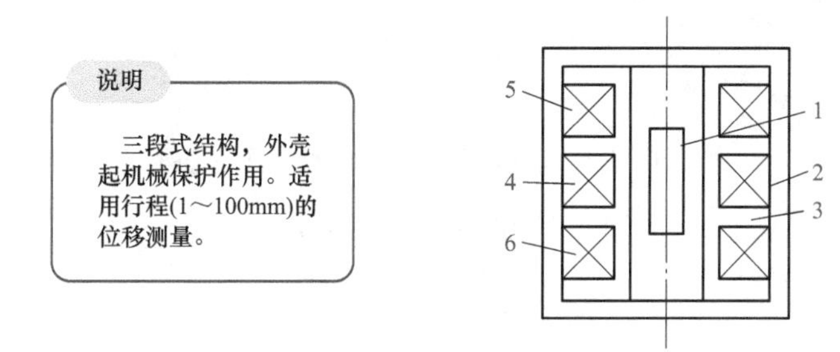

说明
三段式结构，外壳起机械保护作用。适用行程(1～100mm)的位移测量。
5
4
6
1
2
3

图 3.1.1 螺管式差动变压器结构图

1—活动衔铁；2—导磁外壳；3—骨架；4——次绕组；5、6—二次绕组

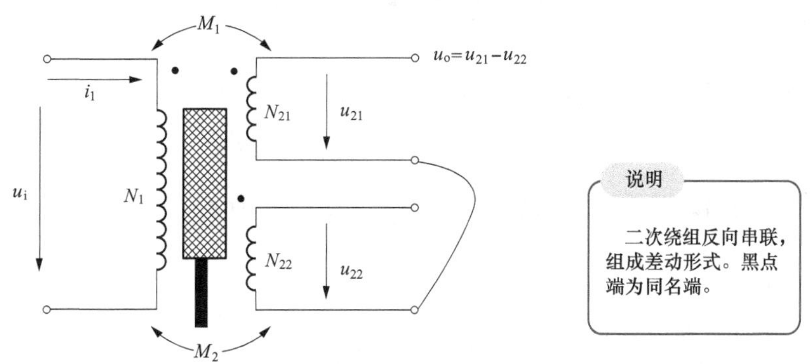

图 3.1.2 螺管式差动变压器的等效电路

学一学　差动变压器式传感器的工作原理

根据图 3.1.2，利用电路理论中处理互感电路问题的方法，可以得到输出电压 u_o 的有效值相量表达式为 $\dot{U}_o=\dfrac{\omega(M_1-M_2)\dot{U}_i}{\sqrt{r_1^2+(j\omega L_1)^2}}$

（1）活动衔铁处于中间位置时，$M_1=M_2$，则 $U_o=0$。

（2）活动衔铁向上移动时，$M_1>M_2$，则 $U_o\neq0$。

（3）活动衔铁向下移动时，$M_1<M_2$，则 $U_o\neq0$。

差动变压器式传感器输出电压曲线如图 3.1.3 所示。

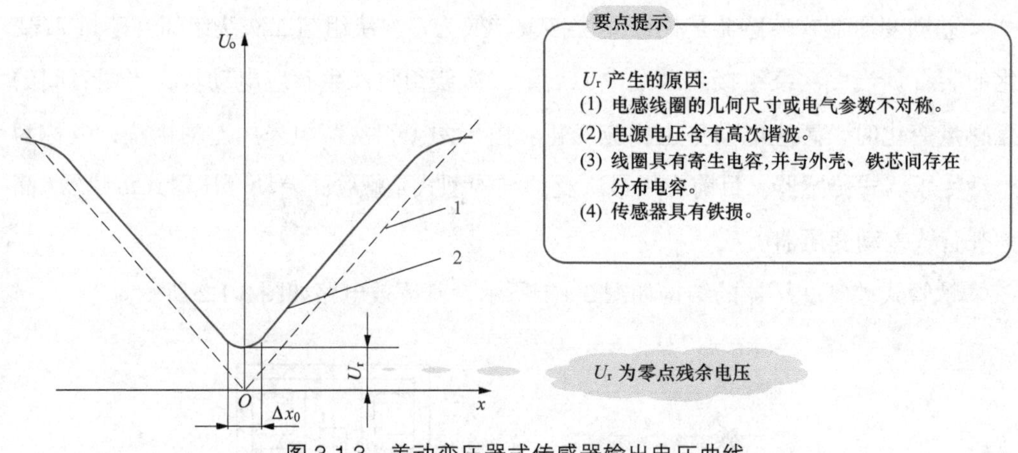

U_o
1
2
U_r
O
Δx_0
x
要点提示
U_r 产生的原因:
(1) 电感线圈的几何尺寸或电气参数不对称。
(2) 电源电压含有高次谐波。
(3) 线圈具有寄生电容,并与外壳、铁芯间存在分布电容。
(4) 传感器具有铁损。
U_r 为零点残余电压

图 3.1.3　差动变压器式传感器输出电压曲线

1—理想曲线；2—实际曲线

学一学　差动变压器式传感器的测量电路

差动整流电路结构如图 3.1.4（a）所示，电压输出波形如图 3.1.4（b）所示。该电路将差动变压器式传感器的两个二次输出电压分别整流，然后将整流的电压或电流的差值作为输出，其输入、输出波形如图 3.1.4（b）所示。

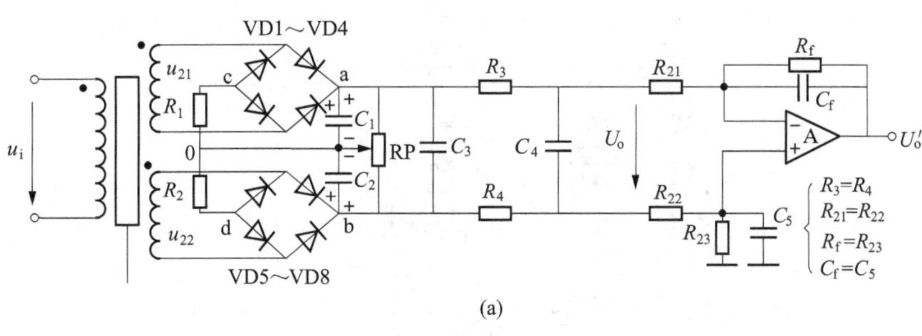

(a)

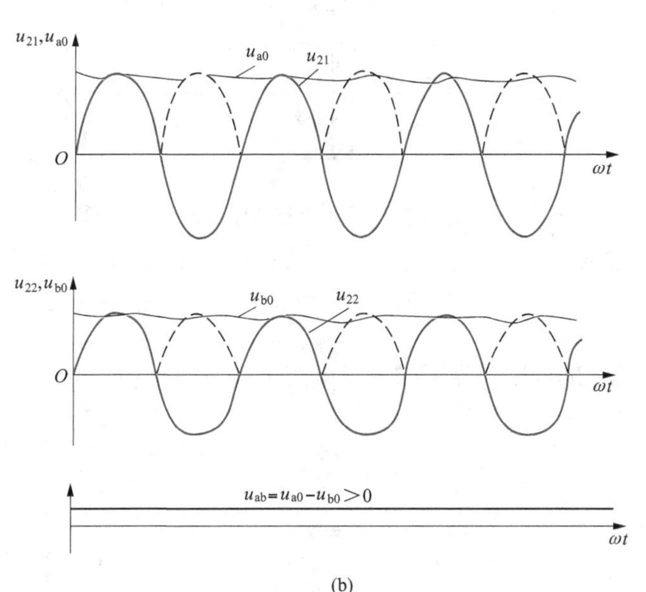

(b)

图 3.1.4 差动整流电路结构与输出波形

（a）差动整流电路结构；（b）差动整流电路电压输出波形

学一学 差动变压器式传感器的应用

1. 压力测试

差动变压器式传感器压力测试整体结构如图 3.1.5 所示。

图 3.1.5 为差动变压器式传感器压力测试结构图，它适用于测量各种生产流程中液体、水蒸气以及气体的压力。在无压力（即 $p=0$）时，固接在膜盒中心的衔铁位于差动变压器式传感器的初始平衡位置，保证了传感器的输出电压为零。当被测压力 p 由接头输入到膜盒中心时，膜盒的自由端面便产生一个与 p 成正比的位移，且带动衔铁在垂直方向向上移动，因此差动变压器式传感器有正比于被测压力的输出，如图 3.1.6 所示。此电压经过图 3.1.7 所示电子线路处理后，送给二次仪表加以显示。

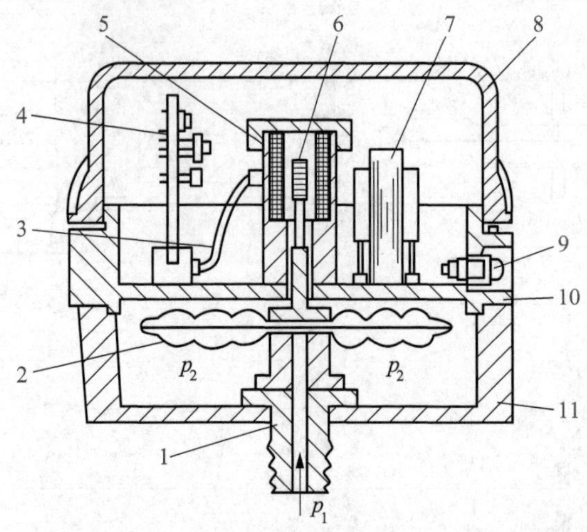

图 3.1.5　差动变压器式传感器压力测试结构图

1—压力输入接头；2—波纹膜盒；3—电缆；4—印制线路板；5—差动线圈；6—衔铁；7—电源变压器；8—罩壳；9—指示灯；10—密封隔板；11—安装底座

差动变压器式传感器进行压力测试的测量电路如图 3.1.7 所示。

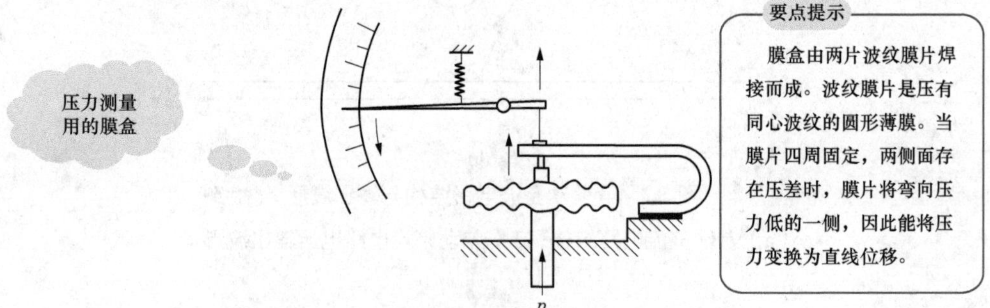

压力测量用的膜盒
p
要点提示
膜盒由两片波纹膜片焊接而成。波纹膜片是压有同心波纹的圆形薄膜。当膜片四周固定，两侧面存在压差时，膜片将弯向压力低的一侧，因此能将压力变换为直线位移。

图 3.1.6　差动变压器式传感器膜盒的自由端面

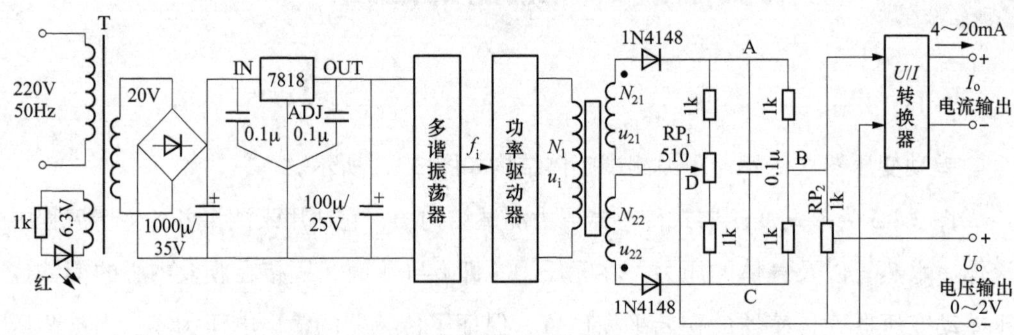

图 3.1.7　差动变压器式传感器压力测试测量电路

2. 一次仪表与4~20mA 二线制输出方式

（1）一次仪表。如图 3.17 所示，压力变送器已经将传感器与信号处理电路组合在一个壳体中，这在工业中被称为一次仪表。一次仪表的输出信号可以是电压，也可以是电流。由于电流信号不易受干扰，且便于远距离传输（可以不考虑线路压降），所以在一次仪表中多采用电流输出型。

（2）4~20mA 二线制输出方式。新的国家标准规定电流输出为 4~20mA，电压输出为 1~5V（旧国标为 0~10mA 或 0~2V）。4mA 对应于零输入，20mA 对应于满度输入。不让信号占用 0~4mA 这一范围的原因，一方面是有利于判断线路故障（开路）或仪表故障；另一方面，这类一次仪表内部均采用微电流集成电路，总的损耗电流还不到 4mA，因此还能利用 0~4mA 这一部分“本底”电流为一次仪表的内部电路提供工作电流，使一次仪表成为二线制仪表。

所谓二线制仪表是指仪表与外界的联系只需两根导线。多数情况下，其中一根（红色）为 +24V 电源线，另一根（黑色）既作为电源负极引线，又作为信号传输线。在信号传输线的末端通过一只标准负载电阻（也称取样电阻）接地（也就是电源负极），将电流信号转变成电压信号。4~20mA 二线制仪表接线如图 3.1.8 所示。

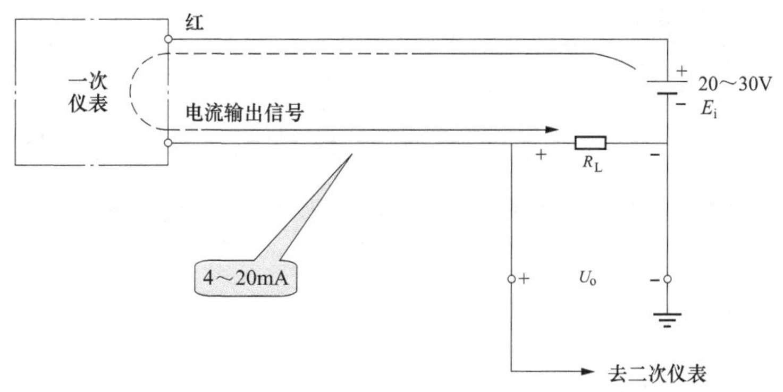

图 3.1.8 4~20mA 二线制仪表接线

做一做 差动变压器式传感器的零点残余电压测试

1. 测试目的

熟悉差动变压器式传感器零点残余电压的补偿方法。

2. 测试原理

由于差动变压器式传感器两只二次绕组 L2、L3 等效参数的不对称，一次绕组纵向排列的不均匀性，二次绕组的不均匀、不一致性，铁芯 $B–H$ 特性的非线性等，因此铁芯处于差动线圈中间位置时其输出电压并不为零，称该电压为零点残余电压。

3. 所需器件及模块

音频振荡器、测微头、综合电路模块差动变压器部分、全桥测量差动放大电路模块、示波器。

4. 测试步骤

（1）安装差动变压器式传感器。

（2）按图 3.1.9 接线，音频信号源从 180° 或 0° 插口输出，全桥测量差动放大测试模块通过 W1、W2、W3、W4 调节电桥单元的平衡。

（3）利用示波器调整 180° 音频振荡器输出 $2U_{pp}$，把全桥测量差动放大测试模块的次级线圈输出端接入仪器放大器 Vi+、Vi– 输入端。

（4）调整测微头，使差动放大器输出电压最小。

（5）依次调整 W1、W2，使输出电压降至最小。

（6）将 B 通道的灵敏度提高，观察零点残余电压的波形，注意与激励电压相比较。

（7）从示波器上观察差动变压器式传感器的零点残余电压值（峰峰值），这时的零点残余电压是经放大后的零点残余电压，实际零点残余电压为 U_0/K，K 为放大倍数。

5. 思考问题

分析经过补偿后的零点残余电压波形及其原理。

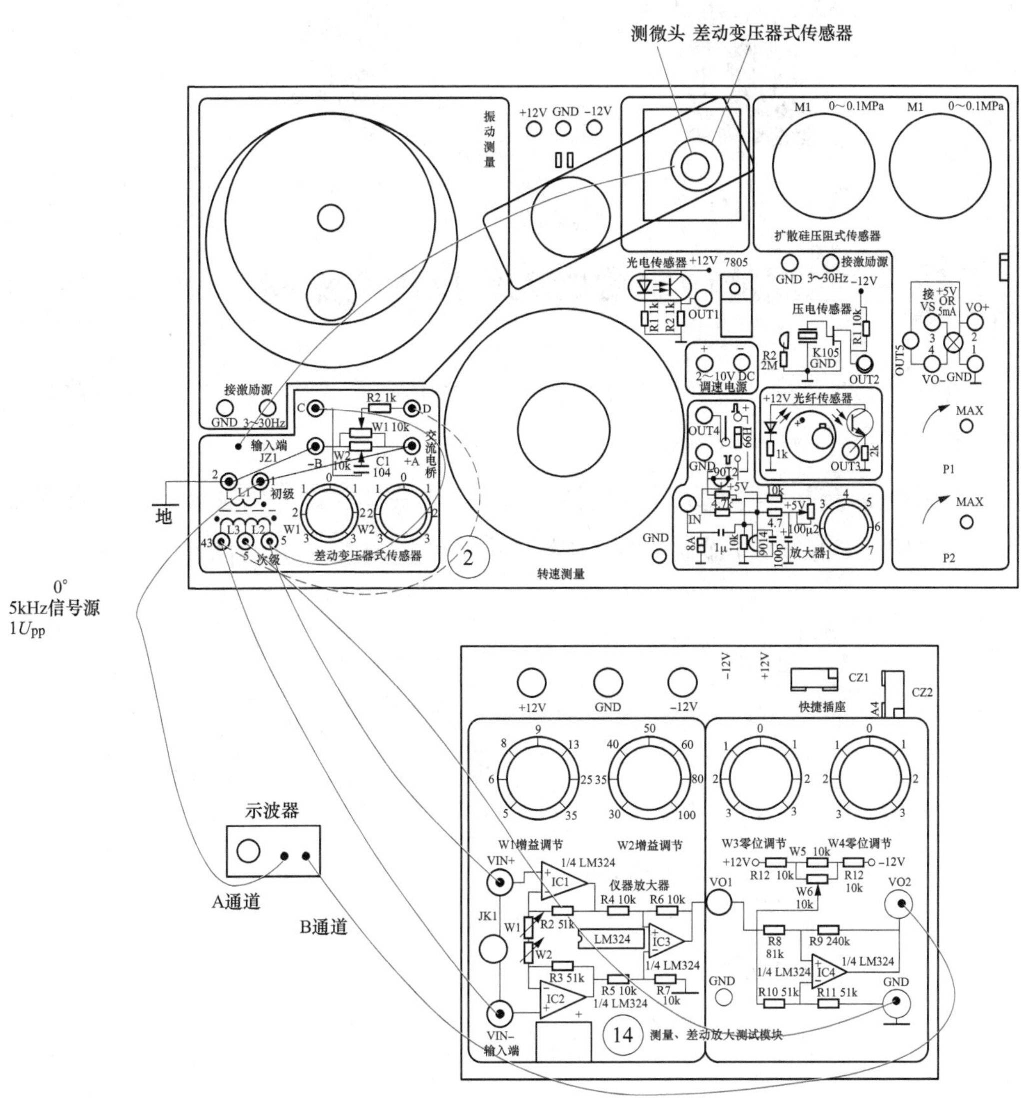

图 3.1.9　差动变压器式传感器零点残余电压补偿测试连线

3.2 电涡流传感器

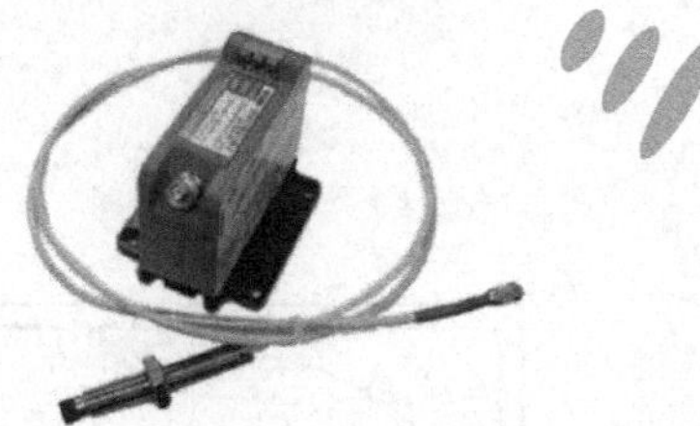

学一学 电涡流传感器的工作原理与结构

电涡流传感器是 20 世纪 70 年代出现的一种传感器装置，它是利用涡流效应进行工作的。

当导体置于交变的磁场或在磁场中运动时，导体上会产生感应电流 i，此电流在导体内部闭合，好像水中漩涡，故将该效应称作涡流效应。其示意图如图 3.2.1 所示。

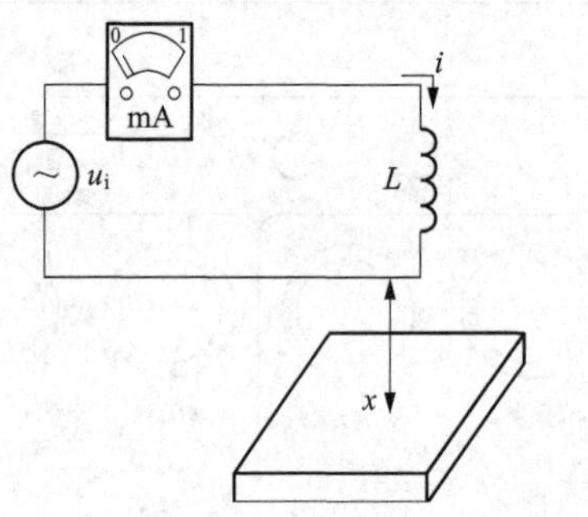

要点提示

当电涡流线圈与金属板的距离x减小时，电涡流线圈的等效电感L减小，等效电阻R增大。感抗 X_L的变化比R的变化大得多，流过电涡流线圈的电流i增大。反之亦然。

图 3.2.1　涡流效应示意图

涡流能够渗透导体内部的深度

$$h = 5030\sqrt{\frac{\rho}{\mu_r f}} \tag{3.2.1}$$

式中　ρ——导体电阻率；

μ_r——导体相对磁导率；

f——交变磁场频率。

金属导体的电流，纵深方向并不是均匀分布的，而只集中在金属导体的表面，这称为集肤效应（也称趋肤效应）。集肤效应与激励源频率f、工件的电导率ρ、磁导率μ_r 等有关。频率f越高，电涡流渗透的深度就越浅，集肤效应就越严重。

涡流传感器分为高频反射式和低频投射式，其中高频反射式应用更广泛。电涡流探头内部结构如图 3.2.2 所示，实物如图 3.2.3 所示。

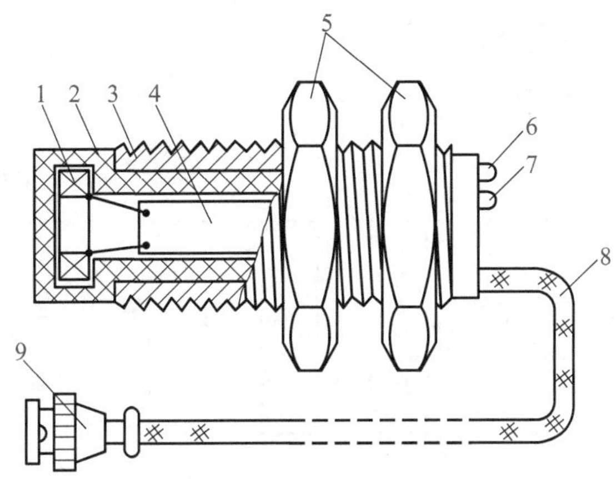

图 3.2.2 电涡流探头内部结构

1—电涡流线圈；2—探头壳体；3—壳体上的位置调节螺纹；4—印制线路板；5—夹持螺母；6—电源指示灯；7—阈值指示灯；8—输出屏蔽电缆线；9—电缆插头

图 3.2.3 电涡流探头实物

学一学 电涡流传感器的测量电路

1. 调幅式（AM）电路

调幅式电路的结构如图 3.2.4 所示。

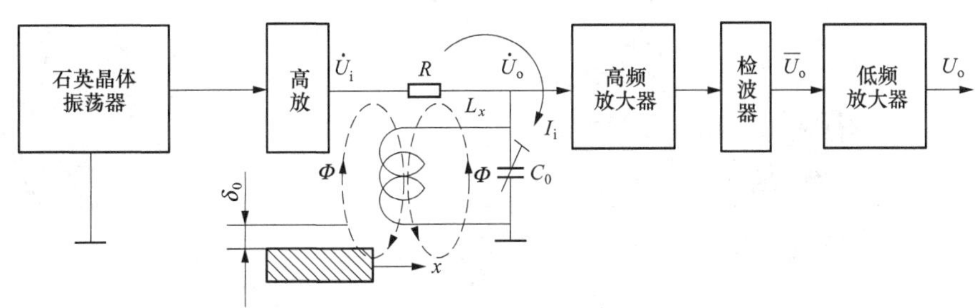

图 3.2.4 调幅式电路的结构

石英振荡器产生稳频、稳幅高频振荡电压（100kHz~1MHz）以激励电涡流线圈。

金属材料在高频磁场中产生电涡流，引起电涡流线圈端电压衰减，再经高放、检波、低放电路，最终输出的直流电压 U_o 反映了金属体对电涡流线圈的影响。

2. 调频（FM）式电路（100kHz~1MHz）

调频式电路的结构如图 3.2.5 所示。

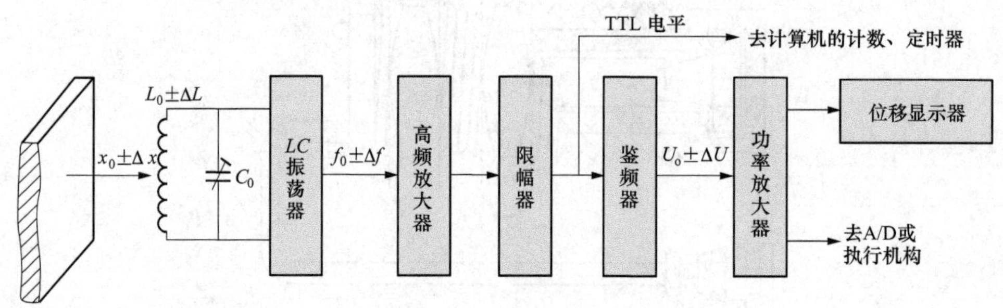

图 3.2.5　调频式电路的结构

当电涡流线圈与被测体的距离 x 改变时，电涡流线圈的电感量 L 也会随之改变，引起 LC 振荡器输出频率的变化，此频率可直接用计算机测量。如果用模拟仪表进行显示或记录时，必须使用鉴频器，将 Δf 转换为电压 ΔU_o。

学一学　电涡流传感器的应用

1. 电磁炉

电磁炉是日常生活中必备的家用电器之一，涡流传感器是其核心器件之一，高频电流通过励磁线圈，产生交变磁场，在铁质锅底产生无数的电涡流，分子摩擦，产生热能，使锅底自行发热，煮熟锅内的食物。其工作原理如图 3.2.6 所示，电磁炉内部线圈如图 3.2.7 所示。

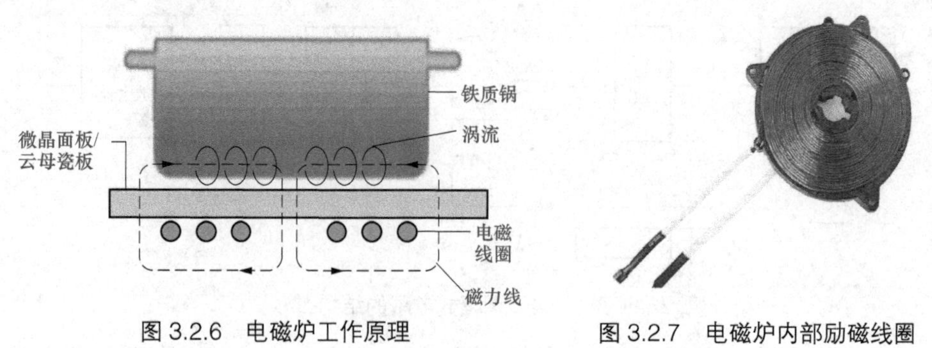

图 3.2.6　电磁炉工作原理

图 3.2.7　电磁炉内部励磁线圈

2. 电涡流探雷器

探雷器其实是金属探测器的一种，它在电子线路与探头环内线圈振荡形成固定频率交变磁场，当有金属接近时，利用金属导磁原理改变线圈的感抗，从而改变振荡频率发出报警信号的，对非金属不起作用。它通常由探头、信号处理单元和报警装置3大部分组成。探雷器按携带和运载方式不同，分为便携式、车载式和机载式3种。便携式探雷器供单兵搜索地雷使用，又称单兵探雷器，多以耳机声响变化作为报警信号；车载式探雷器以吉普车、装甲输送车作为运载工具，用于道路和平坦地面上探雷，以声响、灯光和屏幕显示等方式报警，能在报警的同时自动停车，用于配合和保障坦克、机械化部队行动；机载式探雷器使用直升机作为运载工具，适合在较大地域上对地雷场进行的远距离快速探测。如图3.2.8所示为电涡流探雷器实物图。

图3.2.8　电涡流探雷器实物图

3. 电涡流式接近开关

接近开关又称无触点行程开关，它能在一定的距离（几毫米至几十毫米）内检测到有无物体靠近。当物体接近到设定距离时，即可发出动作信号。接近开关的核心部分是“感辨头”，它对正在接近的物体有很高的感辨能力。如图3.2.9所示为电涡流式接近开关的原理框图，这种接近开关只能检测金属。电涡流接近开关实物如图3.2.10所示。

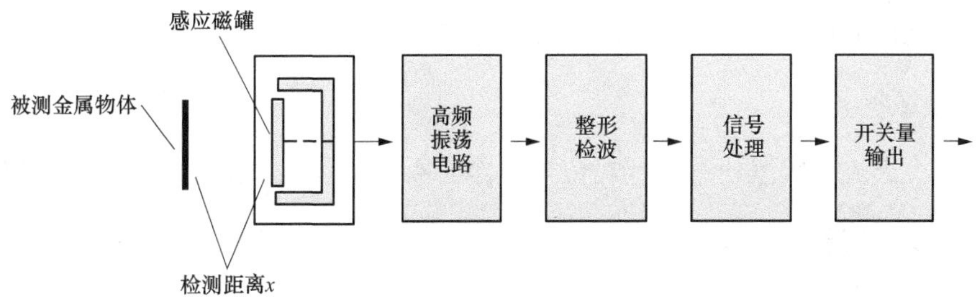

图3.2.9　电涡流接近开关的原理框

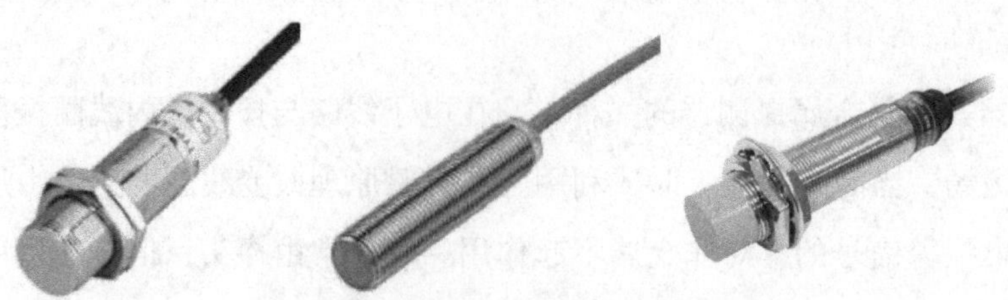

图 3.2.10　电涡流接近开关实物图

电涡流接近开关的接线如图 3.2.11 所示。OUT 端与 GND 端的压降 U_{ces} 约为 0.3V，流过 KA 的电流 $I_{KA}=(V_{CC}-0.3)/R_{KA}$。若 I_{KA} 大于 KA 的额定吸合电流，则 KA 能够可靠吸合。

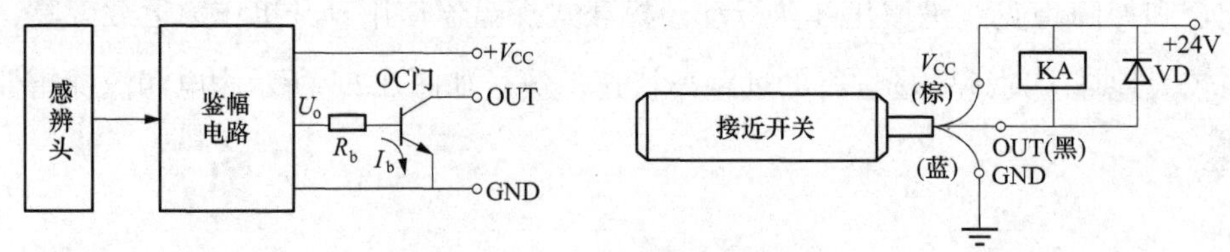

图 3.2.11　电涡流接近开关接线图

要点提示

（1）勿将接近开关置于 0.02T 以上的磁场环境下使用，以免造成误动作。

（2）为了保证不损坏接近开关，用户接通电源前应检查接线是否正确。

（3）为了使接近开关长期稳定工作，务必进行定期维护。

（4）DC 二线制接近开关具有 0.5~1mA 的静态泄漏电流，在一些对泄漏电流要求较高的场合，可改用 DC 三线制接近开关。

做一做　电涡流传感器的振幅特性与幅频特性测试

1. 测试目的

熟悉电涡流传感器测量振动的原理与方法。

2. 测试原理

根据电涡流传感器动态特性和位移特性，选择合适的工作点即可测量振幅。

3. 所需器件及模块

综合测试电路模块、电涡流传感器测试电路模块、低频振荡器、直流电源、示波器。

4. 测试步骤

（1）根据图 3.2.12 连接好电路，注意传感器端面与振动台面（铜箔材料）之间的安装距离为线性区域，模块输出端 TP3 接示波器 A 通道，接入 ±12V 电源。

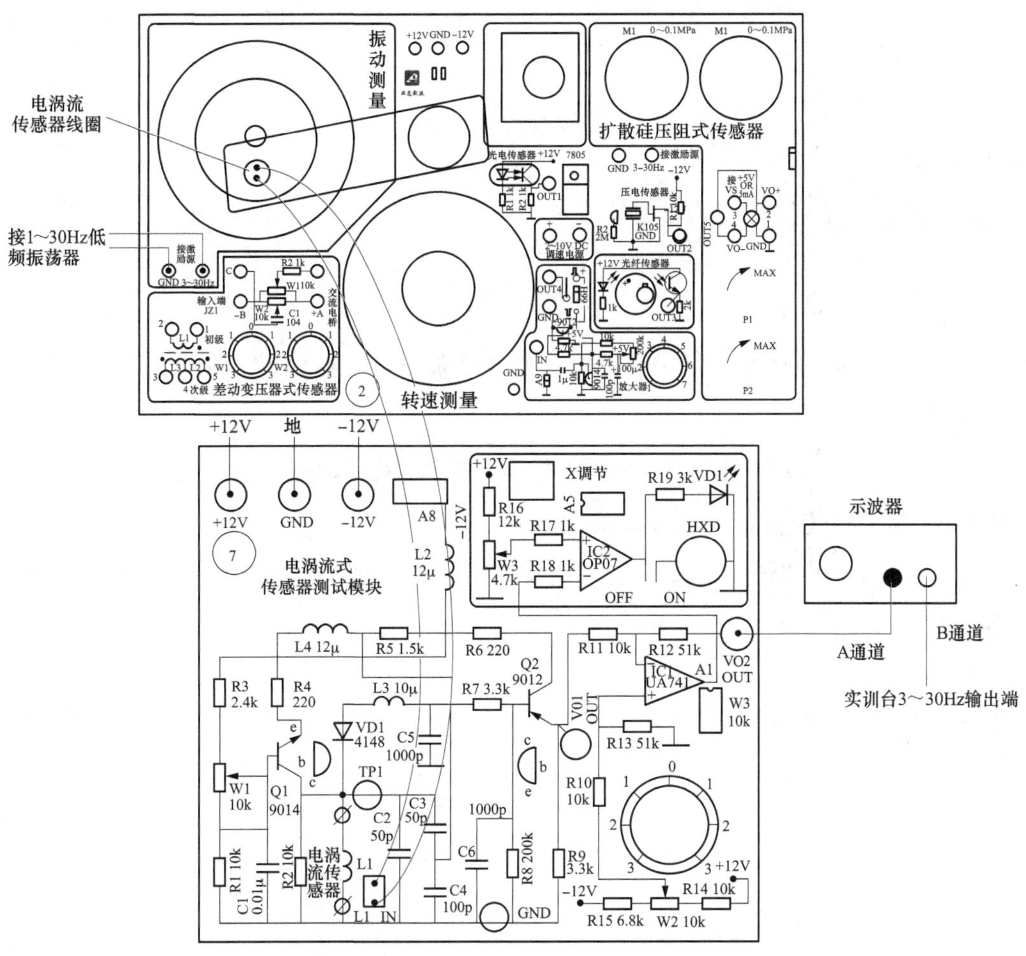

图 3.2.12 电涡流传感器振幅、幅频特性测试连接图

（2）将低频振荡信号接入振动台激励源的 GND 和 3~30Hz 端口。

（3）低频振荡器幅度旋钮初始为零，慢慢增大幅度，控制振动台面与传感器端面，使其不发生碰撞。

（4）用示波器观察电涡流测试模块输出端 VO2 的波形，调节传感器安装支架高度，读取正弦波形失真最小时的电压峰峰值。

（5）保持振动台的振动频率不变，改变振动幅度可测出传感器输出的电压峰峰值，将结果记录在表 3.2.1 中。

表 3.2.1　　振幅特性记录表

TP3 输出的 U_{pp}(V)							
振幅输出的 U_{pp}(V)							

（6）保持振幅不变（3~30Hz 输出幅度不变），对幅频特性进行测试，并将结果记录在表 3.2.2 中。

表 3.2.2　　幅频特性记录表

频率（Hz）							
TP3 输出的 U_{pp}(V)							

5. 思考问题

（1）电涡流传感器动态响应好可以测高频振动的物体，电涡流传感器的可测高频上限受什么限制？

（2）有一个振动频率为 10kHz 的被测物体，测其振动参数时，应选用压电式传感器还是电涡流传感器，还是两者均可？

（3）能否用电涡流传感器的数显表头显示振动？如不能，还需要添加什么单元，如何装配？

思考题

1. 什么是零点残余电压？说明产生该电压的原因和消除方法。

2. 什么是涡流效应？并简述其应用。

3. 概述涡流传感器的结构与工作原理。

4. 画出三段式差动变压器式传感器的等效电路模型，并推导输入与输出电压的关系。

5. 设计一个多功能警棍，要求产生十几万伏的高压，并伴有炫光。试设计其原理图，并分析。

项目 4 测速传感器

测速传感器是将转速信号转换为电信号的一种传感器装置，它属于间接式测量装置，可用机械、电气、磁、光和混合式等方法制造。按信号形式的不同，转速传感器可分为模拟式和数字式两种，目前市场上的转速传感器类型很多，主要有霍尔传感器、光电耦合器、磁电式、光纤传感器以及红外线等。本项目选择霍尔传感器、光电耦合器以及光纤传感器来说明转速测试的方法。

项目导读

▷ 霍尔传感器的结构，掌握测量原理、方法与应用。

▷ 光电耦合器的结构，掌握测量原理、方法与应用。

▷ 光纤传感器的结构，掌握测量原理、方法与应用。

4.1 霍尔传感器

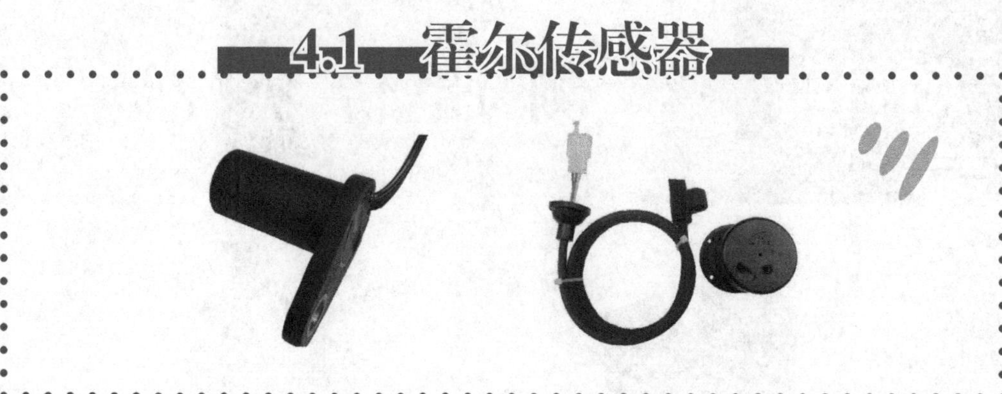

霍尔传感器简称霍尔元件，是目前国内外应用最为广泛的一种磁敏传感器，它是利用半导体材料的霍尔效应制成的，可用来制作特斯拉计、钳形电流表、接近开关、无刷直流电动机等。这种传感器广泛应用于自动控制和电磁检测等各个领域。

学一学 霍尔传感器的结构与命名

霍尔元件的电路符号与实物如图 4.1.1 所示。

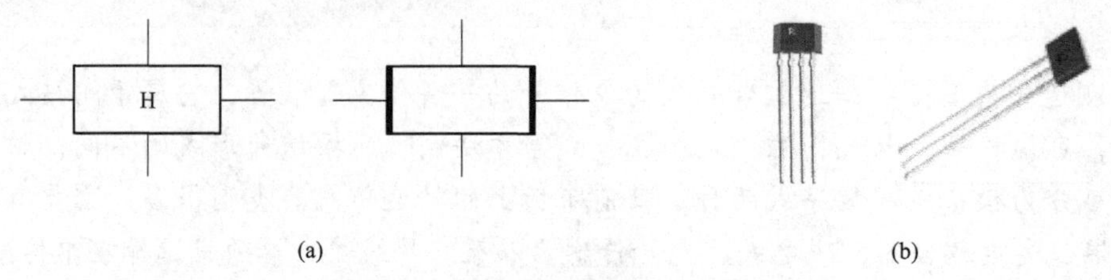
H
(a)
(b)

图 4.1.1 霍尔元件电路符号与实物

(a) 电路符号；(b) 实物

用于制造霍尔元件的材料主要有锗（Ge）、硅（Si）、砷化铟（InAs）和锑化铟（InSb）。

国产霍尔元件命名方框图如图 4.1.2 所示。

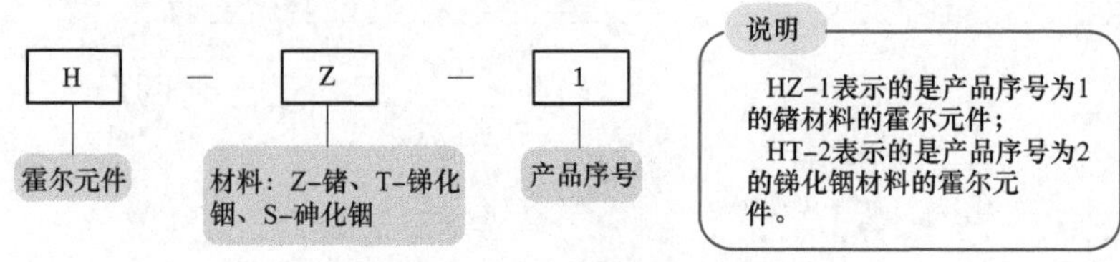
H — Z — 1
霍尔元件
材料：Z–锗、T–锑化铟、S–砷化铟
产品序号
说明
HZ–1表示的是产品序号为1的锗材料的霍尔元件；
HT–2表示的是产品序号为2的锑化铟材料的霍尔元件。

图 4.1.2 霍尔元件命名方框图

学一学 霍尔传感器的工作原理

半导体薄片置于磁感应强度为 B 的磁场中，磁场方向垂直于薄片，当有电流 I 流过薄片时，在垂直于电流和磁场的方向上将产生电动势 E_H，这种现象称为霍尔效应，如图 4.1.3 所示。作用在半导体薄片上的磁场强度 B 越强，霍尔电势也就越高。

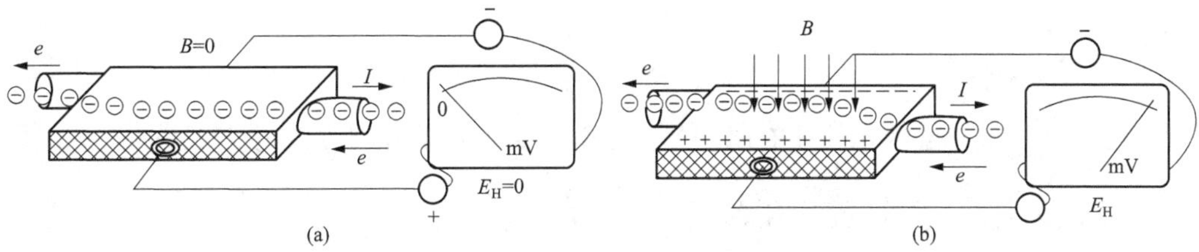

图 4.1.3 霍尔效应原理图

(a) $B = 0$; (b) $B \neq 0$

霍尔电势 E_H 可用下式表示

$$E_H=K_H IB$$

说明

霍尔元件的灵敏度$K_H=1/ned$。其中，n表示电子浓度；d表示薄片厚度；e表示电子的电荷量。

要点提示

（1）普通霍尔元件为四端子器件，两组端子分别为霍尔电势输出端与输入电流控制端，集成霍尔元件为三端子器件。

（2）不能用导体或绝缘体做成霍尔元件。

（3）霍尔元件不能做的太薄，否则会降低机械强度。

（4）P 型半导体材料与 N 型半导体材料做成的霍尔元件，其霍尔输出电势极性相反。

（5）当磁场与半导体薄片平面法线方向的夹角为 β 时，霍尔输出电势 $E_H=K_H IB\cos\beta$。

学一学 压电传感器的技术参数

1. 额定控制电流 I_C 与最大控制电流 I_{Cm}

霍尔元件在空气中产生 10℃的温升时所施加的控制电流值称为额定控制电流 I_C。在相同的磁场感应强度下，I_C 值较大则可获得较大的输出电压。在霍尔元件做好

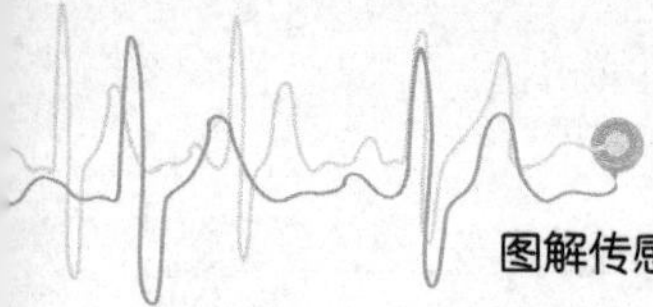

之后，限制 I_C 的主要因素是散热条件。一般锗元件最大允许温升为 ΔT_m<80℃，硅元件 ΔT_m<175℃。当霍尔元件的温升达到 ΔT_m 时的 I_C 就是最大控制电流 I_{Cm}。

2. 乘积灵敏度 K_H

霍尔元件的乘积灵敏度为单位控制电流和单位磁感应强度下，霍尔电势输出端开路时的电势值，其单位为 V/（A · T），它反映了霍尔元件本身所具有的磁电转换能力，一般越大越好，计算公式为

$$K_H = \frac{U_H}{IB}$$

除 K_H 以外，霍尔元件还有磁灵敏度、电路灵敏度和电势灵敏度等技术指标。

3. 输入电阻 R_i 和输出电阻 R_o

霍尔片中两个控制电极间的电阻称为输入电阻 R_i，两个霍尔电极间的电阻称为输出电阻 R_o。一般 R_o、R_i 为几欧姆到几百欧姆，通常 $R_o>R_i$，但二者相差不大，使用时不能搞错。

4. 不等位电势 U_M 和不等位电阻 R_M

当 $I \neq 0$ 而 $B=0$ 时，理论上应有 $U_H=0$。但在实际中由于两个霍尔电极安装位置不对称或不在同一等电位面上，半导体材料的电阻率不均匀或几何尺寸不均匀，以及控制电极接触不良等原因，使得当 $I \neq 0$、$B=0$ 时，$U_H \neq 0$。此时的 U_H 值为不等位电势 U_M。

不等位电势 U_M 与额定控制电流 I_C 之比，称为不等位电阻 R_M，即

$$R_M = \frac{U_M}{I_C}$$

学一学 霍尔传感器的测量电路与误差补偿

霍尔元件的基本测量电路如图 4.1.4 所示。控制电流 I 由电源 E 提供，R 是调节电阻，用以根据要求改变 I 的大小，霍尔电势输出的负载电阻 R_L，可以是放大器的输入电阻或表头内阻等。所施加的外电场 B 一般与霍尔元件的平面垂直。控制电流也可以是交流量。由于建立霍尔效应所需的时间短，所以控制电流的频率可高达 10^9Hz 以上。

霍尔元件对温度的变化很敏感，因此霍尔元件的输入电阻、输出电阻、乘积灵敏度等将受到温度变化的影响，从而给测量带来较大的误差。为了减少测量中的温度误差，除了选用温度系数小的霍尔元件，或采取一些恒温措施外，也可使用以下的温度补偿办法。

1. 恒流源供电

恒流源温度补偿电路如图 4.1.5 所示。

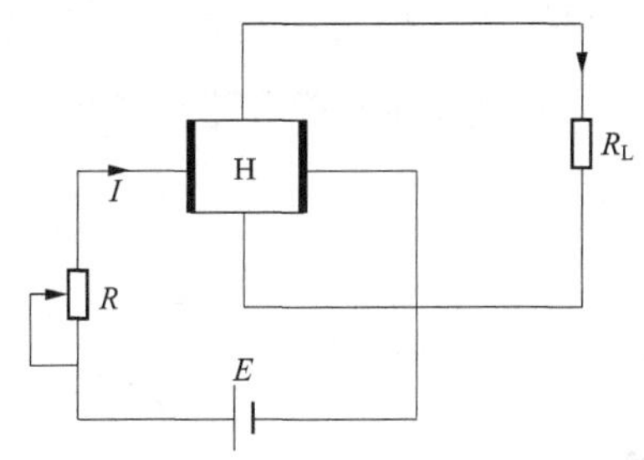

图 4.1.4　霍尔元件的基本测量电路

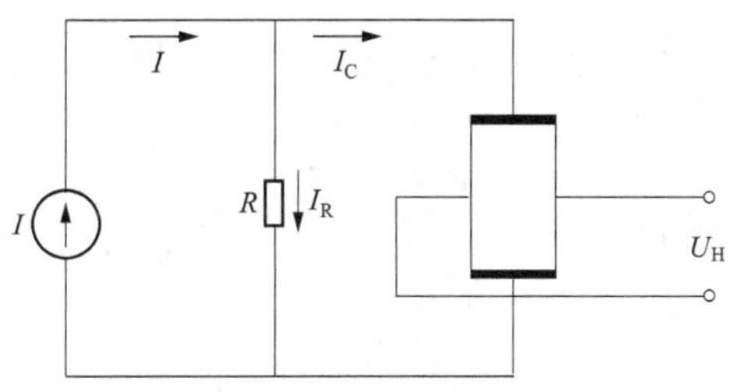

图 4.1.5　恒流源温度补偿电路

2. 采用热敏元件

对于由温度系数较大的半导体材料制成的霍尔元件，采用图 4.1.6 所示的温度补偿电路，R_L 是热敏元件（热电阻或热敏电阻）。图 4.1.6（a）是在输入回路进行温度补偿的电路，即当温度变化时，用 R_L 的变化来抵消霍尔元件的乘积灵敏度 K_H 和输入电阻 R_i 变化对霍尔输出电势 U_H 的影响；图 4.1.6（b）则是在输出回路进行温度补偿的电路，即当温度变化时，用 R_L 的变化来抵消霍尔电势 U_H 和输出电阻 R_o 变化对负载电阻 R_L 上的电压 U_L 的影响。在安装测量电路时，热敏元件最好和霍尔元件封装在一起或尽量靠近，以使二者的温度变化一致。

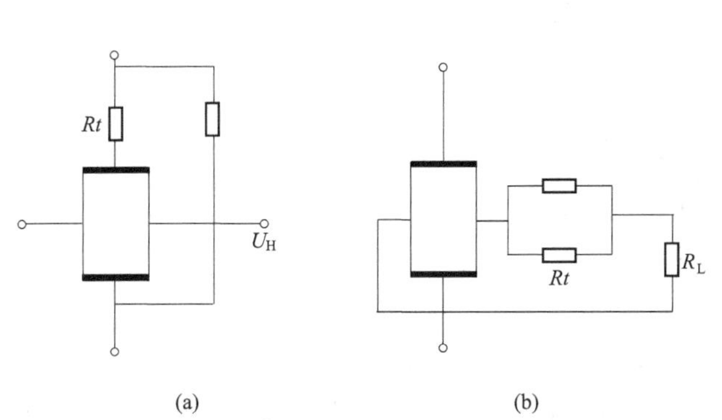

图 4.1.6　采用热敏元件的温度补偿电路

(a) 在输入回路进行补偿；(b) 在输出回路进行补偿

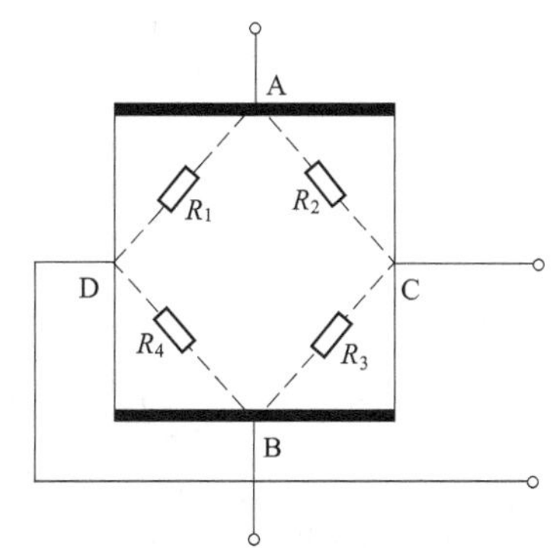

图 4.1.7　霍尔元件等效为一个电桥

3. 不等位电势的补偿

在分析不等位电势时，可将霍尔元件等效为一个电桥，如图 4.1.7 所示。既然产生 U_M 的原因可归结为等效电桥的四个桥臂电阻的不相等，则任何能够使电桥达到平衡的方法都可作为不等位电势的补偿方法。

（1）基本补偿电路。霍尔元件的不等位电势补偿电路有多种形式，图 4.1.8 为两种常见电路，其中 *RP* 是调节电阻。图 4.1.8（a）是在造成电桥不平衡的电阻值较大的一个桥臂上并联 *RP*，通过调节 *RP* 使电桥达到平衡状态，称为不对称补偿电路；图 4.1.8（b）则相当于在两个电桥臂上并联调节电阻，称为对称补偿电路。

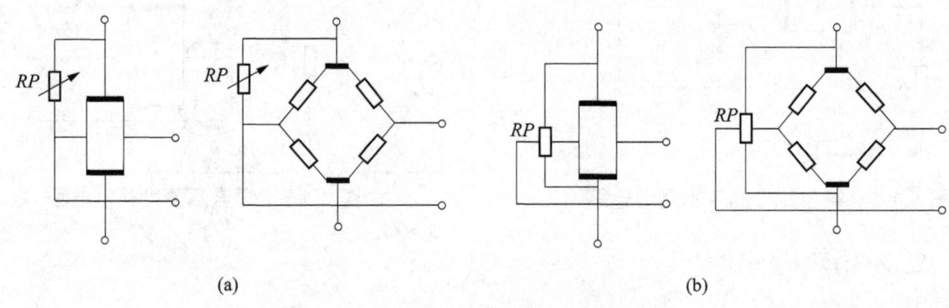

图 4.1.8　不等位电势的基本补偿电路

(a) 不对称补偿；(b) 对称补偿

（2）具有温度补偿的补偿电路。图 4.1.9 是一种常见的具有温度补偿的不等位电势补偿电路。其中一个桥臂为热敏电阻 *Rt*，并且 *Rt* 与霍尔元件的等效电阻的温度特性相同。在磁感应强度 *B* 为零时调节 RP_1 和 RP_2，使补偿电压抵消霍尔元件此时输出的不等位电势，从而使 B=0 时的总输出电压为零。

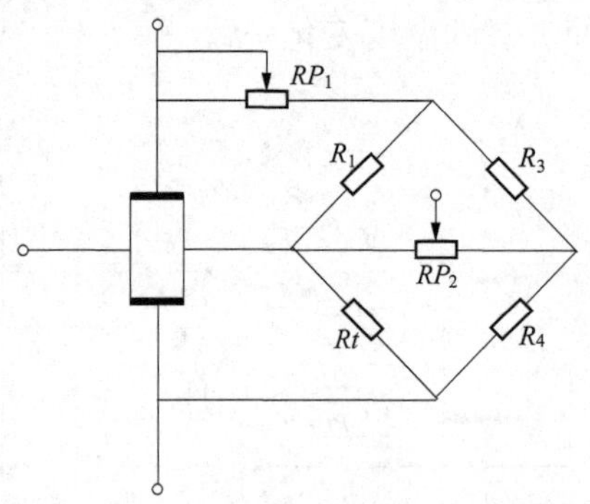

图 4.1.9　不等位电势的桥式补偿电路

在霍尔元件的工作温度下限 T_1 时，通过调节电位器 RP_1 来调节补偿电桥的工作电压 U_{ML}。当工作温度由 T_1 升高到 $T_1+\Delta T$ 时，热敏电阻的阻值为 Rt（$T_1+\Delta T$）。RP_1 保持不变，通过调节 RP_2，使补偿电压抵消此时的不等位电势 $U_{ML}+\Delta M$。

学一学 霍尔传感器的应用

1. 霍尔接近开关

如图 4.1.10 所示为常见霍尔接近开关实物图。

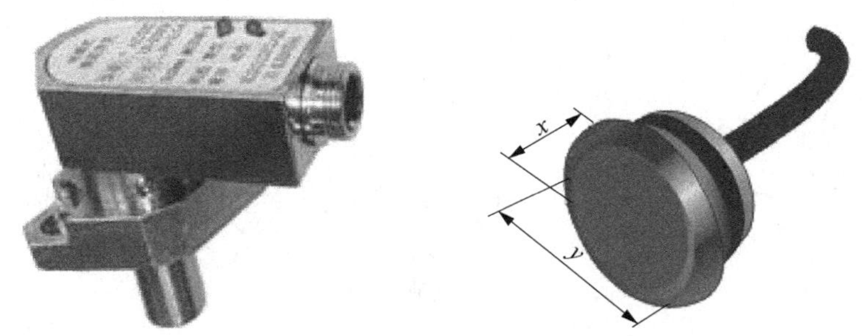

图 4.1.10 常见霍尔接近开关实物图

霍尔接近开关电路如图 4.1.11 所示，它是一个无接触磁控开关，当磁铁靠近时，开关接通；当磁铁离开后，开关断开。

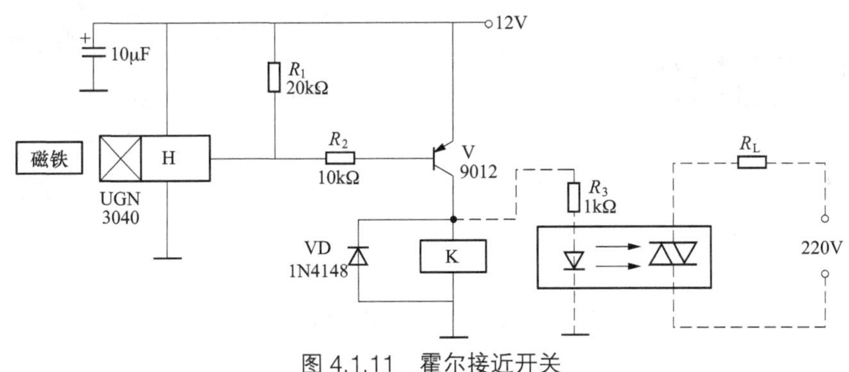

图 4.1.11 霍尔接近开关

2. 霍尔式转速传感器

如图 4.1.12 所示是几种不同结构的霍尔式转速传感器。转盘的输入轴与被测转轴相连，当被测转轴转动时，转盘随之转动，固定在转盘附近的霍尔传感器便可在每一个小磁铁通过时产生一个相应的脉冲，检测出单位时间的脉冲数，便可知被测转速。根据磁性转盘上小磁铁的数目就可确定传感器测量转速的分辨率。

3. 电动机停转报警器

电动机停转报警电路如图 4.1.13 所示，该电路主要由霍尔检测、报警电路两部分组成。当电动机转动时，安装在电动机转轴上的磁铁以一定的频率经过霍尔传感器，霍尔传感器不断地输出脉冲信号，该信号经 C_1 耦合，二极管 VD1、VD2 整流，在 C_2 上形成直流高电平，晶体管 VT1 截止，音乐 IC 无触发信号，无声音输出。当电动机停止转动时，霍尔传感器无脉冲信号输出，C_2 为低电平，VT1 导通，音乐 IC 触发，扬声器 BL 发出声音，VD3 ~ VD5 起降压作用（因为音乐 IC 的电源电压一般为 3V）。

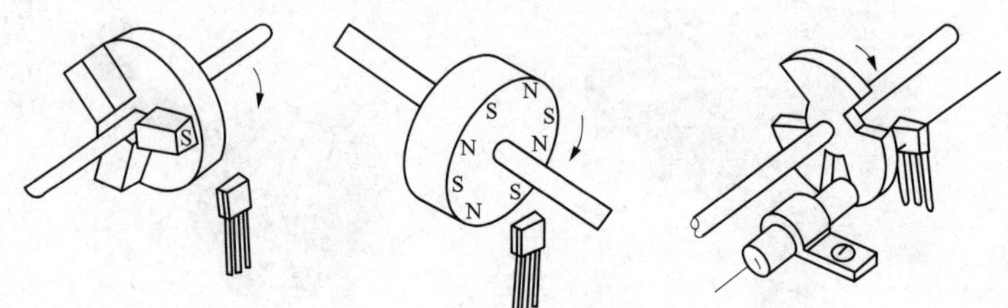

图 4.1.12　霍尔式转速传感器

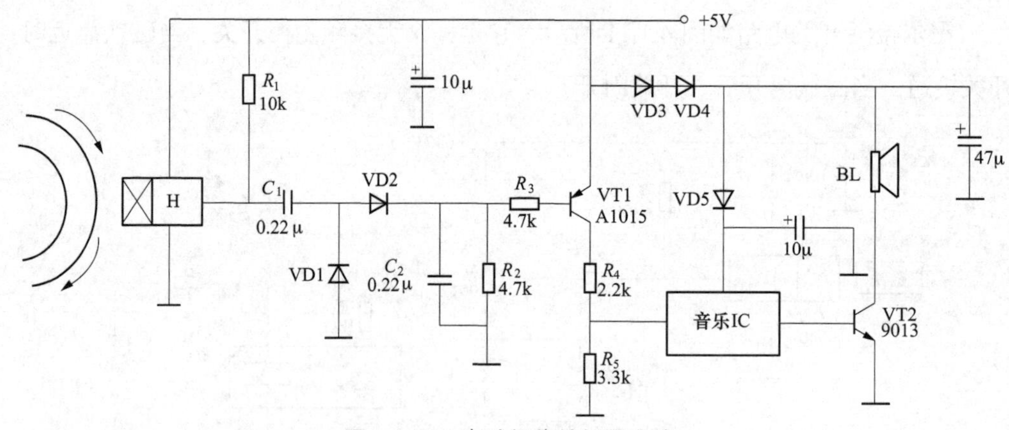

图 4.1.13　电动机停转报警电路

4. 霍尔式汽车无触点点火装置

传统的机车汽缸点火装置使用机械式的分电器，存在点火时间不准确、触点易磨损等缺点。采用霍尔开关无触点晶体管点火装置可以克服上述缺点，提高燃烧效率。霍尔点火装置示意图如图 4.1.14 所示，图中的磁轮鼓代替了传统的凸轮及白金触点。在与发动机 主轴连接的磁轮鼓上装有与汽缸数相应的四块磁钢。当发动机主轴带动磁轮鼓转动时，每当磁钢转动到霍尔传感器处时，传感器即输出一个与气缸活塞运动同步的脉冲信号，并用此脉冲信号去触发晶体管功率开关，使点火线圈二次侧产生很高的感应电压，火花塞产生火花放电。

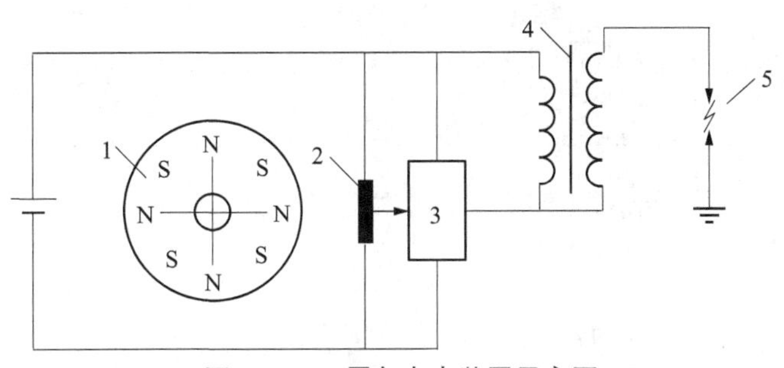

图 4.1.14　霍尔点火装置示意图

1—磁轮鼓；2—开关型霍尔集成电路；3—晶体管功率开关；4—点火线圈；5—点活塞

做一做　霍尔元件测试直流电动机转速

1. 测试目的

熟悉霍尔传感器测试直流电动机转速的原理及方法。

2. 测试原理

利用霍尔效应表达式 $U_H=K_HIB$，当被测圆盘上装有 N 只磁性体时，圆盘每转一周磁场就变化 N 次。每转一周霍尔电势就同频率相应变化 N 次，输出电势通过放大、整形和计数电路可以测量被测旋转物的转速。

3. 所需器件及模块

综合测试电路、±12V 电源、2～10V 调速源、频率计、示波器、霍尔元件测试电路模块、霍尔传感器。

4. 测试步骤

（1）按图 4.1.15 连接霍尔传感器测速电路，传感器端面离永久磁铁盘面约 1～2mm，并将磁电传感器中心对准磁钢中心。

（2）将综合测试电路接 ±12V 电源，将直流电动机接 2～10V 调速电源。

（3）频率计置于外接频率位置，输入端接霍尔元件测试电路模块的 OUT4 端。

（4）同时观察综合测试电路模块中 OUT4 端和霍尔元件测试电路模块的 VO2 端波形。

（5）调节电压使转速变化，观察频率计变化，并记录电动机与频率计的读数，填入表 4.1.1 中。

表 4.1.1　　霍尔传感器测速记录表

电动机电压（V）	2	3	4	5	6	7	8	9	10
频率计读数（Hz）									

（6）用公式 $n=\dfrac{60f}{2}=30f$（转 / 分）计算各挡转速。

5. 思考问题

用霍尔传感器测量转速时，在测量上是否有限制？

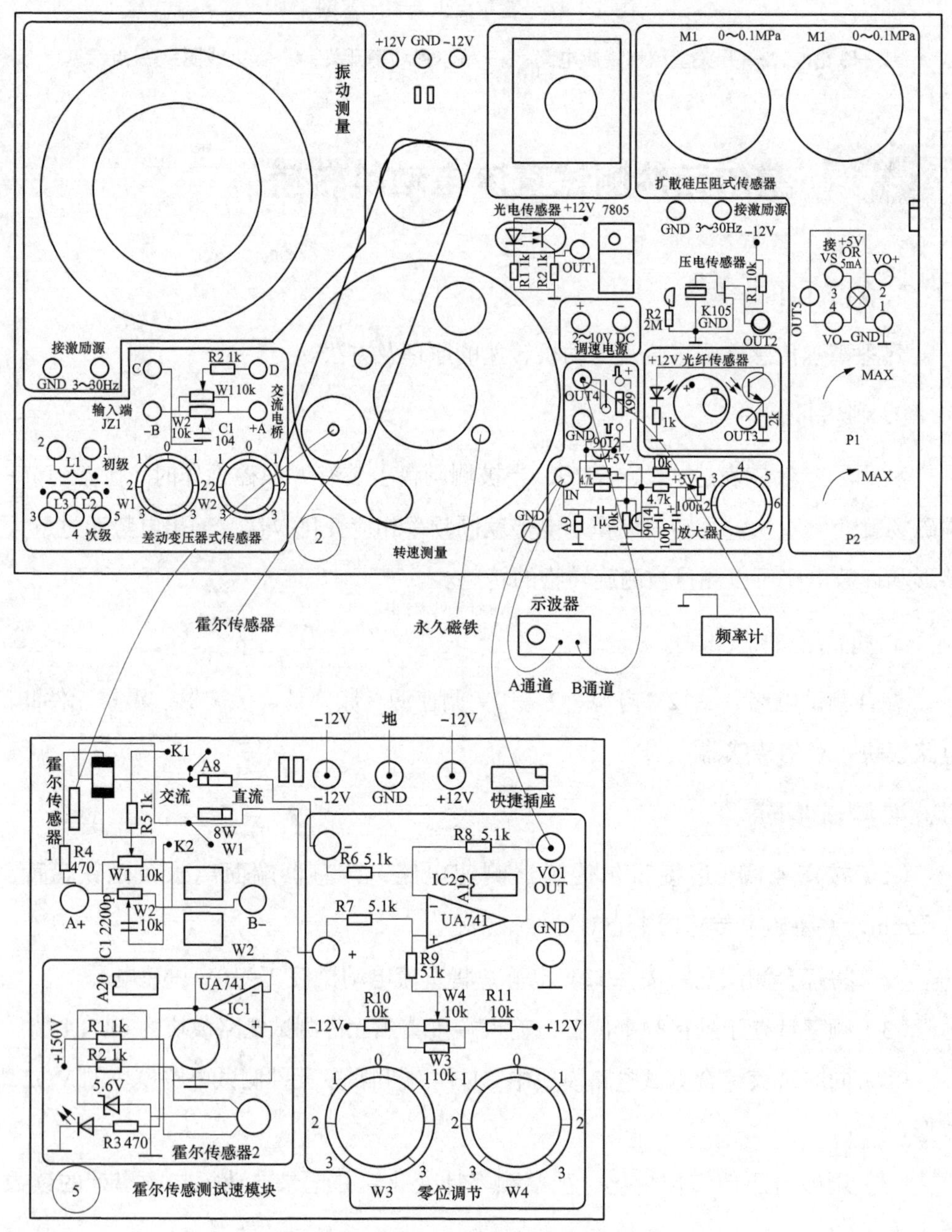

图 4.1.15　霍尔传感器测速电路连接图

4.2 光电耦合器

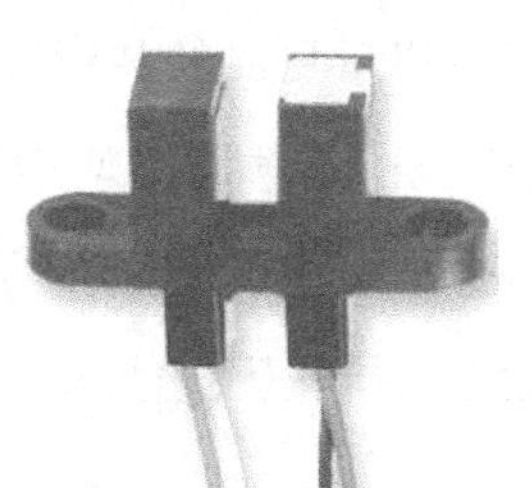

学一学 光电耦合器的结构与作用

光电耦合器具有体积小、使用寿命长、工作温度范围宽、抗干扰性能强．无触点且输入与输出在电气上完全隔离等特点，因而广泛应用在各种电子设备上。它可用于隔离电路、负载接口及各种家用电器等电路。光敏三极管可以构成光敏三极管型、交流输入型和光敏达林顿管型光电耦合器，其结构如图 4.2.1 所示。光电耦合器实物如图 4.2.2 所示。

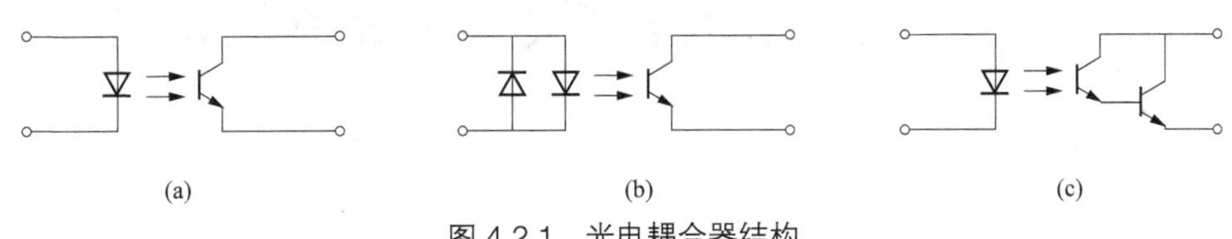

图 4.2.1 光电耦合器结构

(a) 光敏三极管型；(b) 交流输入型；(c) 光敏达林顿管型

图 4.2.2 光电耦器实物

（1）晶体管输出型光电耦合器驱动接口。如图 4.2.3 所示是使用 4N25 晶体管输出型光电耦合器驱动接口的电路图。当输入端为高电平时，4N25 输入端电流为 0，输出相当于开路，74LS04 输入端为高电平，输出为低电平。当输入端为低电平时，74LS04 输出为高电平。

（2）检测系统信号通道的共模干扰抑制。利用光电耦合器把各种模拟负载与数字信息源隔离开来，也就是把“模拟地”与“数字地”断开。被测信号通过光电耦合获得通路，而共模干扰由于不成回路而得到有效的抑制。利用光电耦合器的开关特性组成的具有串行接口功能的共模抑制电路如图 4.2.4 所示。在这种电路中，被测信号 U_s 首先由电压——频率 A/D 转换器 VFC 变换成不同频率的脉冲信号，然后由光电耦合器和双绞线长线传送此脉冲信息。由于光电耦合器有很高的输入 / 输出绝缘电阻和较高的输出阻抗，因此能抑制较大的共模干扰电压 U_{cm}。

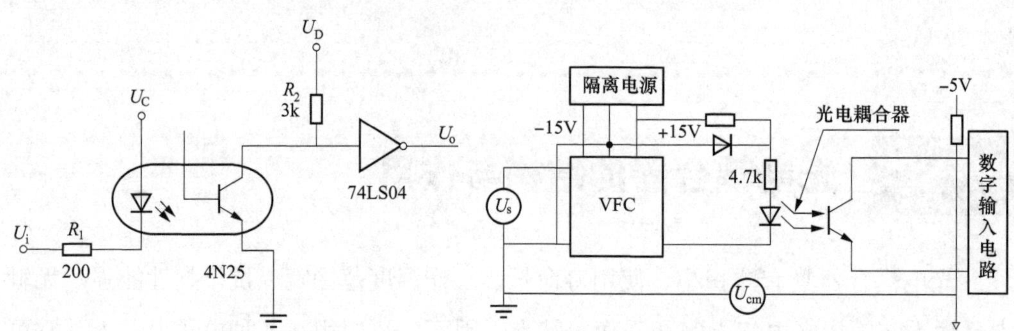

图 4.2.3　4N25 晶体管输出型光电耦合器驱动接口电路

图 4.2.4　信号通道的共模干扰的抑制电路

做一做　光电耦合器测量直流电动机转速

1. 测试目的

熟悉光电耦合器测量直流电动机转速的原理与方法。

2. 所需器件及模块

综合测试电路光耦测速部分、± 12V 电源、2 ~ 10V 直流源、频率计、示波器。

3. 测试步骤

（1）光电传感器已经安装在综合电路模块的光电部分见图 4.2.5，把实训台的 +12V、接地端与综合测试电路模块板上的 +12V、地相连，频率计置于外接频率位置。

（2）频率计输入端子接光电传感器的 OUT1 输出端。

（3）调速电源接 2 ~ 15V 可变电源端，电压从 2V 调至 10V，电动机转速由低到高，注意电动机的额定电压。

（4）用示波器观察 TP2 波形。

（5）记录电动机电压与频率计的读数，填入表 4.2.1。

表 4.2.1　　　　电动机电压与频率计记录表

电动机电压（V）	2	3	4	5	6	7	8	9	10
频率计读数（Hz）									

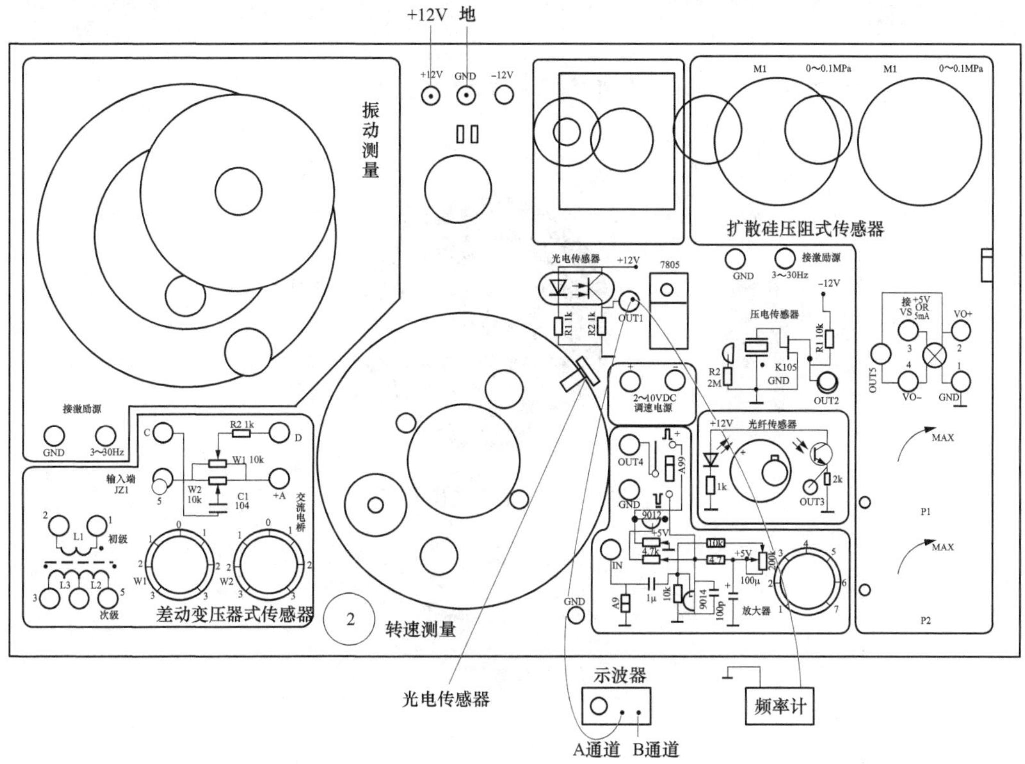

图 4.2.5　光电耦合器测量直流电动机转速接线图

4.3　光纤传感器

光纤传感器产生于 20 世纪 70 年代，它是将光纤自身作为敏感元件，直接接收外界的被测量。被测量可引起光纤长度、折射率、直径等方面的变化，从而使得在光纤内传输的光被调制的装置。其种类繁多，应用范围广泛，发展极其迅速，目前已经有六七十种不同类型的光纤传感器。

学一学　光纤的结构

光纤结构如图 4.3.1 所示。光纤传感器实物如图 4.3.2 所示。

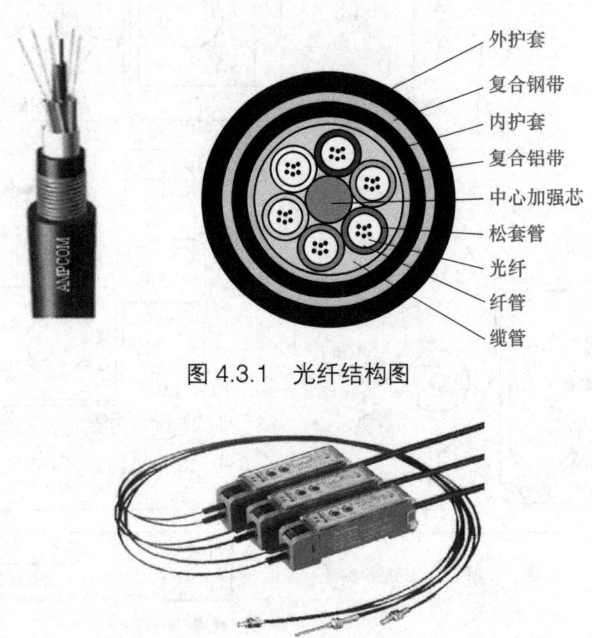

图 4.3.1　光纤结构图

图 4.3.2　光纤传感器实物

学一学　光纤传感器的工作原理

1. 光的反射、折射

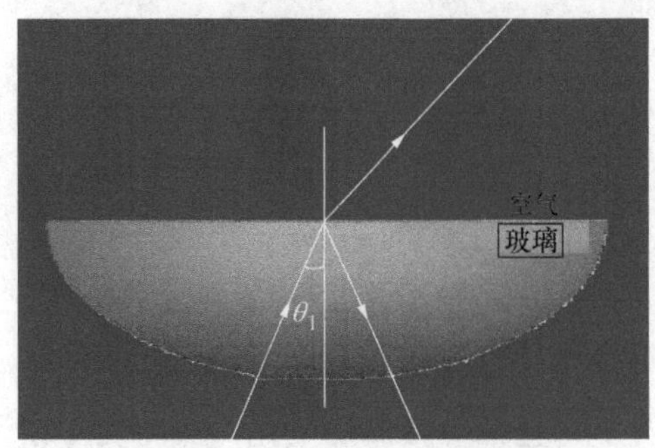

图 4.3.3　光的反射、折射示意图

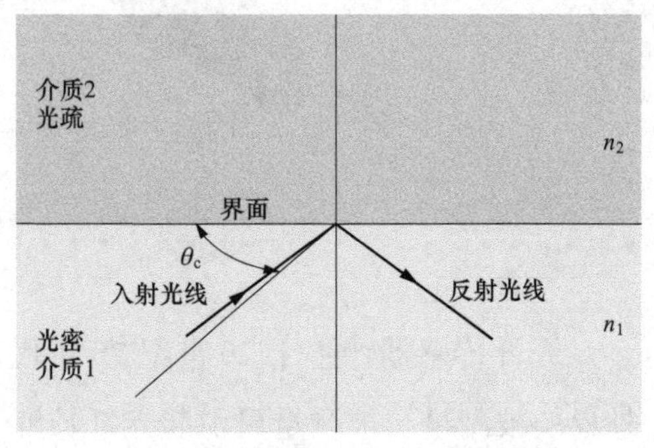

图 4.3.4　光的全反射示意图

当一束光线以一定的入射角 θ_1 从介质 1 射到介质 2 的分界面上时，一部分能量反射回原介质；另一部分能量则透过分界面，在另一介质内继续传播，如图 4.3.3 所示。

2. 光的全反射

当减小入射角时，进入介质 2 的折射光与分界面的夹角将相应减小，将导致折射波只能在介质分界面上传播。将这个极限值时的入射角，定义为临界角 θ_c。当入射角小于 θ_c 时，入射光线将发生全反射，如图 4.3.4 所示。

不同的入射光在光纤中传播的形式是不同的，如图 4.3.5 所示。

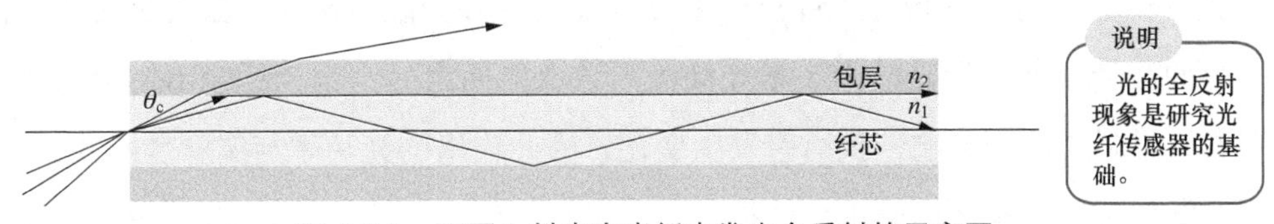

图 4.3.5　不同入射光在光纤中发生全反射的示意图

> **说明**
> 光的全反射现象是研究光纤传感器的基础。

学一学　光纤传感器的应用

1. 光纤式光电开关

光纤式光电开关用于检测电路板放置方向是否正确，其工作原理示意图如 4.3.6 所示。光纤式光电开关对 IC 芯片引脚进行检测，其工作原理示意图如图 4.3.7 所示。

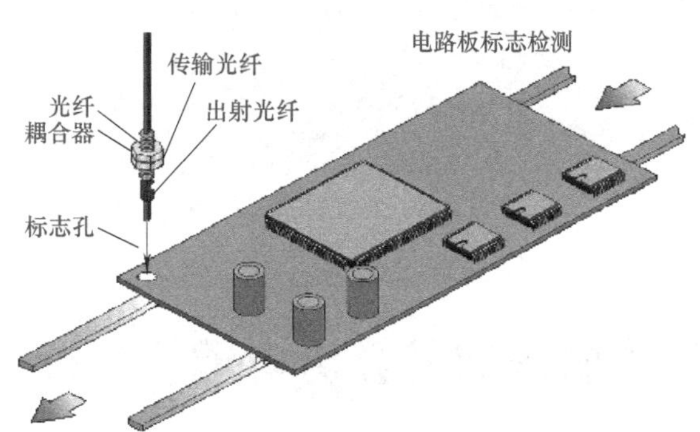

图 4.3.6　检测电路板放置工作原理示意图

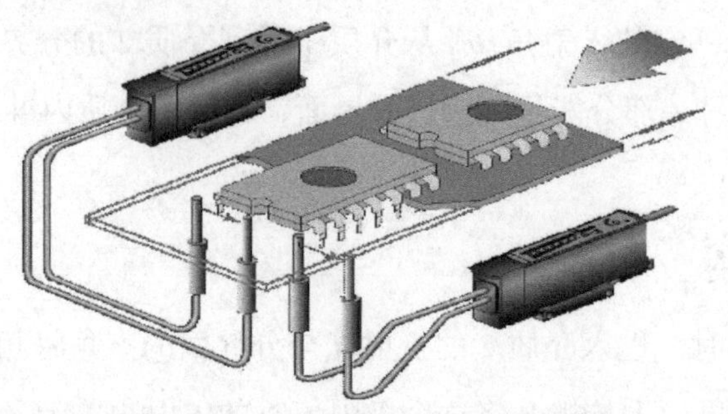

图 4.3.7　IC 引脚检测工作原理示意图

2. 光纤传感器的其他应用

光纤传感器是将一种和光纤折射率相匹配的高分子温敏材料，涂覆在两根熔接在一起的光纤外面，使光能由一根光纤输入该反射面由另一根光纤输出，由于这种新型温敏材料受温度影响，折射率发生变化，因此输出的光功率与温度呈函数关系。光纤温度传感器具有结构简单、体积小、质量轻、使用方便、灵敏度高、重复性好、抗干扰能力强、防爆等特点，如图 4.3.8 所示。

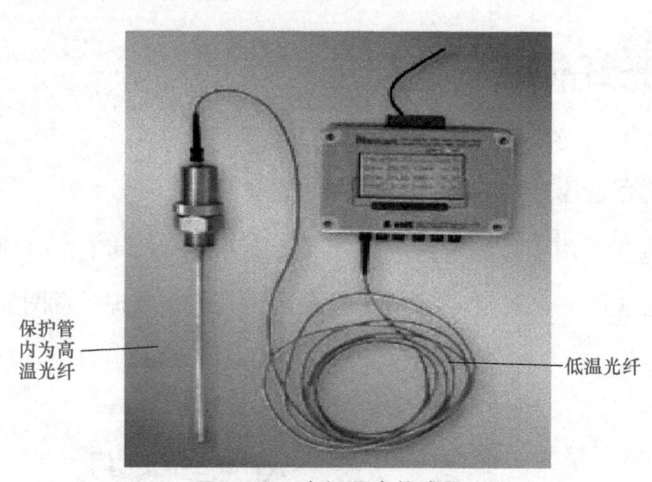

图 4.3.8　光纤温度传感器

做一做　光纤传感器测量直流电动机转速

1. 测试目的

熟悉光纤传感器测量直流电动机转速的原理与方法。

2. 测试原理

光纤传感器的工作原理是：光源发出的光由发射光纤传输并投射到反射镜片的

表面，然后反射，由接收光纤接收并传回光敏元件，当反射膜片随转动台旋转时位置发生变化，其变化周期就是转动周期，由此可测量转动速度。

3. 所需器件及模块

综合测试电路模块光纤测速部分、± 12V 电源、2 ~ 10V 直流源、频率计、示波器。

4. 测试步骤

（1）按图 4.3.9 连接光纤传感器测速电路，传感器端面对准金属铜铂盘面，距离按输出波形调整，最好将光纤传感器中心对准金属铜铂中心。

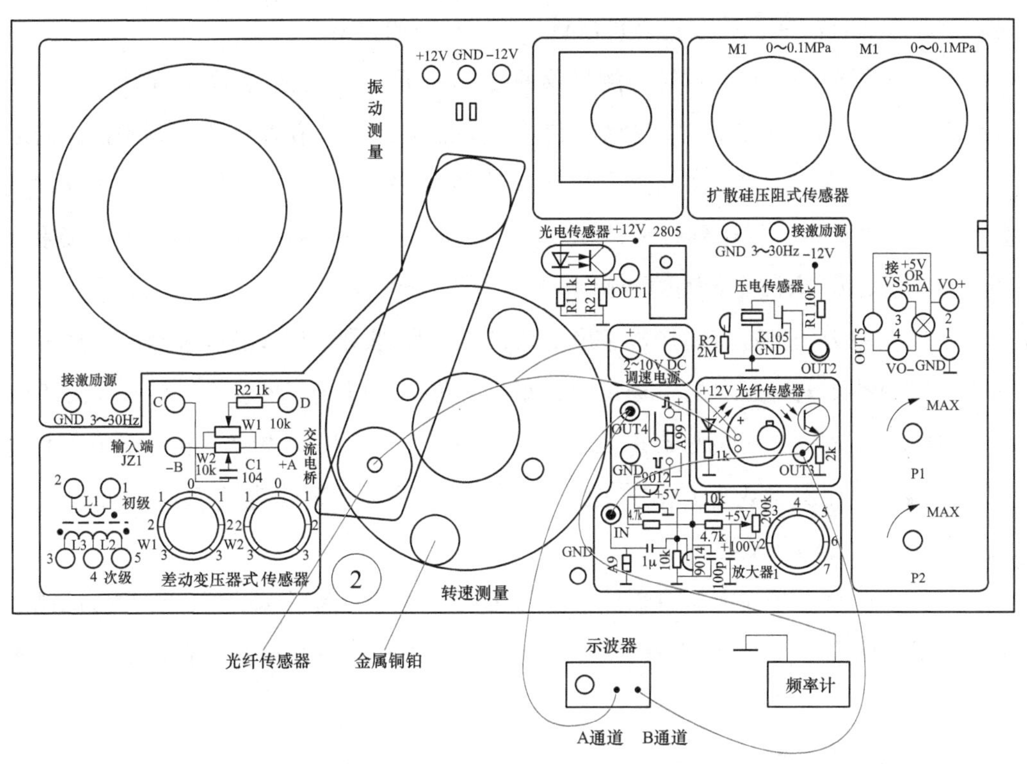

图 4.3.9　光纤传感器测速电路连接图

（2）将 2 ~ 10V 直流源接入电动机，调节输出电压旋钮，改变电动机转速。

（3）用示波器观察 OUT3 和 OUT4 的波形。

（4）记录电动机与频率计的读数，填入表 4.3.1。

（5）按公式 $n=\frac{60f}{2}=30f$（转 / 分）计算各挡转速。

表 4.3.1　　**电动机电压与频率记录表**

电动机电压（V）	2	3	4	5	6	7	8	9	10
频率计读数（Hz）									

思 考 题

1. 什么是霍尔效应？并分析其产生的原因。

2. 为测量某霍尔元件的乘积灵敏度 K_H，按题 2 图所示试验线路接线，现施加 B=0.1T 的外磁场，方向如图所示。调节 R 使 I_C=50mA，测得输出电压 U_H=25mV。试求该霍尔元件的乘积灵敏度，并判断其所用材料的类型。

3. 题 3 图为一个霍尔式转速测量仪的结构原理图，调制盘上固定有 P=200 对永久磁极，N、S 极交替放置，调制盘与被测转轴刚性连接。在非常接近调制盘面的某位置固定一个霍尔元件，调制盘上每有一对磁极从霍尔元件下面转过，霍尔元件就会产生一个方脉冲，发送到频率计。假定在 t=5min 的采样时间内，频率计共接收到 N=30 万个脉冲，求被测转轴的转速 n 为多少转 / 分？

4. 题 4 图为一个直流钳形数字电流表的结构原理图。环形磁极束器的作用是将载流导线中被测电流产生的磁场集中到霍尔元件上，以提高灵敏度。设霍尔元件的乘积灵敏度为 K_H，通入的控制电流为 I_C，作用于霍尔元件的磁感应强度 B 与被测电流 I_x 成正比，比例系数为 K_B，先通过测量电流求得霍尔输出电势 U_H，再求被测电流 I_x 及霍尔元件的灵敏度。

5. 题 5 图是利用光电耦合器测量直流电动机转速的电路原理图，请分析该测量电路的工作原理，分析 OUT 端输出的波形，并说明图中两个电容器在该电路中所起的作用。

6. 比较霍尔、光电耦合以及光纤三种测速方法的优缺点。

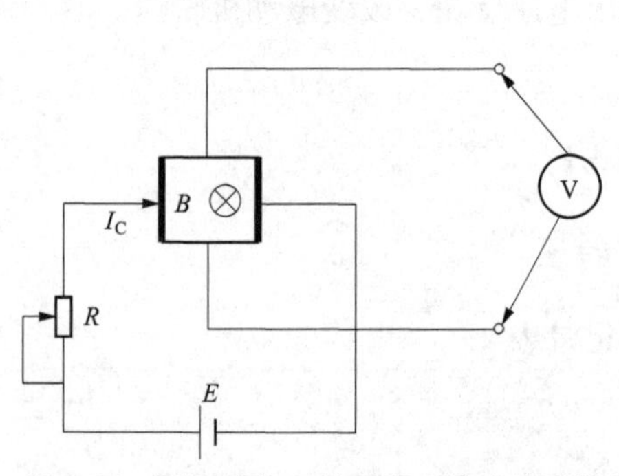

题 2 图 测量霍尔元件乘积灵敏度试验线路

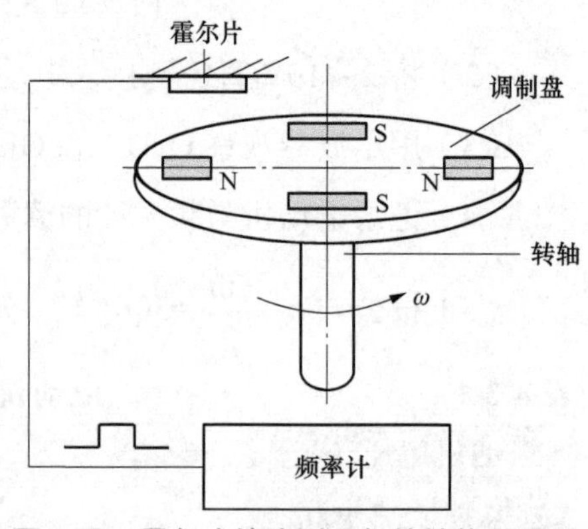

题 3 图 霍尔式转速测量仪的结构原理图

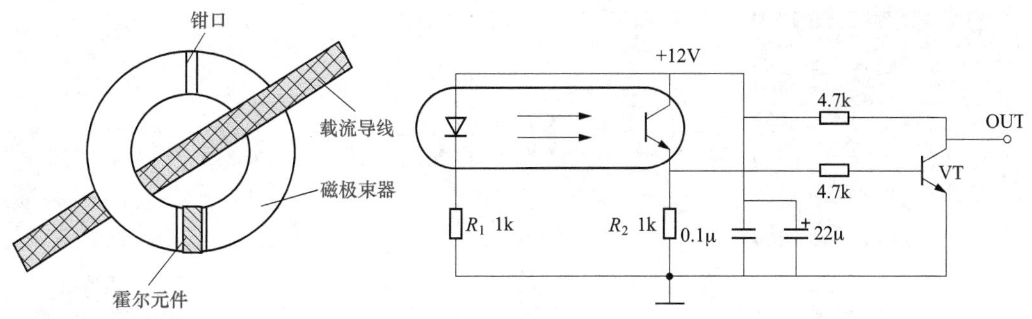

题 4 图 交直流钳形数字电流表的结构原理图

题 5 图 光耦合器测量直流电动机转速原理图

项目 5　光电式传感器

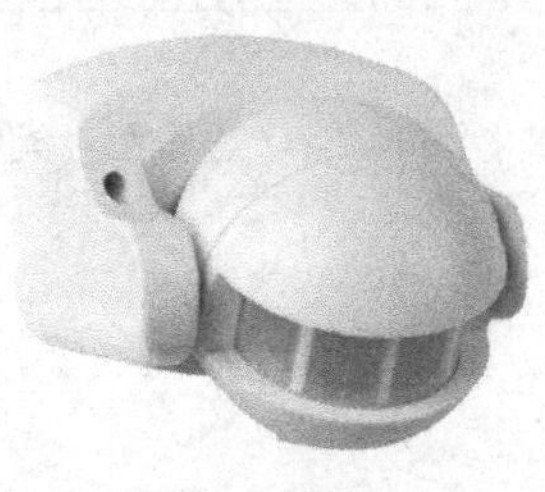

光电式传感器又称光电器件，是将光信号转化为电信号的一种装置，它在现代测控系统中的应用非常广泛。它是利用半导体材料的光电效应进行工作的。在光线作用下，使物体的电子逸出表面的现象称为外光电效应。在光线作用下使物体电阻率改变的现象称为内光电效应。在光线作用下使物体产生一定方向电动势的现象称为阻挡光电效应，阻挡光电效应即光生伏特效应。

由于光电元件具有响应快、结构简单，可靠性高等优点，在自动控制系统中得到了广泛的应用。光电式传感器的分类如图 5.0.1 所示。

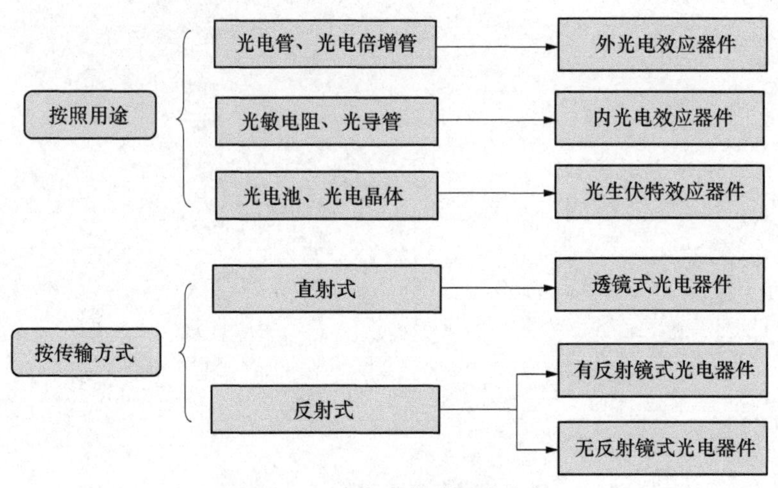

图 5.0.1　光电式传感器的分类

项目导读

▷ 光敏电阻的结构、特点，以及将光信号转化成电信号的过程。
▷ 光敏晶体管的结构、特点，以及将光信号转化成电信号的过程。
▷ 光电池的结构、特点，以及将光信号转化成电信号的过程。
▷ 红外线传感器的类型、结构、特点与应用。

5.1 光敏电阻

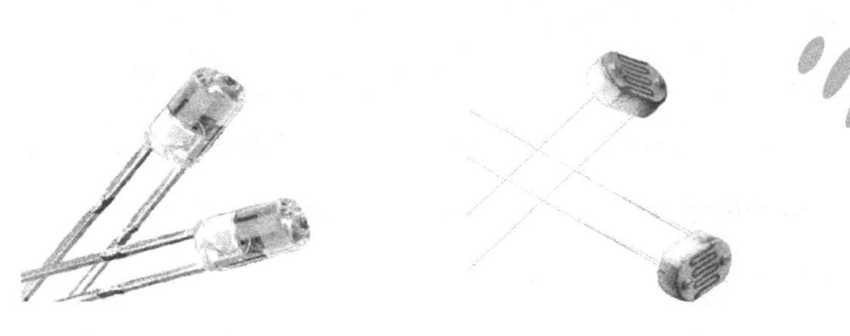

学一学 光敏电阻的结构

以 CdS 为主要成分的光敏电阻是一种应用较广泛的光敏电阻。如图 5.1.1 所示为该类型光敏电阻实物、结构与代表符号。为了吸收更多的光线，光敏电阻通常都是制成薄膜结构，为了增强光电导体的受光面积，获得更高的灵敏度，光敏电阻的光电导体常做成梳状。为了防止光电导体受潮而影响光敏电阻的灵敏度，因此将光电导体严密封装在带有玻璃的壳体中。

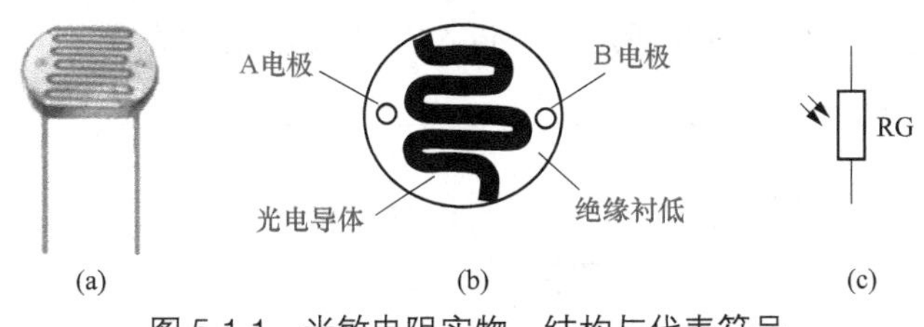

图 5.1.1 光敏电阻实物、结构与代表符号

(a) 实物；(b) 结构；(c) 代表符号

学一学 光敏电阻的工作原理与参数

1. 工作原理

光敏电阻的核心器件为光电导体，它是由半导体制成的。光敏电阻又称光导管，它没有极性，纯粹是一个电阻器件，使用时可以加直流电压，也可以加交流电压。如图 5.1.2 所示，在室温时，没有光照射光敏电阻的时候，阻值会变大，电流会变

弱，流过回路的电流称为暗电流。相同条件下，有光照射光敏电阻的时候，阻值会变小，电流会变强。

2. 主要参数

（1）亮电阻与暗电阻。光敏电阻受光照射时的电阻，称为亮电阻，此时图 5.1.2 回路流过的电流为亮电流。光敏电阻没有光照射时的电阻，称为暗电阻，此时图 5.1.2 回路流过的电流为暗电流。对于同一个光敏电阻而言，暗电阻一定大于亮电阻，同一回路中的暗电流一定小于亮电流。

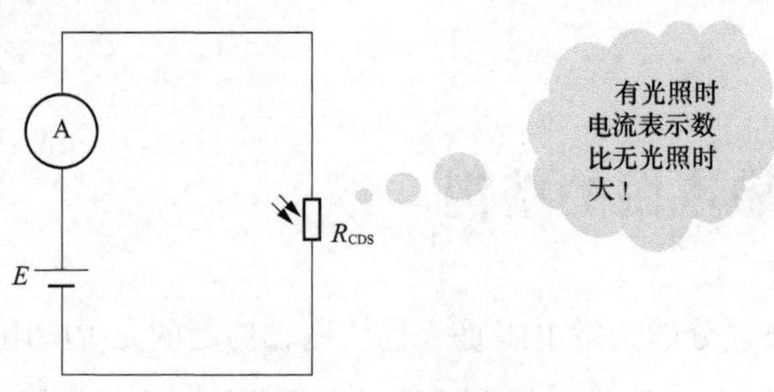

图 5.1.2　工作原理图

（2）灵敏度。灵敏度是指光敏电阻的暗电阻与亮电阻的变化值。同一个光敏电阻的暗电阻与亮电阻相差越大，该光敏电阻的灵敏度就越高。

（3）光谱灵敏度。光谱灵敏度又称光谱效应，它是指光敏电阻在不同波长单色光照射下的灵敏度。如图 5.1.3 所示为不同材料光敏电阻的光谱效应图。

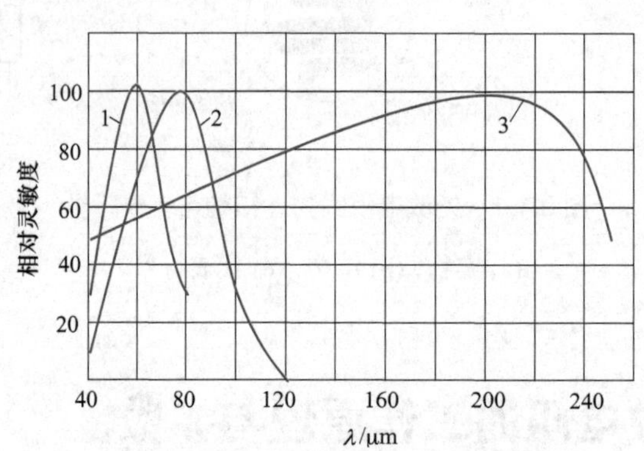

图 5.1.3　不同材料光敏电阻光谱效应图

1— 硫化镉；2— 硒化镉；3— 硫化铅

（4）光照特性。光敏电阻输出的电信号随光照强度而变化的特性称为光照特性。如图 5.1.4 所示为光敏电阻光照特性曲线图，通过光照特性曲线图可以看出，光敏电阻的光照特性在多数情况下是非线性的，只有在微小区域内下呈现线性。

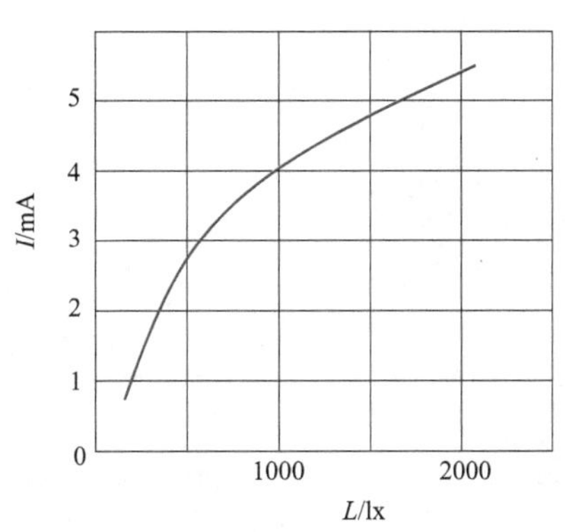

图 5.1.4 光敏电阻光照物性曲线图

（5）伏安特性曲线。伏安特性曲线是描述光敏电阻的外加电压和流过光电流的关系，其光电流随着外加电压的增大而增大。CdS 材料的光敏电阻在规定的极限电压下，其伏安特性具有较好的线性度。

（6）温度系数。光敏电阻的光电效应受温度的影响很大，一般的光敏电阻的灵敏度在低温时要比高温时高，但 CdS 材料的光敏电阻的灵敏度与温度的关系则比较复杂。

学一学 光敏电阻的应用

1. 光控大门

把光敏电阻装到大门上，并保证汽车的灯光能照射到，把带动大门的电动机接在干簧管的电路中，晚上汽车开到大门前，灯光照射到光敏电阻时，干簧继电器接通电动机电路，电动机带动大门打开，其电路如图 5.1.5 所示。

干簧继电器由干簧管和绕在干簧管外部的线圈组成，结构如图 5.1.6 所示。当线圈内有电流时，线圈内产生的磁场使密封在干簧管内的两个铁质簧片磁化，两个簧片在磁力的作用下由原来的分开变为闭合状态，线圈内没有电流时，磁场消失，磁片在弹力作用下，恢复到分离状态。

2. 火灾报警器

如图 5.1.7 所示为一火灾报警电路，当有光照射 R_{CDS} 时，VT1 导通，VT2 导通，VT3 导通，铃 B 响；当无光照射 R_{CDS} 时，VT1 截止，VT2 截止，VT3 截止，铃 B 不响。VZ 为稳压管，电容 C 为旁路电容，它主要是保证放大电路放大倍数不变。

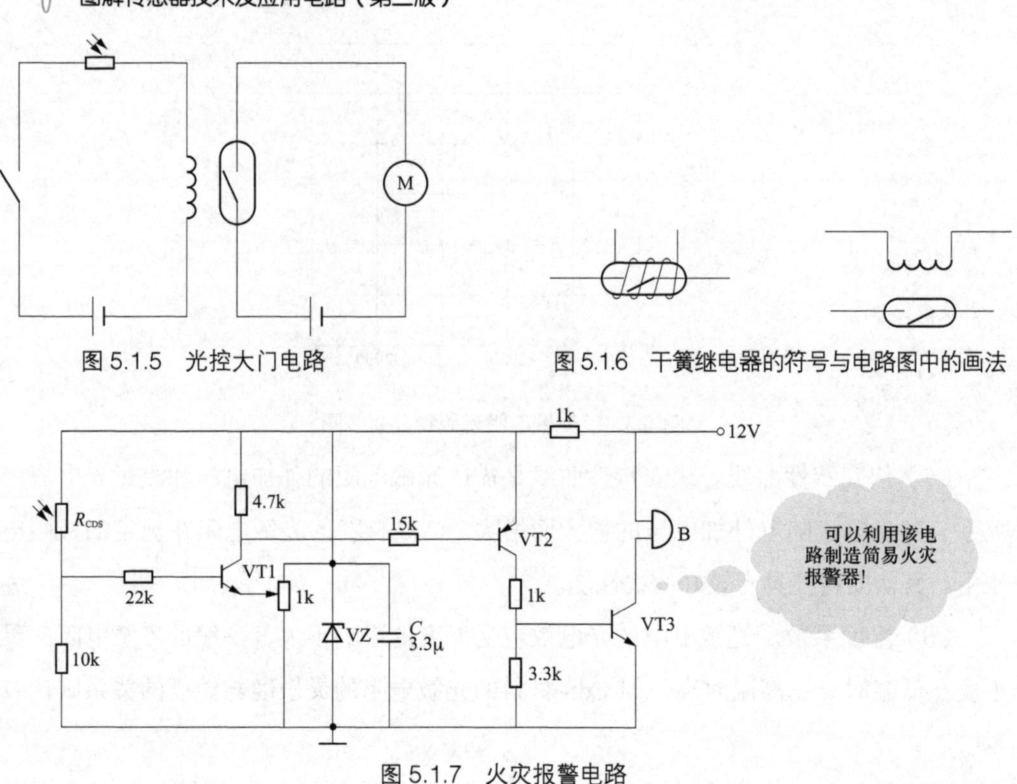

图 5.1.5　光控大门电路

图 5.1.6　干簧继电器的符号与电路图中的画法

图 5.1.7　火灾报警电路

5.2　光敏二极管

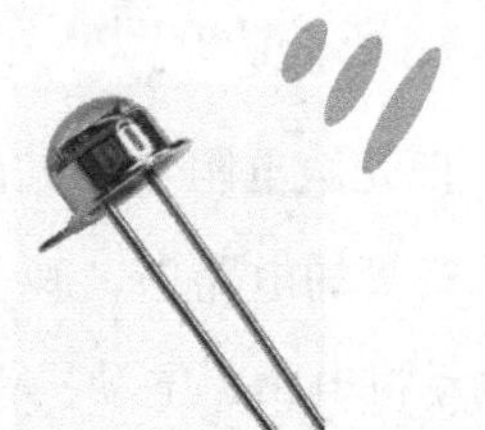

学一学　光敏二极管的结构

光敏二极管是一种将光能转变为电能的敏感性二极管，它广泛的应用于各种自动控制系统中，其表示符号及实物如图 5.2.1 所示。

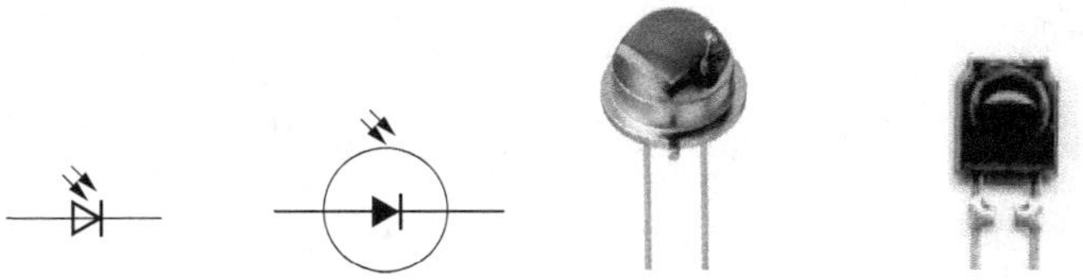

(a) (b) (c) (d)

图 5.2.1 光敏二极管电路图形符号与实物图

(a) 新图形符号;(b) 旧图形符号;(c) 普通光敏二极管;(d) 红外光敏二极管

学一学 光敏二极管的类型

1. 普通光敏二极管：可以作为光电转换器、近红外光探测器及激光接收器也可用在光纤通信中的光信号接收。
2. 红外光敏二极管：可将红外发光二极管等发射的红外光转为信号，用于遥控接收系统以及自动控制系统中。
3. 视觉光敏二极管：对人眼可见光敏感，对红外光无反应，即接收红外光时完全截止。

学一学 光敏二极管的工作原理与参数

1. 工作原理

当没有光照射到 VD 上时，反向电阻很大，VD 不导通；当有光照射到 VD 上时，反向电阻减小，VD 导通。其接线图如 5.2.2 所示。

光敏二极管的接法与普通二极管相反。

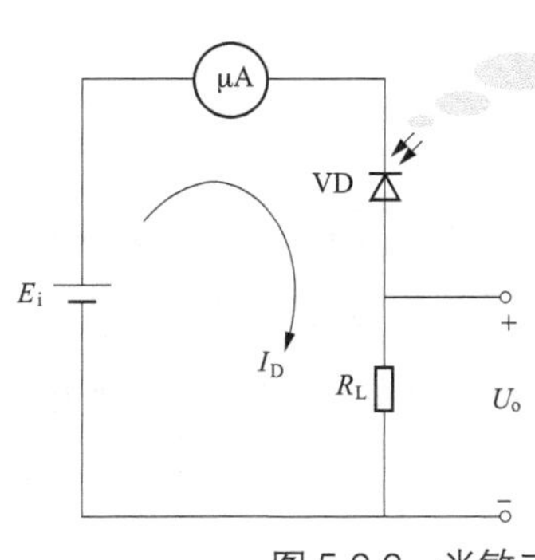

图 5.2.2 光敏二极管的接线图

2. 主要参数

光敏二极管反向直流电阻在无光照射时，可达到几兆欧；有光照射时，可下降到几百欧姆。

（1）最高工作电压。其又称最高反向工作电压。无光照时，光敏二极管允许的最高反向电压为 10~50V。

（2）光电流 I_L。在受到一定光照及最高工作电压下流过管子的反向电流。光电流一般为几十微安，并且与照度成线性关系，光电流越大越好。

（3）暗电流 I_B。在无光照时，加一定反向电压时流过管子的反向电流，暗电流越小越好。

（4）光谱响应特性。不同类型的光敏二极管，其光谱特性和峰值波长均不同，如图 5.2.3 所示。

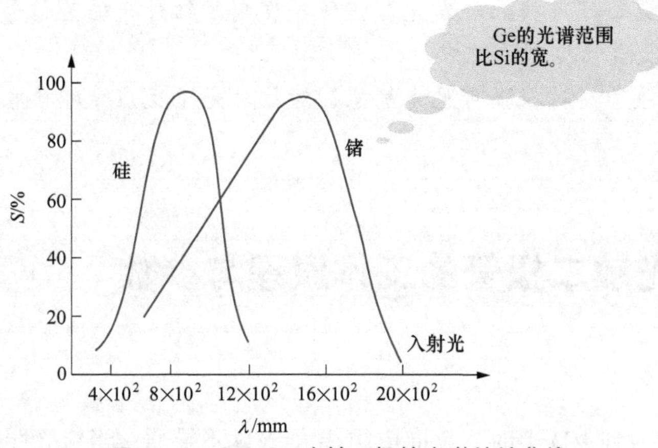

图 5.2.3　Si、Ge 光敏二极管光谱特性曲线

学一学　光敏二极管的应用

1. 防入侵式防盗报警器

如图 5.2.4 所示为一种防入侵式的防盗报警器的结构示意图。在该结构中，一个通道中设置了两个直射式光电式传感器，由 LED 发出的红外光照射到光电二极管 VD 上，VD 与电路的连接方式如图 5.2.5（a）所示，这是一路光电检测电路，两路直射式光检测电路的连接方式如图 5.2.5（b）所示，两路光检测电路的结构相同，输

出的信号经过适当的延迟后分别加到与门的两个输入端，由与门输出的信号去控制报警电路，电路工作波形如图 5.2.6 所示。

（1）当有盗贼挡住光路时，VD 呈现高阻抗，VT1 截止，U_o 输出高电平。

（2）当人比较迅速的经过传感器时，由于挡住光路的时间比较短，电路输出的是一个窄脉冲，该脉冲受到延迟电路作用后对后级电路不会产生影响。

（3）当人体走过上下两个光电传感器时，将有两个脉冲信号输出，这两个脉冲信号有一定的时间差，经过延迟处理后，输出信号为高电平，该信号会触发报警电路工作。

（4）设置两路光电传感器的目的是为了提高防盗报警电路的可靠性，避免夜间有小动物经过光电传感器时而导致误报警。

直射的光源为红外光，因为红外光人眼看不到，故隐蔽性很好。如果采用大功率的红外发射二极管，则电路的警戒距离可以增大到几十米。

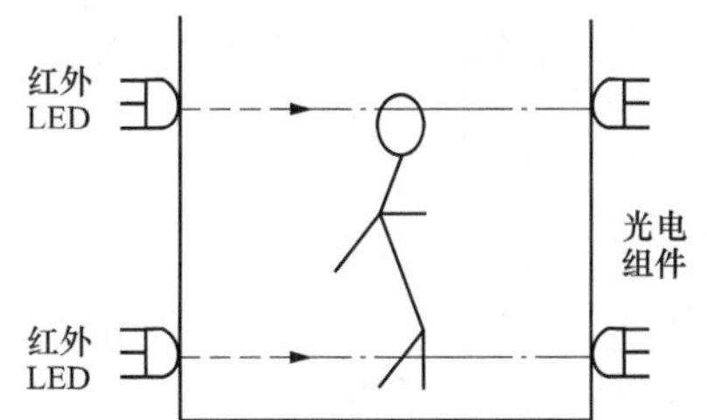

图 5.2.4　防入侵防盗报警器的结构示意图

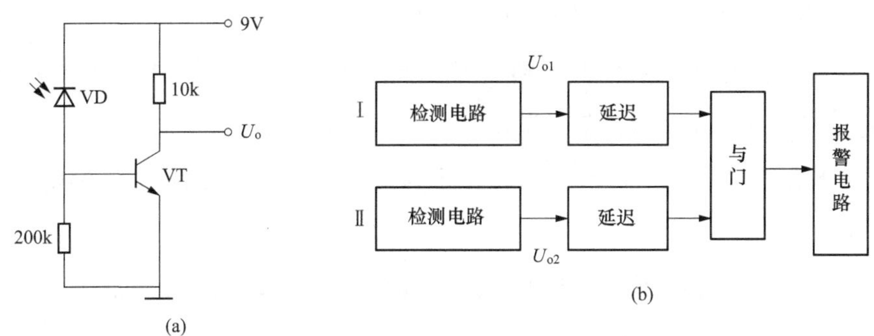

图 5.2.5　光电检测电路连接方式图

(a)VD 与电路的连接；(b) 两路直射式光检测电路的连接

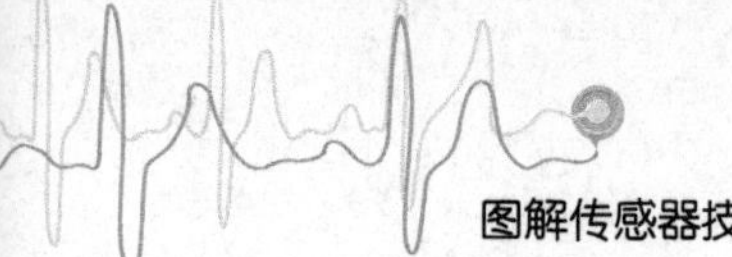

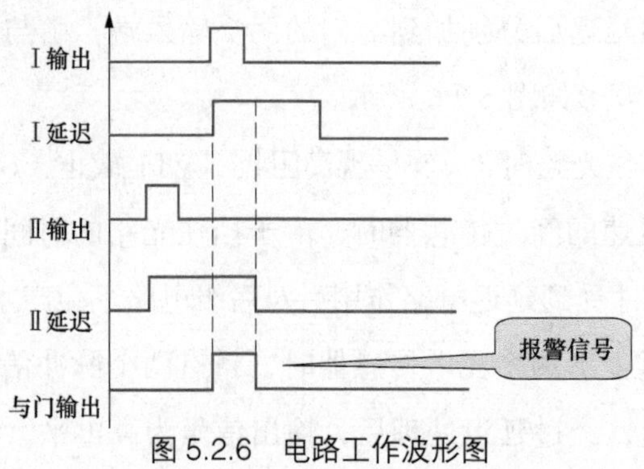

图 5.2.6　电路工作波形图

2. 光开关电路

由光敏二极管构成的光开关电路如图 5.2.7 所示，由 VT1 与 VT2 将光电流处理后驱动 KA 继电器工作。

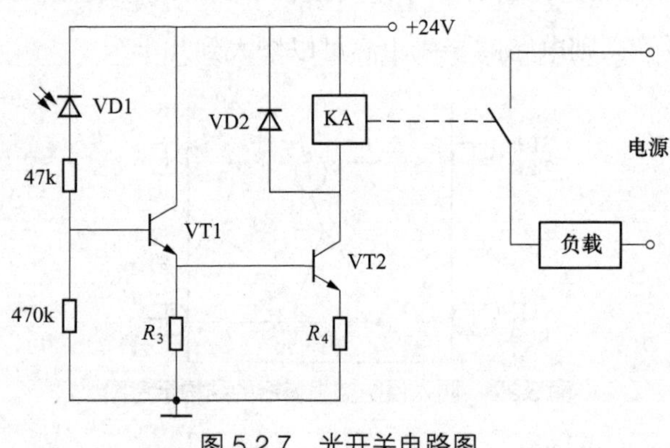

图 5.2.7　光开关电路图

（1）有自然光照射 VD1 时，VD1 呈现低阻抗，VT1 导通，VT2 导通，继电器 KA 得电，动合触点闭合，负载工作。

（2）无自然光照射 VD1 时，VD1 呈现高阻抗，VT1、VT2 截止，继电器 KA 失电，负载不工作。

（3）二极管 VD2 为续流二极管，用来保护三极管 VT2，三极管 VT2 相当于开关，工作时状态为饱和。

5.3 光敏三极管

学一学 光敏三极管的结构

光敏三极管又称光电三极管，是具有放大功能的光电转换三极管，广泛应用在各种自动光控系统中，其表示结构、符号及实物如图 5.3.1 所示。

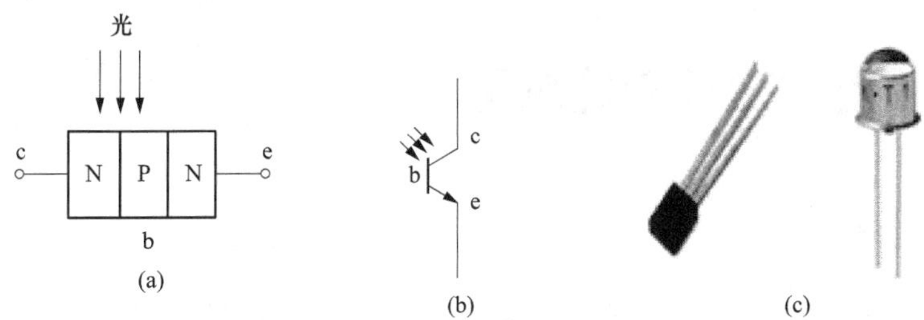

图 5.3.1 光敏三极管结构、电路符号与实物

(a) 结构；(b) 符号；(c) 实物

学一学 光敏三极管的工作原理

光电三极管的结构和普通三极管相似，也分为 NPN 和 PNP 两种类型，根据光电三极管的工作特性，可以将光电三极管等价成一个普通三极管和一个发光二极管连接的形式其等效电路如图 5.3.2 所示。为了增大管子的驱动功率，可以采用达林顿结构的连接方式，其管子的电路符号与等效电路如图 5.3.3 所示。

光电三极管有三个引脚的，也有两个引脚的，在三个引脚的结构中，基极是可以利用的，在两个引脚的结构中，光窗口就是管子的基极。

光敏三极管在无光照时和普通的三极管一样，处于截止状态，当光信号照射到基极时，形成的光电流从基极输入三极管，电流被放大 β 倍输出。

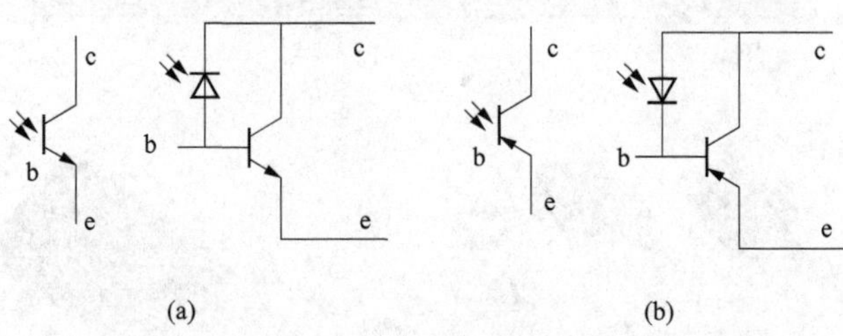

图 5.3.2　光敏三极管电路符号与等效电路

(a) NPN 型管符号与等效电路；(b) PNP 型管符号与等效电路

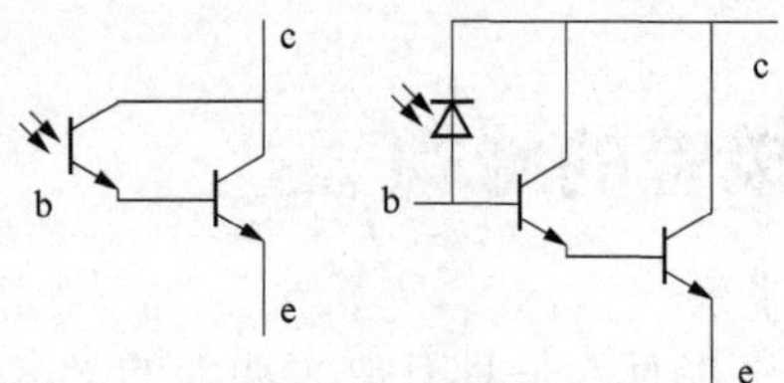

图 5.3.3　达林顿符号与等效电路

学一学　光敏三极管的应用

1. 光控制继电器

如图 5.3.4 所示为光控继电器的电路结构，当有光线照射到三极管 VT1 时，三极管 VT2 饱合导通，继电器得电，当没有光线照射到三极管 VT1 时，三极管 VT2 截止。

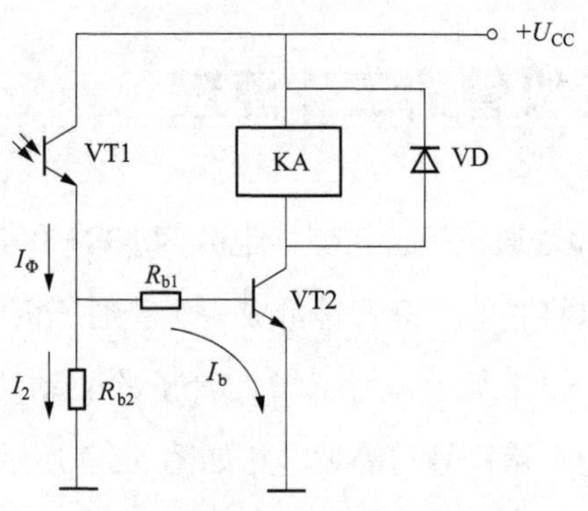

图 5.3.4　光控继电器的电路结构

2. 光敏三极管控制电路

如图 5.3.5 所示，光敏三极管 3DU511D 的暗电阻（无光照射时的电阻）大于 1MΩ，光电阻（有光照射时的电阻）约为 2kΩ。当 3DU511D 上有光照射时，它被导通，从而在 741 构成比较器的 2 脚上产生信号，使 6 脚输出负电压，VT2 导通，继电器 KR 得电，触点动作。因此通过有无光照射到光敏管 3DU511D 上，即可控制继电器的工作状态，从而控制与继电器连接的工作电路。二极管 VD 为续流作用。

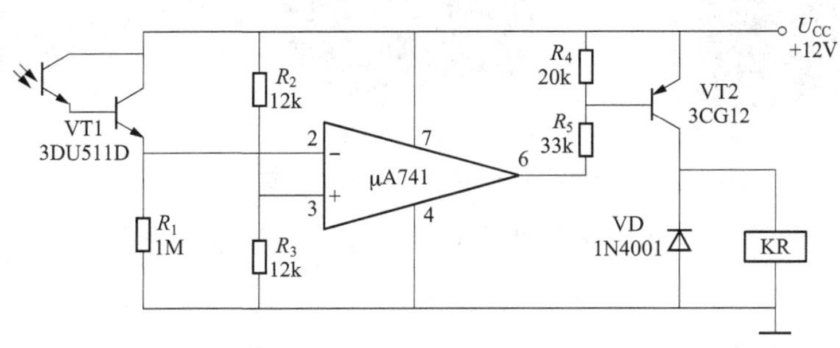

图 5.3.5 光敏三极管控制电路

5.4 光电池

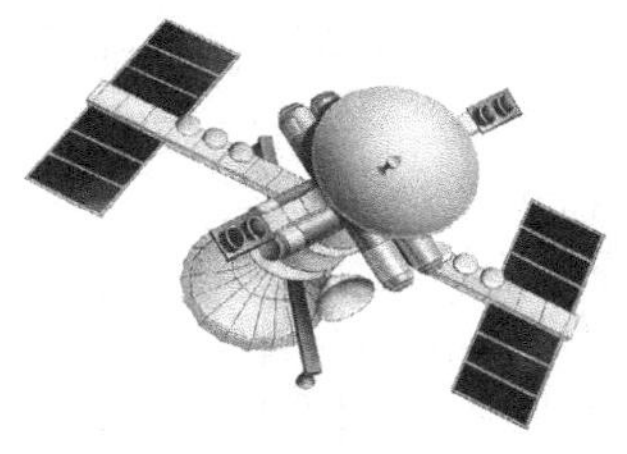

学一学 光电池的外形与结构

光电池又称为太阳能电池，它是利用光线直接感应出电动势的光电器件，它能够接收不同强度的光照射，从而产生大小不同的电流。常见的太阳能电池有硒光电池和硅光电池，由于硅光电池的光电转换效率高，因此应用非常广泛。常见光电池的实物如图 5.4.1 所示。

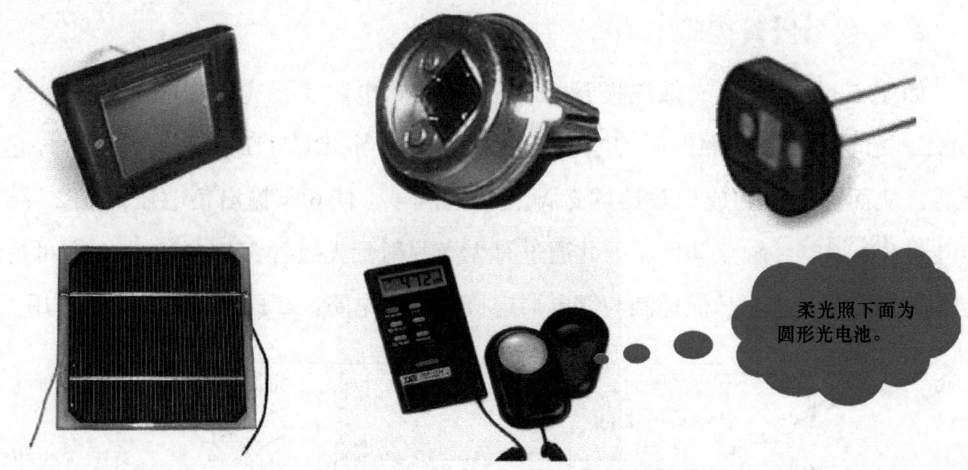

图 5.4.1　常见光电池的实物

硅光电池的符号与等效电路如图 5.4.2 所示。它的结构类似于一个半导体二极管，为了增大受光量，其工作面都很大。

当光线照射到光电池表面时，会产生光激发，从而出现很多电子空穴对，它们在 PN 结电场的作用下，带负电的电子向 N 区运动，带正电的空穴向 P 区运动，经过逐渐的积累，会在 P 区和 N 区两端产生电动势，如果在上下两个电极间接上负载，则会有电流流过负载。为了提高光电转换率，减少光线反射，常在硅光电池表面涂上一层蓝色的一氧化硅抗反射膜。

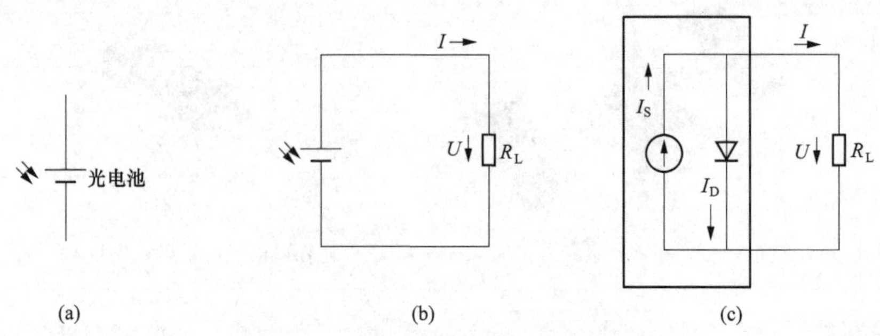

图 5.4.2　硅光电池的符号与等效电路

(a) 符号；(b) 基本电路；(c) 等效电路

学一学　光电池的使用方法

硅光电池寿命长，性能稳定，其损坏主要由机械损伤引起。电池在使用时，不要用手直接触摸电池片，并防止电池受潮。一般来讲，硅光电池的使用温度在 –55 ~ +125℃之间。硅光电池的输出特性与负载有关，在一定光照条件下，当负载很小时，硅光电池的输出电流趋近于短路电流，而在负载很大时，输出电压则趋于开路电压。因此，在使用硅光电池时，只有确定好负载电阻为某一数值时，才能获得最大功率输出。硅光电池可以串、并联使用，以满足所需要的电压或电流值。硅光电池的表面有一层抗反射膜，使用时应避免损伤其表面，如表面出现污垢，可用酒精棉球轻轻擦拭。使用时，应使硅光电池不受外界环境干扰，以免产生误信号。

光电池的常见使用用方式有两种：

❶ 直接使用：将光能转换为电能后直接用该信号控制后级电路。该方式无多余器件，能够100%的使用光电池电能，适合晴天使用。光电池的功率一般为接入负载功率的2～3倍。为了防止损坏负载，要加稳压电路保护。

❷ 二次电池使用：使用二次电池，在强光时光电池为二次电池充电，在弱光时，二次电池给负载供电，二次电池可以选用Ni-Cd电池或者铅蓄电池。

小资料

太阳能电池单体是光电转换的最小单元，尺寸一般为4～100cm^2。太阳能电池单体的工作电压约为0.5V，工作电流约为20～25mA/cm^2，一般不能单独作为电源使用。将太阳能电池单体进行串并联封装后，就成为太阳能电池组件，其功率一般为几瓦至几十瓦，是可以单独作为电源使用的最小单元。太阳能电池组件再经过串并联组合安装在支架上，就构成了太阳能电池方阵，可以满足负载所要求的输出功率。

常用的太阳能电池主要是晶体硅太阳能电池。晶体硅太阳能电池由一个晶体硅片组成，在晶体硅片的上表面紧密排列着金属栅线，下表面是金属层。硅片本身是P型硅，表面扩散层是N区，在这两个区的连接处就是PN结。PN结形成一个电场。太阳能电池的顶部被一层抗反射膜所覆盖，以减少太阳能的反射损失。

太阳能电池的工作原理：光是由光子组成，而光子是包含有一定能量的微粒，能量的大小由光的波长决定，光被晶体硅吸收后，在PN结中产生一对对正负电荷，由于在PN结区域的正负电荷被分离，因而可以产生一个外电流场，电流从晶体硅片电池的底端经过负载流至电池的顶端，即光生伏打效应。将一个负载连接在太阳能电池的上下两表面间时，将有电流流过该负载，于是太阳能电池就产生了电流；太阳能电池吸收的光子越多，产生的电流也就越大。光子的能量由波长决定，低于基能能量的光子不能产生自由电子，一个高于基能能量的光子将仅产生一个自由电子，多余的能量将使电池发热，伴随电能损失的影响将使太阳能电池的效率下降。

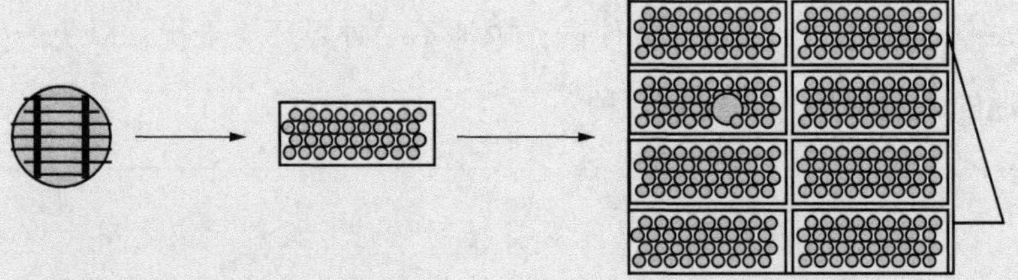

单体　　组件　　方阵

目前世界上有3种已经商品化的硅太阳能电池，即单晶硅太阳能电池、多晶硅太阳能电池和非晶硅太阳能电池。对于单晶硅太阳能电池，由于所使用的单晶硅材料与半导体工业所使用的材料具有相同的品质，使单晶硅的使用成本比较昂贵。多晶硅太阳能电池的晶体方向是无规则性的，意味着正负电荷对并不能全部被PN结电场分离，电荷因晶体与晶体之间的边界上的不规则而损失，所以多晶硅太阳能电池的效率一般要比单晶硅太阳能电池低。多晶硅太阳能电池用铸造的方法生产，所以它的成本比单晶硅太阳能电池低。非晶硅太阳能电池属于薄膜电池，造价低廉，但光电转换效率比较低，稳定性也不如晶体硅太阳能电池，目前多数用于弱光性电源，如手表、计算器等。一般产品化单晶硅太阳能电池的光电转换效率为13%～15%，产品化多晶硅太阳能电池的光电转换效率为11%～13%，产品化非晶硅太阳能电池的光电转换效率为5%～8%。

一个太阳能电池只能产生大约0.5V电压，远低于实际应用所需要的电压。为了满足实际应用的需要，需把太阳能电池连接成组件。太阳能电池组件包含一定数量的太阳能电池，这些太阳能电池通过导线连接。一个组件上，太阳能电池的标准数量是36片（10cm×10cm），这意味着一个太阳能电池组件大约能产生17V的电压，正好能为一个额定电压为12V的蓄电池进行有效充电。通过导线连接的太阳能电池被密封成的物理单元被称为太阳能电池组件，具有一定的防腐、防风、防雹、防雨等的能力，广泛应用于各个领域和系统。当应用领域需要较高的电压和电流而单个组件不能满足要求时，可把多个组件组成太阳能电池方阵，以获得所需要的电压和电流。

太阳能电池的可靠性在很大程度上取决于其防腐、防风、防雹、防雨等的能力。其潜在的质量问题是边沿的密封以及组件背面的接线盒。这种组件的前面是玻璃板，背面是一层合金薄片，合金薄片的主要功能是防潮、防污。太阳能电池也是被镶嵌在一层聚合物中，在这种太阳能电池组件中，电池与接线盒之间可直接用导线连接。

如果太阳电池组件被其他物体（如鸟粪、树荫等）长时间遮挡时，被遮挡的太阳能电池组件将会严重发热，即热斑效应，这种效应对太阳能电池会造成很严重地破坏作用。有光照的电池所产生的部分能量或所有的能量，都可能被遮蔽的电池所消耗。为了防止太阳能电池由于热班效应而被破坏，需要在太阳能电池组件的正负极间并联一个旁通二极管，以避免光照组件所产生的能量被遮蔽的组件所消耗。

5.5 热释电红外传感器

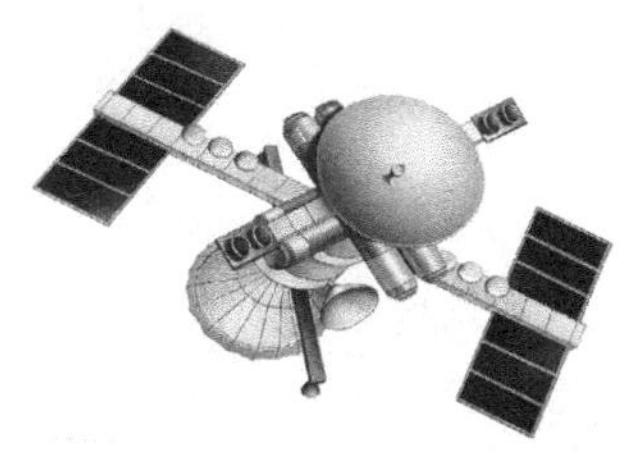

凡是自然界的物体，如人体、冰、火焰等都会发出不同波形的红外线。红外线传感器就可以检测这些物体所发射的红外线。检测红外线要比检测可见光方便。具体原因如下：

（1）红外线不受可见光的影响，可不分昼夜进行检测。

（2）被测对象自身发射红外线，不必另设光源。

（3）大气对某些特定波长的红外线吸收甚少，这些波长的红外线非常容易被检测出来。如 2 ~ 2.6 μm，3 ~ 5 μm，8 ~ 14 μm 这三个波段，它们被称为大气窗口。

学一学 热释电红外传感器的类型与结构

❶ 热型：又称热释电或被动式红外传感器，其响应红外线波长范围宽、价格便宜，适合常温使用，但其灵敏度低、响应速度慢。

❷ 量子型：响应红外线波长范围窄，价格相对较贵，要求冷却在一定温度下使用，但其灵敏度高、响应速度快。

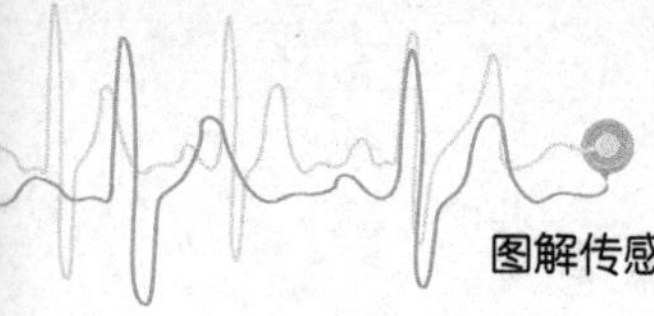

在安全、报警、防盗等领域，热型红外传感器应用较广泛。

热型红外传感器（缩写为 PIR）的结构与实物如图 5.5.1 所示。

热释电红外传感器是由高热电系数材料配合滤光镜片窗口组成的，它能够以非接触的形式检测出人体或其他物体所发射出的红外线变化量，并且将其转化成电信号输出。

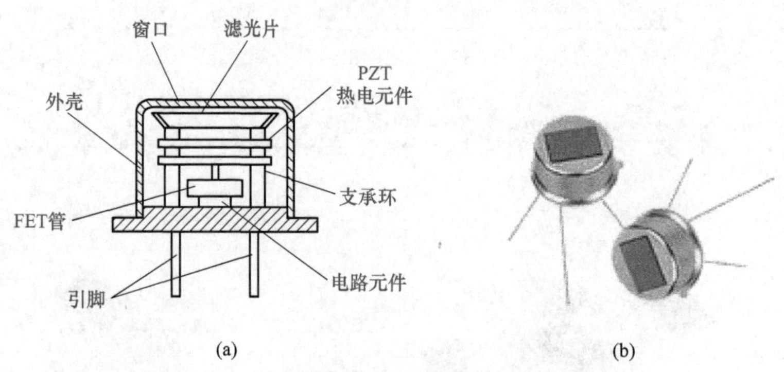

图 5.5.1　热型红外传感器的结构与实物

(a) 结构；(b) 实物

在使用热释电红外传感器时，除了要装菲涅尔透镜提高灵敏度外，还需要配备必须的电路，才能组成完整的检测电路。

> **说明**
>
> 菲涅尔透镜是一种精密的光学系统，对红外光的透过率达到65%以上，安装在红外传感器外壳上，要调整透镜与传感器窗口间的焦距。常见的透镜类型有半球状、长方形、水平薄片型、光束式、抗灯光干扰型5种。不同种类的透镜适合于不同的场合。

实验证明：不加菲涅尔透镜的传感器检测距离为 2m 左右，加透镜后，有效的检测距离可以达到 12 ~ 15m。

学一学　热释电红外传感器的应用

采用 KC778B 的热释电红外控制报警器的电源电压由交流 220V 经电容器 C_9 降压，二极管 VDl、VD2 整流，VS 稳压及晶体管 VTl、VT2 滤波后供给。RP_1 为传感器 PIR 灵敏度调节电位器，RP_1 调到最上端即集成电路 KC778B 的 2 脚接地时灵敏度最高，往下调时灵敏度逐渐减小。RP_2 用来调节延迟振荡频率，以调节输出电平展宽时间来控制电路每次被触发后警铃 HA 与警电灯 EL 的工作时间。RP_3 用于调节电路的光控制灵敏度（只有在双联开关 S2 拨向位置 3 时才起作用），使电路在足够亮度时能封锁输出，以实现只有在夜晚光线较暗时才能工作的目的。SB 为手动控制转换按钮，它在报警系统中十分有用，此按钮应安装在值班人员方便使用的地方，平时可用作紧急报警或测试按钮，在报警声发生后由值警人员赶到后按此键可以关闭报警声。S1 为输出模式转换开关，图 5.5.2 所示位置为自动状态，拨向位置 2 为常开，拨向位置 3 为常闭。S2 为光控制选择开关，当将开关拨向位置 3 时，因在芯片第 12 脚接入光敏二极管 VDL，调整 RP_3 可使电路在白天不工作；其他位置因断开光敏二极管，电路将全天候工作。当有人进入探测区域时，热释电红外传感器 PIR 会感应到。人体红外信号，并将其转换为电信号，经 C_5、R_1、低通滤波（滤除高频干扰信号）送入 IC 的 8 脚内部直流放大器进行放大。经 IC 内部比较鉴频后的信号从 16 脚输出，作为 VTH 的触发控制，VTH 被触发后使警铃 RA 发声，警告灯 EL 闪亮。

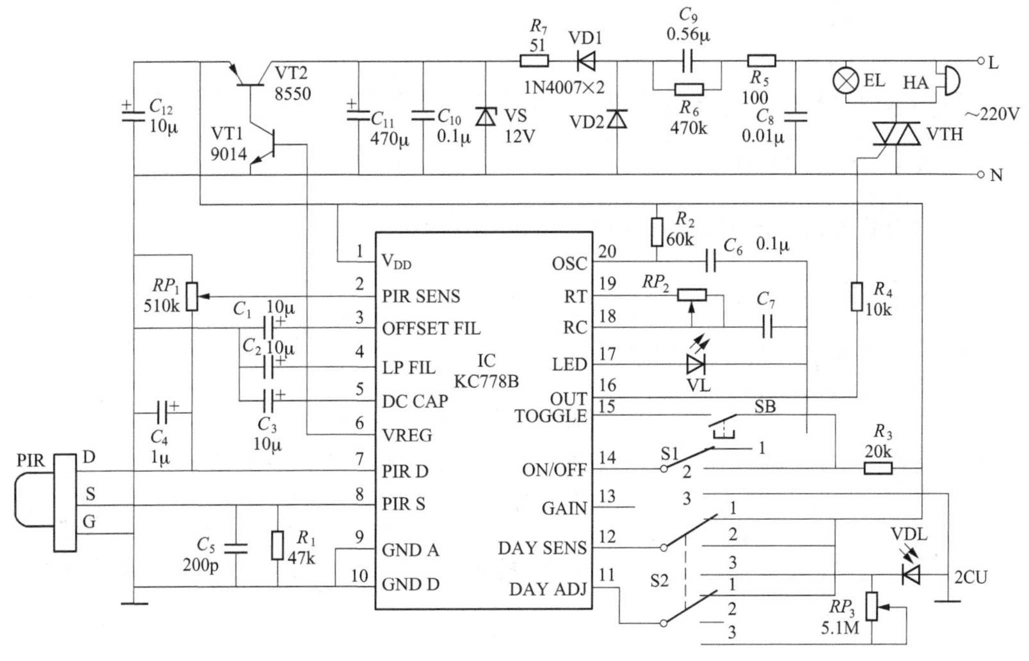

图 5.5.2 热释电红外报警器

元器件 IC 宜选用美国 KMOS 公司生产的 KC778B 型热释电红外信号处理集成电路。PIR 可采用 P2288、PH5324、LH1956 型等热释电红外传感器，本电路不加菲涅耳透镜，有效探测距离最大可达 5m，如果加装合适的菲涅耳透镜，最大探测距离可达 15m。VT1 采用 9014 型硅 NPN 晶体管，电流放大系数 β>150；VT2 选用 8550 型硅 PNP 中功率晶体管，电流放大系数 β>100。VTH 可用 MAC97A6 (IA/600V) 型等小型塑料封装的双向晶闸管。VD1、VD2 用 I N4007 型硅整流二极管；VS 用 12V、1W 稳压二极管，如 UZP-12B 型等；VDL 为 2CU 型光敏二极管；VL 为普通发光二极管。$RP_1 \sim RP_3$ 采用 WHS 型合成碳膜电位器，R_5、R_7 采用则 RJ-1/2W 金属膜电阻器，其余电阻均可用 RTX-1/8W 碳膜电阻器。$C_1 \sim C_4$、C_{11}、C_{12} 采用 CD11-16V 型电解电容器，C_8、C_9 采用 CBB-630V 型聚丙烯电容器，C_7 定时电容器 C_t 采用优质云母电容器或涤纶电容器，其余电容器均可采用普通瓷介电容器或玻璃釉电容器。HA 采用交流 220V 电铃，EL 为红色白炽灯。SB 可用普通电铃按键开关，S1 为 1x3 拨动式小开关，S2 为 2x3 拨动式双联开关。注意，电路通电后需预热 45s 后，才能进行调整。用本电路制作的报警器，工作稳定可靠，效果理想。

做一做 热释电红外传感器报警装置测试

1. 测试目的

熟悉热释电红外传感器的结构、工作原理及应用。

2. 所需单元及模块

热释电红外传感器测试电路模块、±12V 电源。

3. 测试步骤

（1）将图 5.5.3 所示电路模块接 ±12V 电源。

（2）热释电红外传感器测试电路如图 5.5.3 所示。R1 为传感器负载电阻，传感器输出信号经过 C2 耦合到运算放大器 IC1，其增益取决于 R2 和 R3 的比值，该电路约为 27 倍。经 IC1 放大的信号经过电容 C1 耦合到放大器 IC2，其增益可在 10 ~ 110 倍间变化。IC3 为电压比较器，平时输出低电平，故 D1 灯不亮，FM1 蜂鸣器不响，当有人走动时，红外传感器信号增大，比较器翻转输出高电平，使 D1 灯亮，FM1 蜂鸣器响。

（3）接通 ±12V 电源稳定后，在热释电红外传感器外约 20 ~ 30cm 晃动，D1 灯会亮，同时蜂鸣器会响。

（4）调节 W1 可改变 IC2 放大器的倍数，调节 W2 可改变比较器动作的阀值电压，这样可改变热释电红外传感器的灵敏度，故改变动作的距离。

4. 思考问题

在图 5.5.3 电路基础上制作一个防盗报警器。

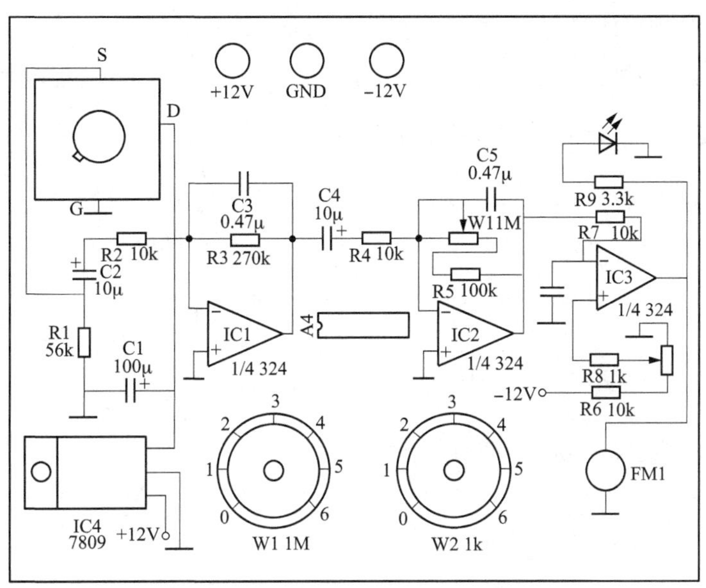

图 5.5.3 热释电红外传感器测试电路

思考题

1. 简单叙述光敏电阻的结构，用哪些参数和特性来衡量它的性能？

2. 红外传感器有哪些类型，简述其工作原理。

3. 简述光电池使用时的注意事项。

4. 光敏三极管的主要应用是接收信号，它可以用在很多地方。经常见球在球门线上被防守队员踢出的情况，这种情况最容易引起球员的纠纷，因此可以在球门门框上安装发光二极管和光敏三极管，球越过球门线时，信号被阻断，通过电路传递到主裁判手里，辅助裁判判罚，设计该电路，并简述电路工作原理。

5. 光电传感器属于非接触测量，依据光电传感器的工作原理，简述下列事件的工作原理。

（1）光电传感器检测复印机走纸故障。

（2）洗手间红外反射式干手机。

（3）放电影时利用光电元件读取影片胶片边缘“声带”的黑白宽度变化以还原声音。

（4）超市收银台用激光扫描仪检测商品的条码。

6. 红外线传感器有多种，下图为一款选用光电二极管 TPS604 作为红外线遥控接收装置的实例，分析该电路的工作原理。

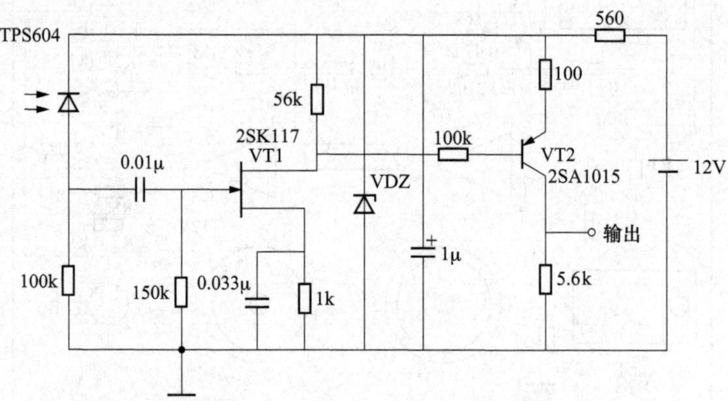

题 6 图　红外遥控接收装置电路原理图

项目 6　温度传感器

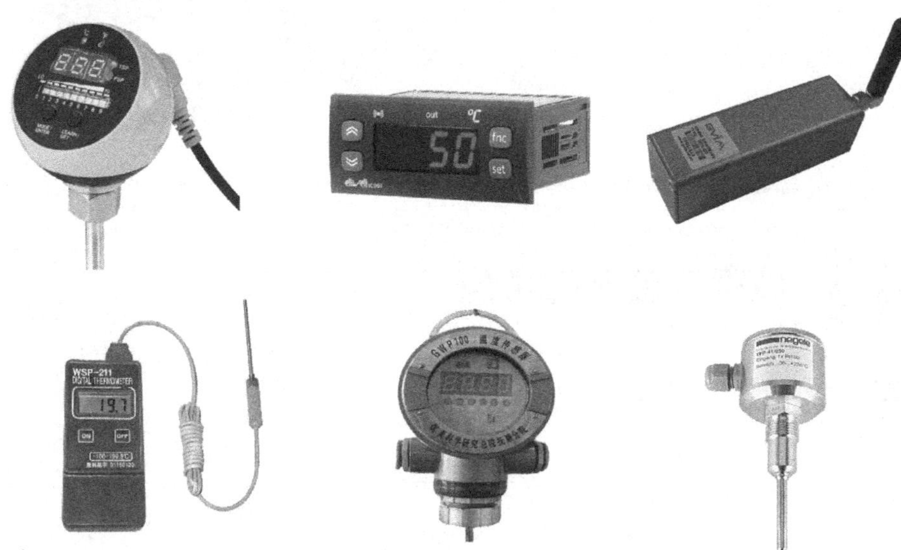

温度是表征物体冷热程度的物理量，是生产生活中一个很重要而普遍的参数，很多控制都要依靠温度来实现。由于温度测量的普遍性，温度传感器的数量在各种传感器中居首位。

此外，还有微波温度传感器、热流计、射流测温计、核磁共振测温计、穆斯保尔效应测温计、约瑟夫逊效应测温计、低温超导转换测温计、光纤温度传感器等。自然界的不少材料、元件的特性都随温度的变化而变化，如随温度变化的物理参数有膨胀、电阻、电容、电动势、磁性能、频率、光学特性及热噪声等，温度传感器就是根据物体特性随温度变化而改变的特点来进行测量的。

项目导读

- ▷ 温度传感器的基本概念。
- ▷ 热敏电阻的特性、原理与应用电路。
- ▷ 热电阻的特性、原理、应用及电路分析。
- ▷ 热电偶的原理、特性参数、应用方法与应用电路分析。
- ▷ PN 结温度传感器的原理与应用。
- ▷ 红外温度传感器的原理与应用。
- ▷ 集成温度传感器的特点、应用方法与应用电路分析。

6.1 认识温度传感器

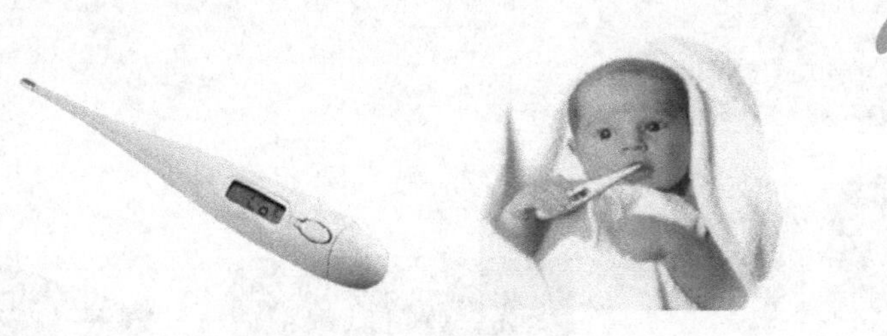

学一学 温度传感器的类型

温度传感器的分类如图 6.1.1 所示。

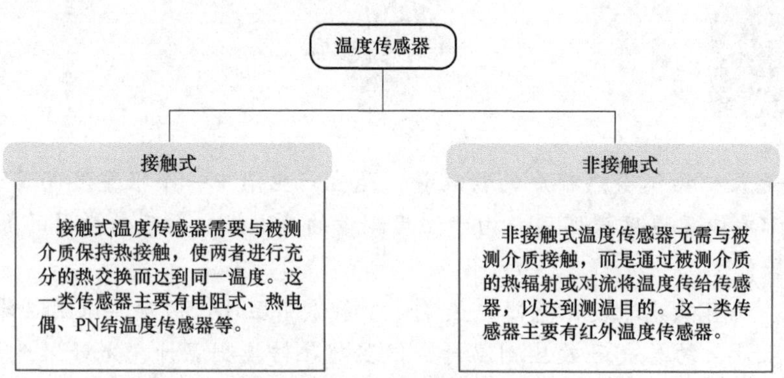

图 6.1.1　温度传感器的分类

常用材料的温度传感器的类型、测温范围和特点见表 6.1.1。

表 6.1.1　　温度传感器的类型

类　型	传感器	测温范围（℃）	特　点
热电阻	铂电阻	–200 ~ 650	准确度高、稳定性好，但价格相对较高且测温范围小
	铜电阻	–50 ~ 150	
	镍电阻	–60 ~ 180	
	半导体热敏电阻	–50 ~ 150	电阻率大、温度系数大、线性差、一致性差、低成本、高灵敏度、快速响应，但是线性度差

续表

类型	传感器	测温范围（℃）	特点
热电偶	铂铑 - 铂（S）	0 ~ 1300	用于高温或低温测量，测温范围宽，但是线性度差，中等一般
	铂铑 - 铂铑（B）	0 ~ 1600	
	镍铬 - 镍硅（K）	0 ~ 1000	
	镍铬 - 康铜（E）	–200 ~ 750	
	铁 - 康铜（J）	–40 ~ 600	
其他	PN结温度传感器	–50 ~ 150	体积小、灵敏度高、线性度好、一致性差
	集成温度传感器	–50 ~ 150	线性度好、一致性好、成本低、精度高、尺寸小，但是响应速度低，测温范围有限

学一学 温度传感器的发展与应用

现代工业的发展以信息为基础，传感器属于信息技术的前沿尖端产品，尤其是温度传感器被广泛用于工农业生产、科学研究和生活等领域，近百年来，温度传感器的发展大致经历了以下三个阶段。

1. 传统的分立式温度传感器

传统分立式温度传感器（含敏感元件），主要是能够进行电量与非电量之间的转换。

2. 模拟集成温度传感器

模拟集成传感器是采用硅半导体集成工艺而制成的，模拟集成温度传感器的主要特点是功能单一(仅测量温度)、测温误差小、价格低、响应速度快、传输距离远、体积小、微功耗等，适合远距离测温、控温，不需要进行非线性校准，外围电路简单。

3. 智能温度传感器

目前，国际上新型温度传感器正从模拟式向数字式，由集成化向智能化、网络化的方向发展，如图 6.1.2 所示。所谓智能传感器是指具有信息检测、信息处理、信息记忆、逻辑思维和判断功能的传感器，它不仅具有传统传感器的所有功能，而且还具有数据处理、故障诊断、非线性处理、自校正、自调整以及人机通信等功能。它的产生是微型计算机和传感器相结合的结果。它的特点主要有：①有逻辑思维与判断、信息处理功能，可对检测数值进行分析、修正和误差补偿，智能传感器可通过软件对信号滤波，还能用软件实现非线性补偿或其他更复杂的环境因素补偿，因而提高了测量准确度。②有自诊断、自校准功能，提高了可靠性。智能传感器可以检测工作环境，并当环境条件接近临界极限时能给出报警信号，当智能传感器因内部故障不能正常工作时，通过内部测试环节，可检测出不正常现象或部分故障。③可实现多传感器多参数复合测量，扩大了检测与适用范围。智能传感器很容易实现多个信号的测量与运算。

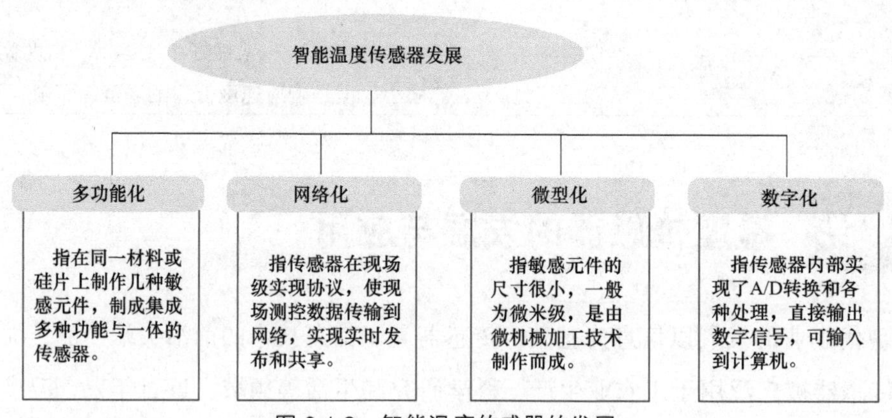

图 6.1.2　智能温度传感器的发展

温度传感器应用极其广泛，家用的空调系统、冰箱、电饭煲、电风扇等产品都要用到温度传感器，工业上也广泛使用温度传感器，汽车上也用到温度传感器，另外航空航天、海洋开发、生物制药都需要温度传感器。

Intel 公司在其 Pentium 处理器中集成了一个远程二极管温度传感器，能更直接测到 CPU 核心的温度变化，通过一根引线接出，由外部传感器芯片处理，在温度过热时，便自动降低 CPU 主频或加大风扇功率。

科学家将温度传感器放入大海中，常年探测海洋温度的变化，进行气候变化的预测。

利用温度采集器对居民家中环境进行温度采样，并记录到数据库中作为收费依据，对于闲置和不需供热的房间自动关闭，并采用计算机远程管理技术，实现了家庭供热系统的自动化。

小资料

多功能传感器是传感器技术中的一个新的发展方向，许多学者正在这个领域积极探索。譬如，将几种传感器合理的组合在一起构成新的传感器，如由测量液压和差压的传感器组成的复合传感器。微型三端数字传感器就是一种采用由光敏元件、湿敏元件和磁敏元件构成的，用于测量多种高精度和小尺寸信号的传感器。它不仅能输出模拟信号，还能输出频率信号和数字信号。从模拟自然界生物的感觉入手，也已经研制和应用了一系列具有触觉、视觉、听觉、热觉和嗅觉等多功能的传感器。仅在多功能触觉传感器方面，就已经有利用 PVDF 材料制成的人工皮肤触觉传感器、非接触式传感皮肤触觉系统、压感导电橡胶触觉传感器等多功能传感器。其中，由美国 MERRITT 系统公司研制的非接触式传感皮肤系统，采用非接触式超声波传感器、红外辐射接近传感器、薄膜电容传感器、温度和气体传感器等，将多个智能传感器插入到传感皮肤的柔性电路中，即可满足机器人探测物体的需要，避免不必要的接触和碰撞。

在目前的人工感觉系统的发展中，人工嗅觉的开发（即电子鼻），远不如其它感官那样尽如人意。嗅觉接收的感知信号并不是单一的，通常是上百种至上千种化学物质所组成，所以嗅觉系统内发生的信号处理过程极其复杂。电子鼻采用了交叉选择的传感器阵列和相关的数据处理技术，通过组合气体传感器阵列和人工神经。电子鼻是由具备部分去一性的气敏传感器构成的阵列和适当的模式识别系统组成的，是气敏传感器技术与信息处理技术的有效结合。气敏传感器具有体积 小、功耗低、便于信号采集与处理等优点。气体或气味经过气敏传感器阵列，输入到由电子鼻系统组成的信号预处理部分，完成对阵列响应模式的预加工和特征提取。模式识别部分则运用相关方法、最小二乘法、聚类法和主成分分析法等算法完成气体、气味的定性定量辨别。材料科学提供了原子、分子、超分子及仿生结构，使得高性能的新型传感器得以设计出来。电子技术中微细结构换能器与集成数据预处理电路系统使信号处理更容易；而信息理论则使电子鼻能更好地分析复杂数据，并能与标准进行比较鉴别。电子鼻具有广阔的潜在的应用领域，如气味鉴别，复杂环境中。

6.2 热敏电阻

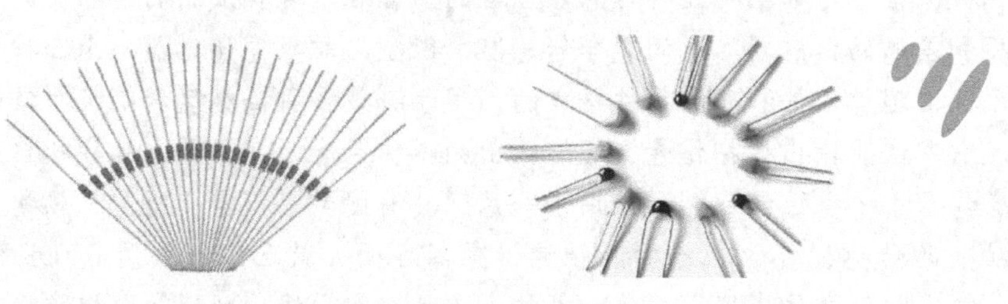

热敏电阻是利用半导体材料的电阻值随温度变化的特性来测量温度的，热敏电阻电阻率大，温度系数大，但其非线性大，置换性差，稳定性差，通常只适用于要求不高的温度测量场合。

学一学 热敏电阻的外形与结构

图 6.2.1 是几种常见的热敏电阻敏电阻。

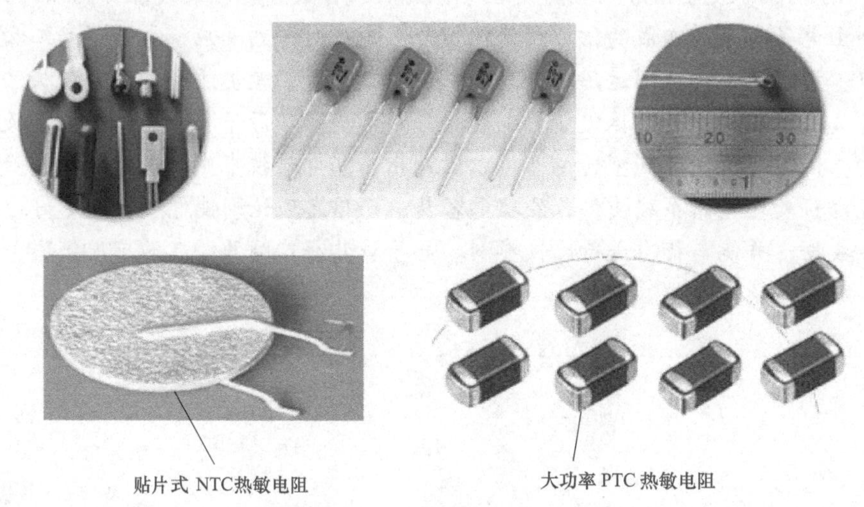

图 6.2.1 常见的热敏电阻

热敏电阻的外形有各种各样的，它的形状可以根据实际的控制要求制作，因此种类繁多。

半导体热敏电阻按温度特性可分为两类，一类是随温度上升电阻增加的正温度系数热敏电阻，另一类是随温度上升电阻下降的负温度系数热敏电阻。

热敏电阻电路符号如图 6.2.2 所示，结构如图 6.2.3 所示。

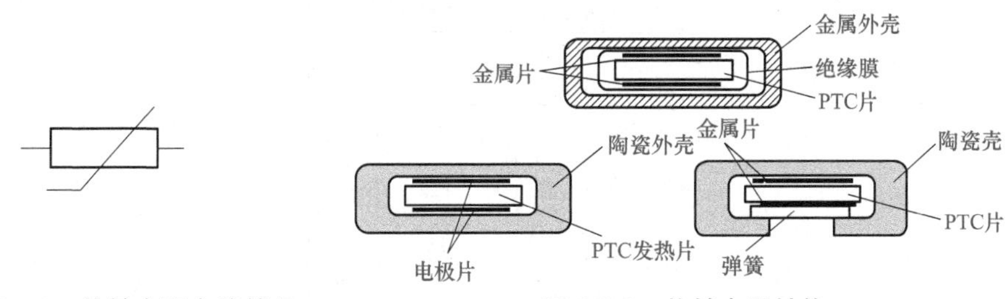

图 6.2.2 热敏电阻电路符号　　图 6.2.3 热敏电阻结构

学一学 热敏电阻的工作原理

1. 正温度系数热敏电阻（PTC）的工作原理

此种热敏电阻以钛酸钡（$BaTio_3$）为基本材料，再掺入适量的稀土元素，利用陶瓷工艺高温烧结而成。纯钛酸钡是一种绝缘材料，但掺入适量的稀土元素以后，就变成了半导体材料。正温度系数的热敏电阻温度达到居里点时，阻值会发生急剧变化，其温度曲线如图 6.2.4 所示。居里点即临界温度，阻值发生急剧变化的那个温度，一般钛酸钡的居里点为 120℃。

2. 负温度系数热敏电阻（NTC）的工作原理

负温度系数热敏电阻是以氧化锰、氧化钴和氧化铝等金属氧化物为主要原料，采用陶瓷工艺制造而成。这些金属氧化物材料都具有半导体性质，有灵敏度高、稳定性好、响应快、寿命长、价格低等优点，广泛应用于需要定点测温的自动控制电路中，如冰箱、空调等，其温度曲线如图 6.2.4 所示。

3. 临界温度系数热敏电阻（CTR）的工作原理

还有一类热敏电阻叫临界温度系数热敏电阻（CTR），其特性是在某一特定温度下电阻值会发生突变，也属于负温度系数，主要用于温度开关类的控制，其温度曲线如图 6.2.4 所示。

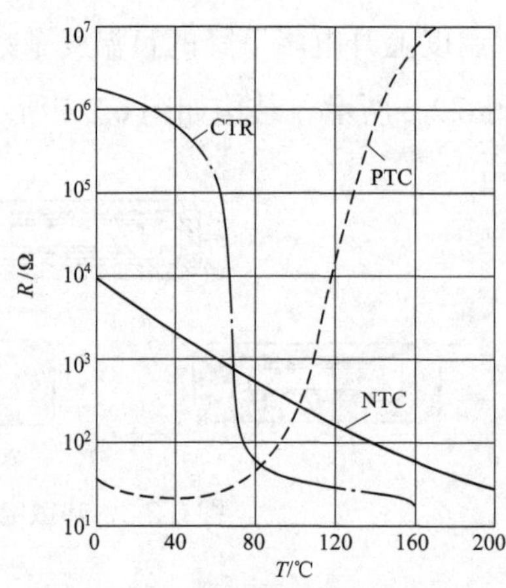

图 6.2.4　热敏电阻阻值温度曲线图

学一学　热敏电阻的主要参数

（1）电阻温度系数 a：热敏电阻在温度变化 1℃时阻值的变化率（% /℃）。

（2）标称电阻值 R_H：在环境温度为 (25 ± 0.2)℃时的电阻值，又称冷电阻。阻值以阿拉伯数字表示，如 5k、10k 等直接标在热敏电阻上。还有一种是用数字表示，共三位，最后一位为零的个数，如 103 表示 $10 \times 10^3 \Omega$。

（3）β 值：反映热敏电阻阻值随温度变化快慢的参数。

（4）耗散系数 H：热敏电阻器温度变化 1℃所耗散的功率变化量。

（5）热容 C：热敏电阻温度变化 1℃时所需吸收或释放的热量（J/℃）。

(6) 时间常数 τ：温度为 T_0 的热敏电阻突然置于温度为 T 的介质中，热敏电阻的温度增量 $\Delta T=0.632(T - T_0)$ 时所需的时间 (s)。

(7) 额定功率 P_N：热敏电阻器在规定的条件下，长期连续带负荷工作所允许的消耗功率。

学一学　热敏电阻的应用

热敏电阻应用广泛，常用于家用空调、汽车空调、冰箱、冷柜、热水器、饮水机、暖风机、洗碗机、消毒柜、洗衣机、烘干机以及中低温干燥箱、恒温箱等场合的温度测量与控制。

1.NTC 热敏电阻实现单点温度控制电路

单点温度控制是常见的温度控制形式，热敏电阻单点温度控制原理如图 6.2.5 所示。

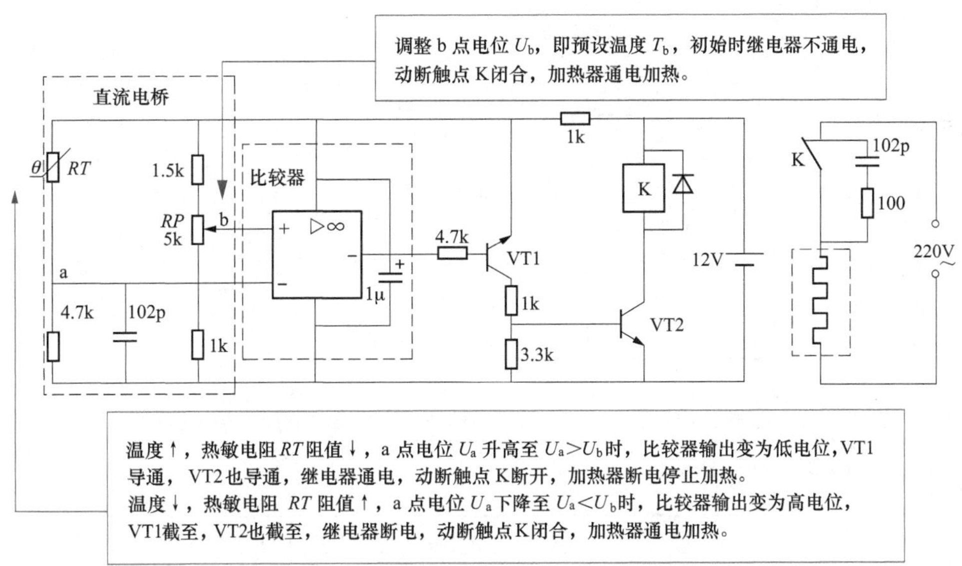

调整 b 点电位 U_b，即预设温度 T_b，初始时继电器不通电，动断触点 K闭合，加热器通电加热。
直流电桥
RT
1.5k
RP
5k
b
a
4.7k
102p
1k
比较器
4.7k
1μ
VT1
1k
3.3k
VT2
K
12V
K
102p
100
220V
温度↑，热敏电阻 RT 阻值↓，a 点电位 U_a 升高至 $U_a>U_b$ 时，比较器输出变为低电位，VT1 导通，VT2 也导通，继电器通电，动断触点 K断开，加热器断电停止加热。
温度↓，热敏电阻 RT 阻值↑，a 点电位 U_a 下降至 $U_a<U_b$ 时，比较器输出变为高电位，VT1截至，VT2也截至，继电器断电，动断触点 K闭合，加热器通电加热。

图 6.2.5 热敏电阻单点温度控制原理图

2. 热敏电阻测量真空度

真空度测量的方法比较多，利用热敏电阻实现真空度的测量电路原理如图 6.2.6 所示。

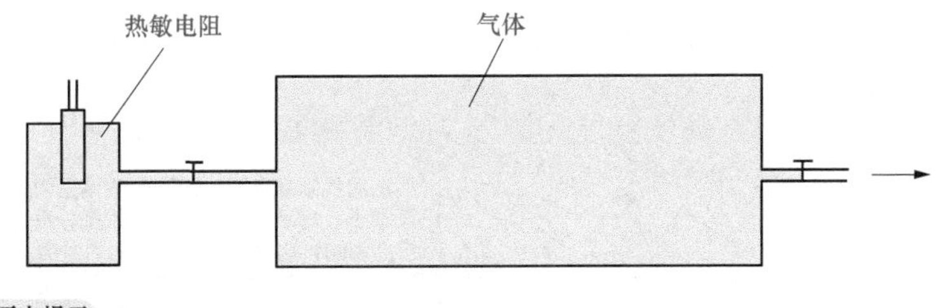

要点提示

热敏电阻用恒定电流加热,一方面使自身度升高，另一方面也向周围介质散热，在单位时间内从电流获得的能量与向周围介质散发的热量相等，达到热平衡时，才能有相应的平衡温度，对应固定的电阻值。当被测介质的真空升高时，玻璃管内的气体会变得稀少，气体分子间碰撞进行热传递的能力降低，热敏电阻的温度就会上升,电阻值随即增大，其大小反映了被测介质真空度的高低。

图 6.2.6 热敏电阻测量真空原理图

3.PTC 热敏电阻组成的 0 ~ 100℃测温电路

0 ~ 100℃测温电路是应用广泛的电路之一，实现的形式多种多样，图 6.2.7 是采用正温度系数的热敏电阻组成的电路。

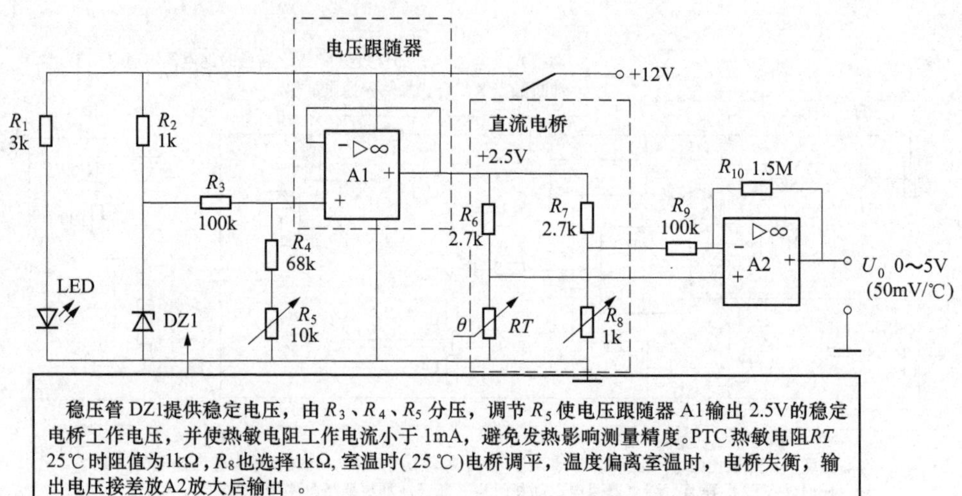

图 6.2.7　热敏电阻测量单点温度原理图

4. 单相异步电动机启动

对于启动时需要较大功率，运转时功率又较小的这类单相电动机（冰箱压缩机、空调机等），往往采用启动后将启动绕组通过离心开关将其断开。如采用 PTC 热敏电阻作为启动绕组自动通断的无触点开关时，则效果更好，寿命更长，如图 6.2.8 所示。

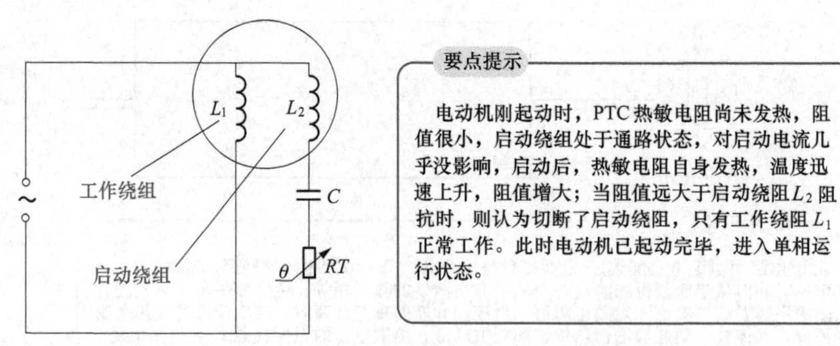

L_1
L_2
~
工作绕组
C
启动绕组
θ
RT
要点提示
电动机刚起动时，PTC 热敏电阻尚未发热，阻值很小，启动绕组处于通路状态，对启动电流几乎没影响，启动后，热敏电阻自身发热，温度迅速上升，阻值增大；当阻值远大于启动绕阻 L_2 阻抗时，则认为切断了启动绕阻，只有工作绕阻 L_1 正常工作。此时电动机已起动完毕，进入单相运行状态。

图 6.2.8　单相异步电动机启动用热敏电阻原理图

5. 电视或电脑显像管消磁

显像管对磁场比较敏感，稍微使用不当都会使屏幕出现色纯不良的现象。因此需在其内部设置自动消磁电路。每开启一次主电源，自动消磁电路就会工作一次，可消除地磁及周围磁场对显像管荧光屏色纯的影响。其原理如图 6.2.9 所示。

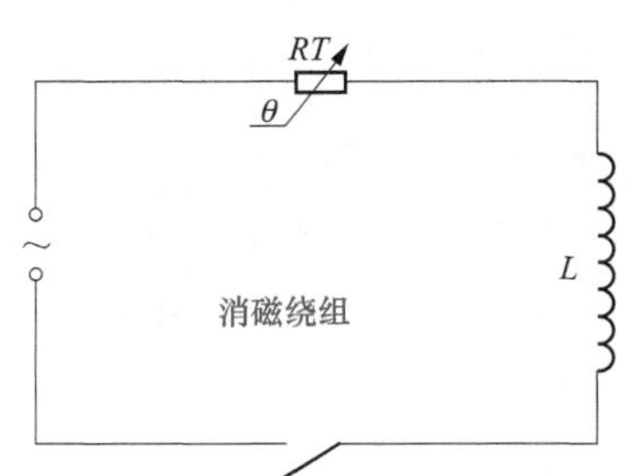

要点提示

消磁绕组与热敏电阻串联，刚接通开关时，PTC处于低阻态（十几欧姆左右），在消磁绕组上产生较大的突入电流，形成一强的交变磁场，抵消剩余磁场。很快 PTC发热温度超过开关温度 *t* 跃入高阻态，迅速降低消磁绕组中的电流（数秒之内可接近零），同时磁场也迅速减弱。在很短的一段时间内，PTC 通过迅速减小流过消磁绕组中的交变电流来达到给彩色显象管消磁的目的。

图 6.2.9　用热敏电阻对显像管消磁原理图

6. 过载保护电路

通信设备、电动机、变压器以及电子线路需要进行过载保护，用热敏电阻实现比较方便，如图 6.2.10 所示。

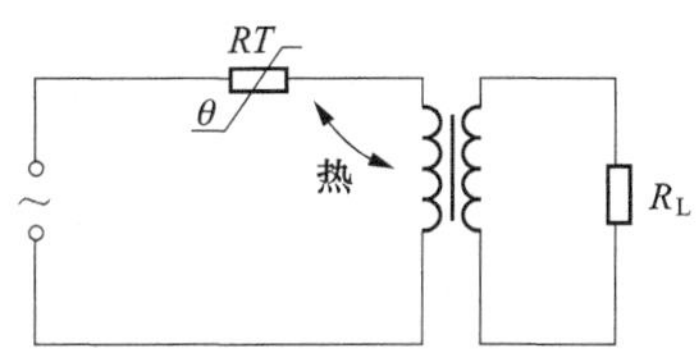

要点提示

在正常情况下，PTC 热敏电阻的常温电阻相对较小，不影响电路工作。当有异常大电流通过电路（或被保护装置温度过高）时，PTC 热敏电阻的温度会迅速上升，电阻值在短时间内增大，起截断电流，保护电路的作用。

图 6.2.10　用热敏电阻实现过载保护原理图

7.CPU 温度检测

电脑在使用的过程中，当 CPU 工作繁忙时，CPU 温度会升高，若不加处理，会造成 CPU 烧毁，在 CPU 插槽中，用热敏电阻测温，然后通过相关电路进行处理，实施保护，如图 6.2.11 所示。

要点提示

当温度过高时，热敏电阻阻值变化，经过电路的处理后，控制风扇的转速，进而控制中央处理器的温度。

图 6.2.11　用热敏电阻实现过热保护原理图

8. 管道流量测量

管道流量测量是工业中常遇到的测量类型，实现的方法很多，用热敏电阻实现的原理如图 6.2.12 所示。

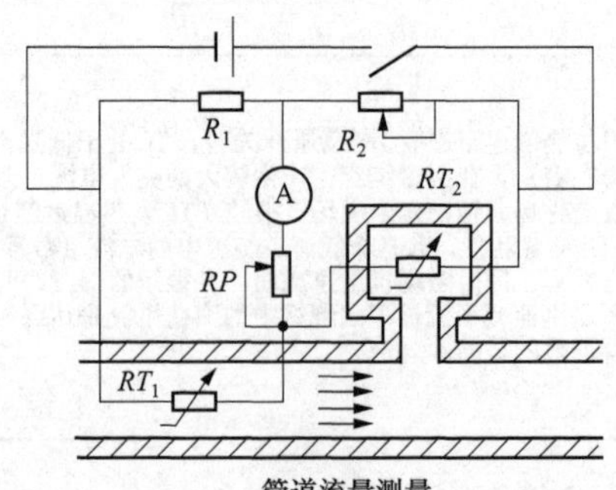

管道流量测量

要点提示

基于流体流速（流量）与散热关系，利用热敏电阻桥式电路测流体流速（或流量）。RT_1、RT_2 特性完全相同，分别置于管道和不受介质流速影响的小室中。介质静止时（初始）电桥调平，输出电压为零。介质流动时，带走 RT_1 上的热量，使 RT_1 温度降低，阻值随之变化，电桥失去平衡，输出电压值与介质流速有关。

图 6.2.12　用热敏电阻实现管道流量测量原理图

做一做　PTC 热敏电阻温度特性测试

1. 测试目的

熟悉 PTC 热敏电阻的温度特性。

2. 测试原理

热敏电阻的温度系数有正的，如 PTC 热敏电阻（正温度系数）。PTC 突变型热敏电阻测温范围窄，一般用于恒温加热控制或温度开关。有些功率 PTC 热敏电阻也作发热元件用。PTC 缓变型热敏电阻可用作温度补偿或温度测量。

3. 所需电路模块及仪表

温度传感器特性测试模块、数字表。

4. 测试步骤

（1）按图 6.2.13 所示连接图接线，打开电源开关，再打开温控电源开关。

（2）温度传感器特性测试电路模块中的温控箱从室温至 +100℃，每升 +5℃做一次记录。

（3）直接用欧姆表测 PTC 热敏电阻的阻值，并记录于表 6.2.1 中。

表 6.2.1　　PTC 热敏电阻的温度与电阻记录表

温度（℃）	40	45	50	55	60	65	70	75	80	85
阻值（Ω）										

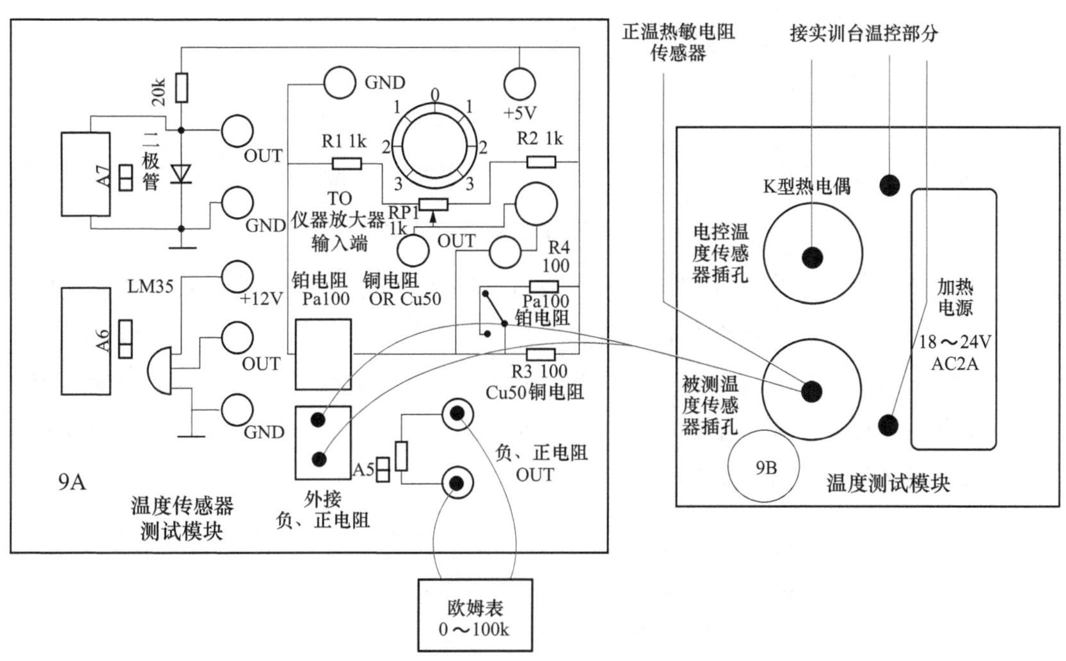

图 6.2.13　PTC 温度特性测试连接图

6.3　金属热电阻

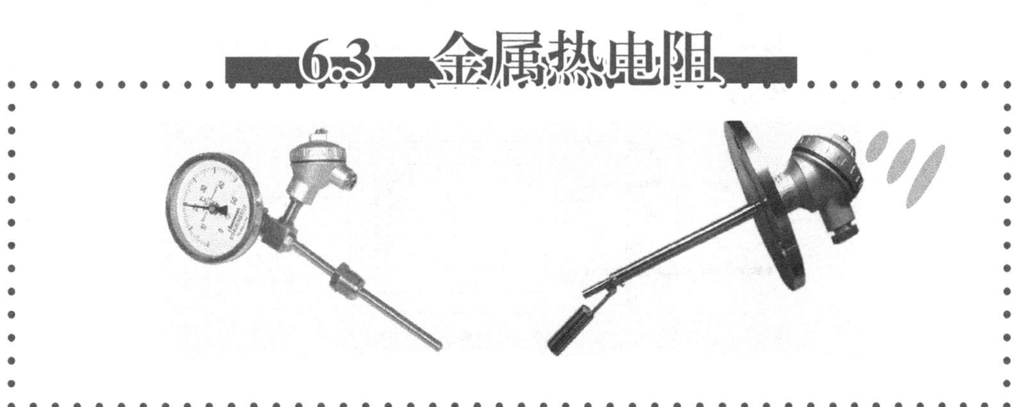

学一学　金属热电阻的外形与结构

工业用热电阻作为温度测量传感器，通常和显示仪表配套，直接测量各种生产过程中 0~850ºC 范围内液体、气体介质以及固体表面等温度，应用广泛。

金属热电阻的外形与样式如图 6.3.1 所示。

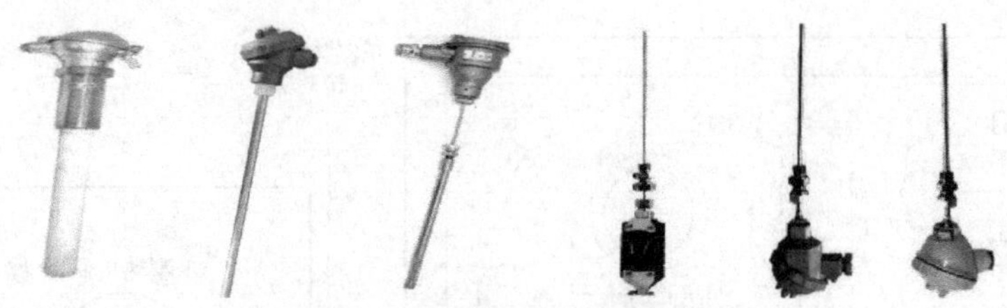

图 6.3.1　金属热电阻的外形与样式

金属热电阻由电阻体、保护套和接线盒等部件组成。其结构形式可根据实际使用制作成各种形状，通常都是将双线电阻丝（无感绕法）绕在用石英、云母陶瓷和塑料等材料制成的骨架上，它们可以测量 -200 ~ 500℃的温度。保护套管主要有玻璃、陶瓷或金属等类型，主要防止有害气体腐蚀、氧化（尤其是铜热电阻），以及水分浸入造成漏电，影响金属热电阻的阻值，如图 6.3.2 所示。

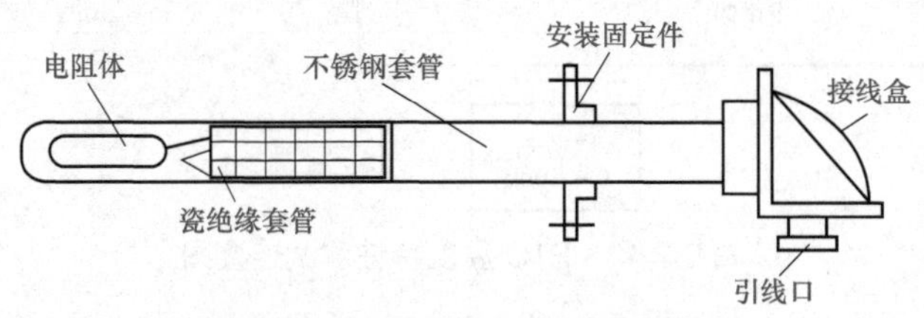

图 6.3.2　金属热电阻结构

热电阻也可以是一层薄膜，采用电镀或溅射的方法涂敷在陶瓷类材料基底上，占用体积很小，如图 6.3.3 所示。

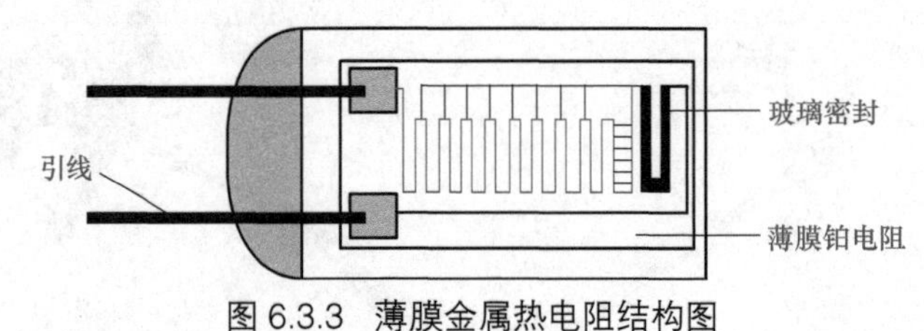

图 6.3.3　薄膜金属热电阻结构图

学一学　金属热电阻的工作原理

大多数金属导体的电阻都随温度而变化。当温度升高时，金属内部原子晶格的振动加剧，从而使金属内部的自由电子通过金属导体时的阻碍增大，宏观上表现出电阻率变大，电阻值增加，热电阻是利用物质的电阻随温度而变化的特性制成的，将温度的变化量变换成与之有一定关系的电阻值的变化量，通过对电阻值的测量实现对温度的测量。目前应用得较多的热电阻材料有铂、铜、铁、镍等。

1. 铂热电阻

由于铂的物理、化学性能非常稳定（尤其在高温和氧化性介质中），是目前制造热电阻的最好材料，除用作工业测温外，还用在标准电阻温度计中。按国际温度标准 IPTS — 68 规定，在 –59.34 ~ 630.74 ℃温域内，以铂电阻温度计作基准器。但是铂热电阻价格较贵，温度系数偏小，受磁场影响较大。按 IEC 标准，铂电阻的测温范围为 –200 ~ 650℃。铂电阻的阻值与温度之间的关系，当温度 t 为 –200 ~ 0℃时，其关系式为

$$R_t = R_0[1+At + Bt^2 + C(t - 100℃)t^3]$$

当温度为 0 ~ 650℃ 时，其关系式为

$$R_t = R_0(1+At + Bt^2)$$

式中 R_t、R_0——铂电阻在温度 t、0℃时的电阻值，在 0℃时 R_t=100Ω；

A、B、C——温度系数，对于常用的工业铂电阻，$A = 3.90802\times10^{-3}/℃$,$B = -5.80195\times10^{-7}/℃$，$C = -4.27350\times10^{-12}/℃$。

在 0 ~ 100℃内，R_t 的表达式可近似线性为

$$R_t = R_0(1+A_1t)$$

式中 A_1——温度系数，近似为 $3.85\times10^{-3}/℃$，Pt100 铂电阻的阻值在 0 ℃时，R_t=100Ω；而 100℃时，R_t=138.5Ω。

要确定电阻 R_t 与温度 t 的关系，首先要确定 R_0 的数值，R_0 不同时，R_t 与 t 的关系不同。在工业上将相应于 R_0 = 50Ω 和 100Ω（即分度号 Pt50、Pt100）的 R_t–t 关系制成分度表，称为热电阻分度表，供使用者查阅。表 6.3.1 为 Pt100 的分度表的一部分，其他的见附录 B。

表 6.3.1　　铂热电阻 Pt100 分度表

分度号：Pt100　　R_0=100Ω

温度（℃）	0	10	20	30	40	50	60	70	80	90
	电阻（Ω）									
— 200	18.49									
— 100	60.25	56.19	52.11	48.00	43.87	39.71	35.53	31.32	27.08	22.80
0	100.00	96.09	92.16	88.22	84.27	80.31	76.33	72.33	68.33	64.30
0	100.00	103.90	1.7.79	111.67	115.54	119.40	123.24	127.07	130.89	134.70
100	198.50	142.29	146.06	149.82	153.58	157.31	161.04	164.76	168.46	172.16
200	175.84	179.51	183.17	186.82	190.45	194.07	197.69	201.29	204.88	208.45
300	212.02	215.57	219.12	222.652	226.17	229.67	233.17	236.65	240.13	345.59
400	247.04	250.45	253.90	257.32	260.72	264.11	267.49	270.86	274.22	277.56
500	280.90	284.22	287.53	290.83	294.11	297.39	300.65	303.91	307.15	310.38
600	313.59	316.80	319.99	323.18	326.35	329.51	332.66	335.79	338.92	342.03
700	345.13	348.22	351.30	354.37	357.37	360.47	363.50	366.52	369.53	372.53
800	375.51	378.48	381.45	387.34	387.34	390.26				

2. 铜热电阻

图 6.3.4 铜热电阻外观

在测量精度不太高，测温范围不大的情况下，可以用铜热电阻代替铂热电阻，常见铜热电阻外观如图 6.3.4 所示。铜热电阻灵敏度比铂热电阻高，价格便宜，也能达到精度要求。在 –50 ~ 150℃范围内，铜热电阻与温度近似成线性关系，可用下式表示

$$R_t = R_0(1+at)$$

式中 R_t——温度为 t ℃ 时的电阻值；

R_0——温度为 0 ℃ 时的电阻值；

a——铜电阻温度系数，$a = 4.25 \sim 4.28 \times 10^{-3}$ / ℃。

铜热电阻的缺点是电阻率较低，电阻体的体积较大，热惯性也较大，虽然在 100℃以上易氧化，但在某些场合只要温度不超过 150℃，铜热电阻仍可用在无水分、无腐蚀性的介质中。

我国以 R_0 值在 50Ω 和 100Ω（分度号 Cu50、Cu100）条件下，制成相应分度表作为标准，供使用者查阅。

3. 其他热电阻

上述两种热电阻对于低温和超低温测量性能不理想，而铟、锰、碳等热电阻材料却是测量低温和超低温的理想材料。

（1）铟热电阻：用 99.999%高纯度的铟丝绕成电阻，可在室温至 4.2K 温度范围内使用。实验证明：在 4.2 ~ 15K 范围内，灵敏度比铂热电阻高 10 倍；其缺点是材料软，复制性差。

（2）锰热电阻：在 2 ~ 63K 范围内，电阻随温度变化大，灵敏度高。缺点是材料脆，难拉成丝。

（3）碳热电阻：适合用液氦温域（4.2K）的温度测量，价廉，对磁场不敏感，

但热稳定性较差。

学一学 金属热电阻的应用

金属热电阻广泛应用在轴瓦、缸体、油管、水管、汽管、纺机、空调、热水器等狭小空间工业设备的测温和控制。汽车空调、冰箱、冷柜、饮水机、咖啡机，烘干机以及中低温干燥箱、恒温箱等场合也经常采用。

1. 热电阻的连接法

由于热电阻的阻值较小，所以导线电阻值不可忽视（尤其是导线较长时），故在实际使用时，金属热电阻的连接方法不同，其测量精度也不同，最常用的测量电路是电桥电路，可采用三线或四线电桥连接法。热电阻的三线制接法原理图如图6.3.5所示。

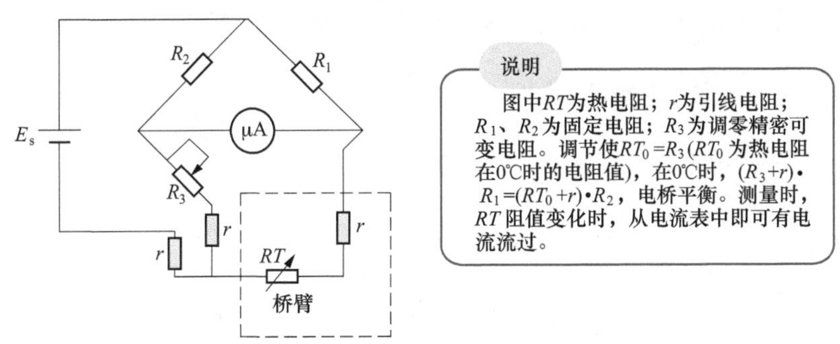

R_2
R_1
E_s
μA
R_3
r
r
r
RT
桥臂
说明
图中RT为热电阻；r为引线电阻；R_1、R_2为固定电阻；R_3为调零精密可变电阻。调节使$RT_0=R_3$(RT_0为热电阻在0℃时的电阻值)，在0℃时，$(R_3+r)\cdot R_1=(RT_0+r)\cdot R_2$，电桥平衡。测量时，RT阻值变化时，从电流表中即可有电流流过。

图 6.3.5 热电阻的三线制接法原理图

为了高精度地测量温度，可将电阻测量仪设计成如图6.3.6所示的四线制测量电路，接线原理图如图6.3.6所示。

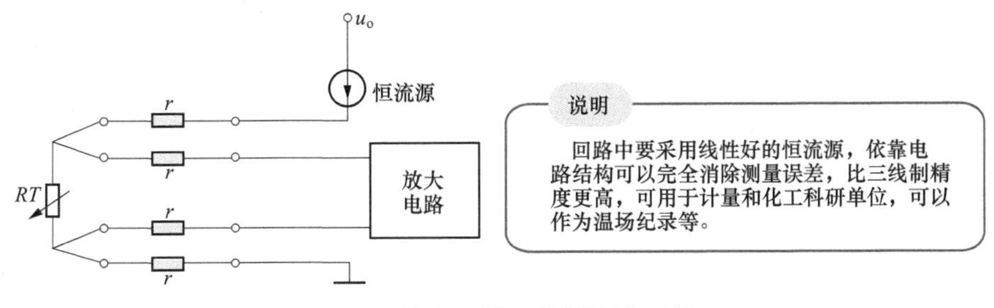

u_o
恒流源
r
r
r
r
RT
放大
电路
说明
回路中要采用线性好的恒流源，依靠电路结构可以完全消除测量误差，比三线制精度更高，可用于计量和化工科研单位，可以作为温场纪录等。

图 6.3.6 热电阻的四线制接法原理图

2. 线性测量电路

如图 6.3.7 所示为 Pt100 的测温电路，图中 LM431 是常见的集成稳压电路，最小可稳压到 2.5V，在本电路中，主要是给测量桥提供稳定的电压。

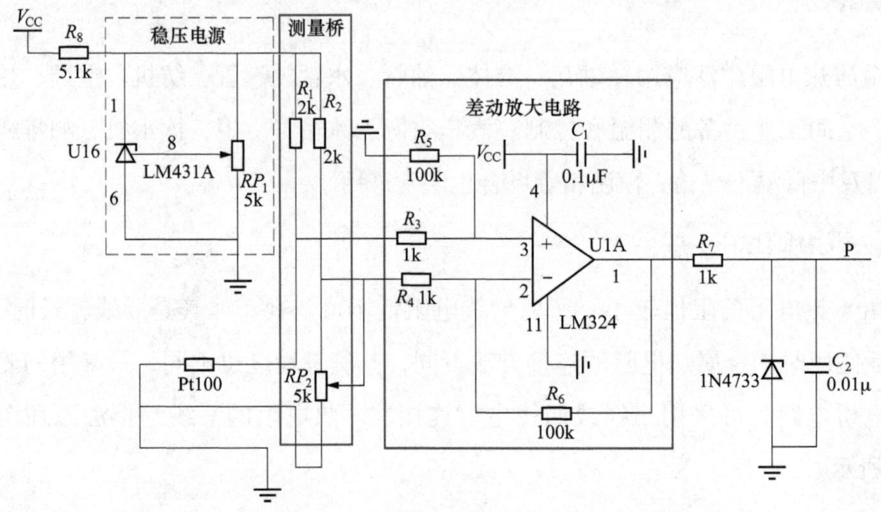

图 6.3.7　热电阻的桥式测温原理图

3. Pt100 三线制测量电路

如图 6.3.8 所示为铂热电阻的三线制测温原理图。

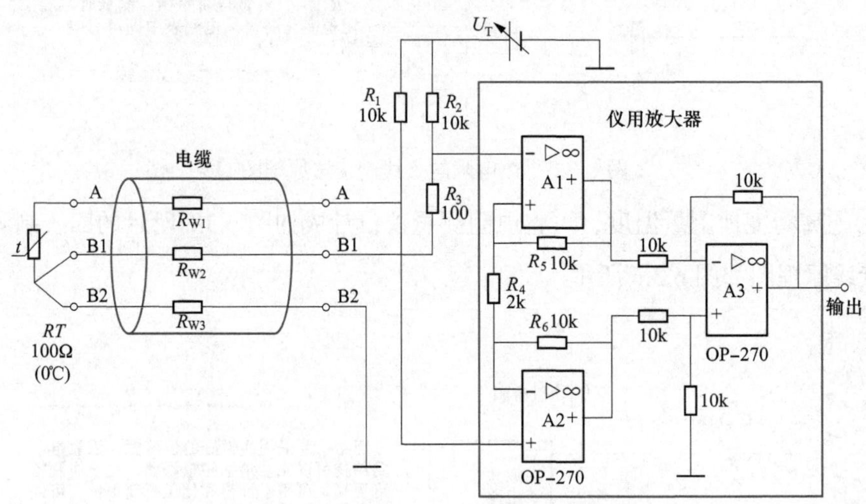

图 6.3.8　铂热电阻的三线制测温原理图

4. Pt100 四线制测量电路

如图 6.3.9 所示为铂热电阻的四线制测温原理图。

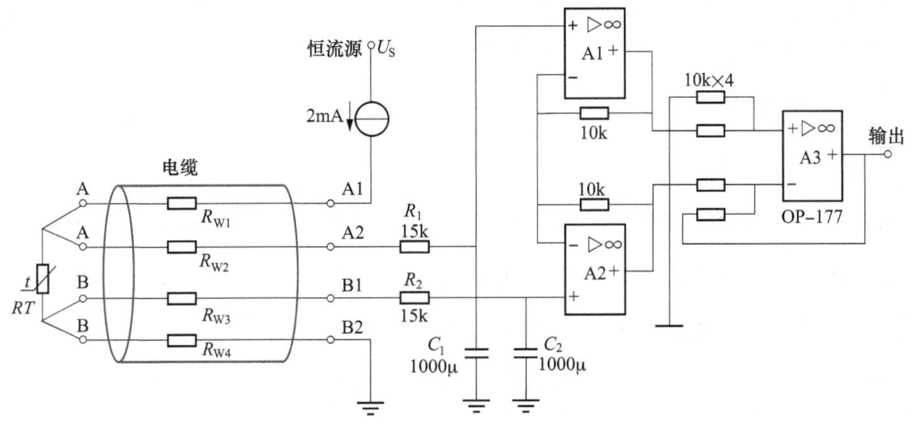

图 6.3.9 铂热电阻的四线制测温原理图

5. AD22055 集成温度调理电路

集成化温度信号调理电路应用方便、精度高、种类齐全、功能强大，因此被广泛应用。

调理电路采用了 AD22055 型桥式传感器信号放大器，该放大器的放大增益通过外部电阻进行调整，具有增益误差和温度漂移补偿功能，内部有瞬变过电压保护电路和射频干扰滤波器，适合工业现场使用，电路如图 6.3.10 所示，其增益的设定公式为 $G=40[1+(9/R)]$。

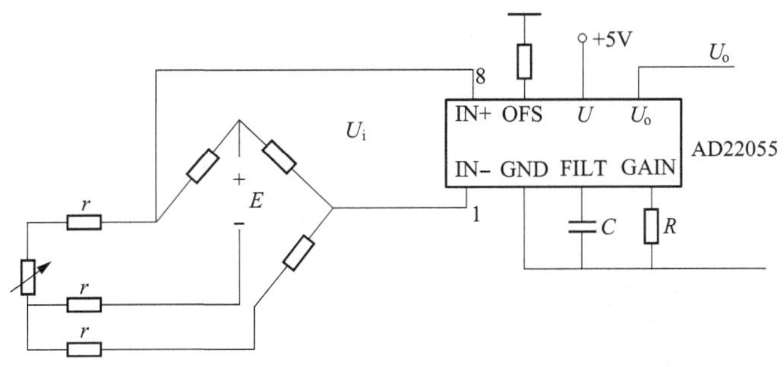

图 6.3.10 AD22055 型桥式传感器信号放大器电路

做一做　金属热电阻的应用

1. 测试目的

熟悉铂热电阻的特性与应用。

2. 测试原理

利用导体电阻随温度变化的特性，热电阻用于测量时，其材料电阻温度系数要大，稳定性要好，电阻率要高，电阻与温度之间最好有线性关系。常用铂电阻和铜电阻，铂电阻为 0 ~ 630.74℃，电阻 R_t 与温度 t 的关系为

$$R_t=R_0(1+At+Bt^2)$$

R_0 是温度为0℃时的电阻，测试 $R_0=100$℃, $A=3.9684\times10^{-2}$/℃, $B=-5.847\times10^{-7}$/℃时电阻 R_t 与温度 t 的关系，铂热电阻是三线连接，其中一端接两根引线主要为消除引线电阻对测量的影响。

3. 所需器件及电路模块

温度传感器特性测试电路模块、Pt100 热电阻、温度控制单元、0 ~ 2V 数显单元、万用表。

4. 测试步骤

（1）温度测试模块的 Pt100 铂热电阻已组成直流电桥，将开关拨向铂热电阻如图 6.3.11 所示，接上 +5V 电源，在常温基础上调 RP1 使电桥平衡，桥路输出端输出为零。

（2）将设定温度值按 Δt=5℃显示，将结果填入表 6.3.2 中。

表 6.3.2　　（铂电阻热电势与温度值）

t（℃）	40	45	50	55	60	65	70	75	80	85
U_{o2}（mV）										

（3）根据表 6.3.2 计算其非线性误差。

（4）如果采用计算机采集数据，则计算机可对 0 ~ 20000mV 的数据进行采集。

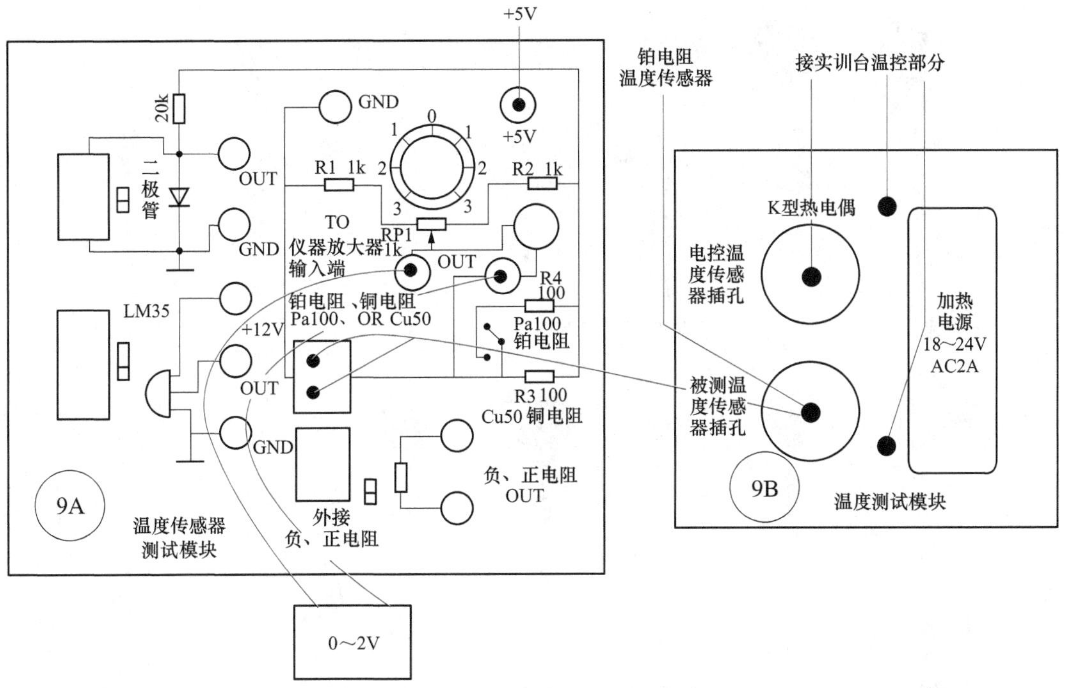

图 6.3.11 热电阻的四线测温原理图

6.4 热电偶

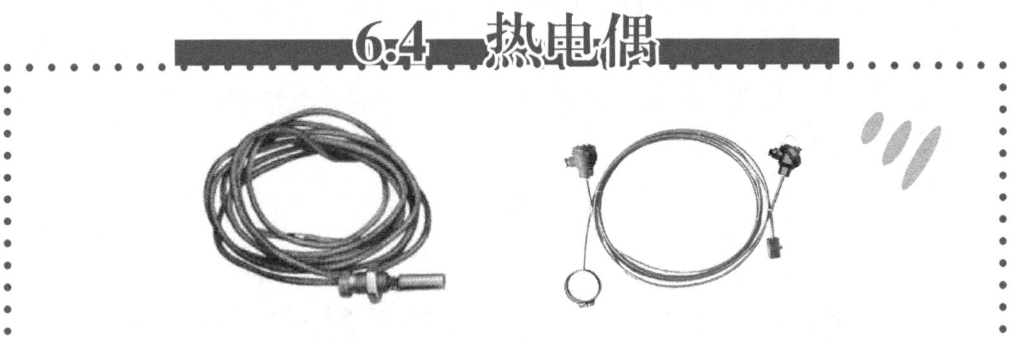

热电偶是将温度量转换为电势大小的热电式传感器，是目前接触式测温中应用最广的热电式传感器之一，在工业用温度传感器中占有极其重要的地位。

学一学 热电偶的外形与结构

热电偶的外形与样式如图 6.4.1 所示。

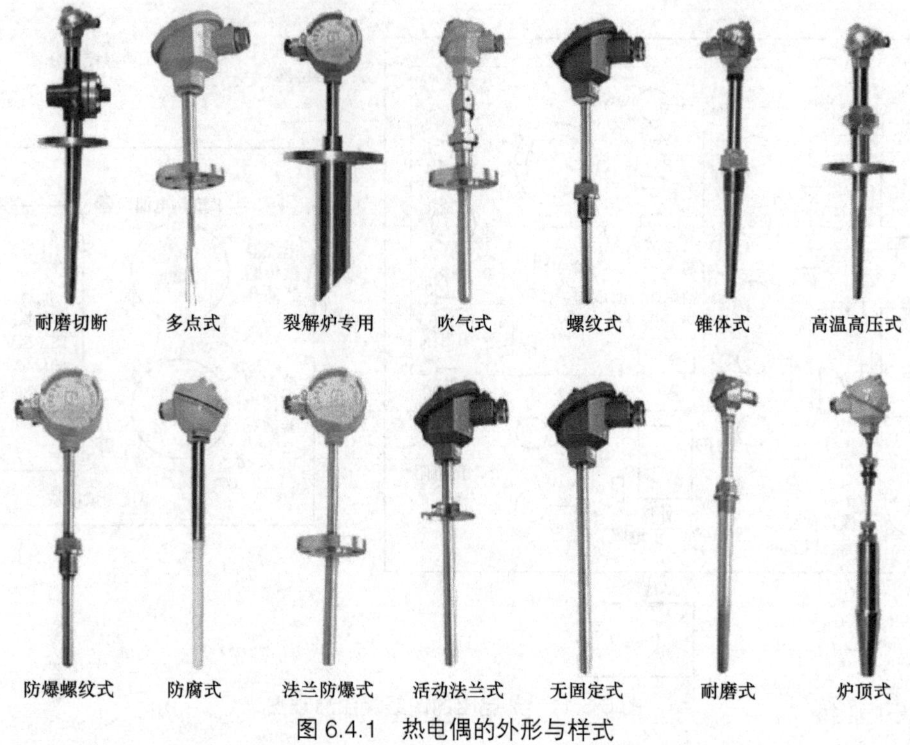

图 6.4.1　热电偶的外形与样式

热电偶可分为标准热电偶和非标准热电偶，如图 6.4.2 所示。

我国从 1988 年 1 月 1 日起，热电偶和热电阻全部按 IEC 国际标准生产，并指定 S、B、E、K、R、J、T 7 种标准化热电偶为我国统一设计型热电偶。如图 6.4.3 所示是热电偶及其结构示意图。

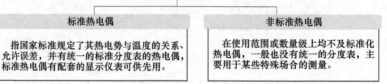

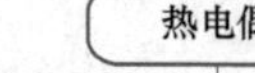

标准热电偶	非标准热电偶
指国家标准规定了其热电势与温度的关系、允许误差，并有统一的标准分度表的热电偶，标准热电偶有配套的显示仪表可供先用。	在使用范围或数量级上均不及标准化热电偶，一般也没有统一的分度表，主要用于某些特殊场合的测量。

图 6.4.2　热电偶的分类

❶ 普通型热电偶：通常将热电极加上绝缘套、保护套管和接线盒做成棒形结构。安装连接时，可采用螺纹或法兰方式连接；主要用于测量容器或管道内的气体、蒸汽、液体等温度。

❷ 铠装热电偶：将保护管（不锈钢或镍基高温合金），绝缘材料（高纯脱水氧化镁或氧化铝）与热电偶丝组合在一起拉制而成，也称套管热电偶或缆式热电偶。其特点是小型化、动态响应快、测量端热容量小、挠度好、柔性大，可以弯成各种形状，适用于结构复杂的对象，机械性好，抗震动和耐冲击。可以做得很细很长，可以弯曲。

3 薄膜热电偶：由厚度为 0.01~0.1mm 两种金属薄膜连接在一起的特殊结构的热电偶。其特点是热容量小、动态响应快，适用于瞬时动态测量，有片状、针状等形状。

4 表面热电偶：分为永久性安装和非永久性安装两种，主要用来测量金属块、炉壁、橡胶筒、涡轮叶片、轧辊等固体的表面温度。

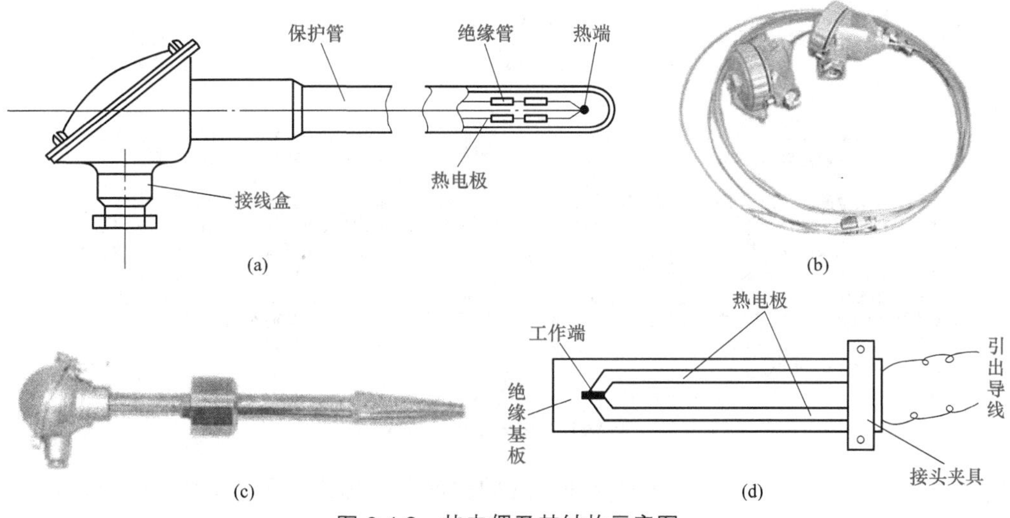

图 6.4.3 热电偶及其结构示意图

（a）热电偶结构；（b）铠装式热电偶；（c）热套式热电偶；（d）薄膜热电偶

学一学 热电偶的工作原理

热电偶测量温度的基本原理是热电效应。

热电效应

1823 年，塞贝克（Seebeck）发现，把两种不同的金属 A 和 B 组成一个闭合回路。如果将它们两个接点中的一个进行加热，使其温度为 T，而另一点置于室温 T_0 中，则在回路中就有电流产生。如果在回路中接入电流计 M，就可以看到电流计的指针偏转，这一现象称为热电动势效应（热电效应）。

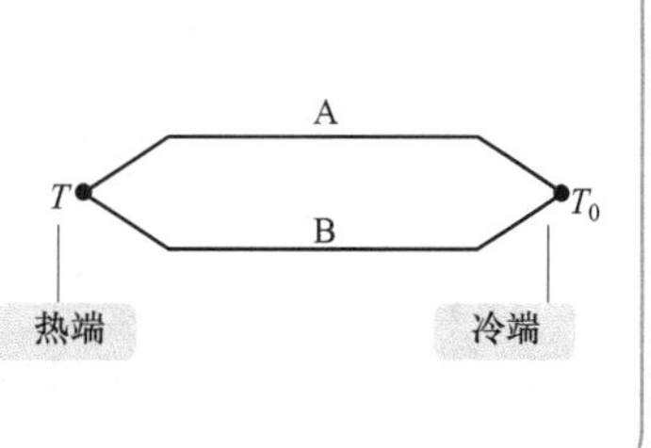

产生的电动势叫做热电势（也称塞贝克电势），用 EAB（T，T_0）来表示。通常把两种不同的金属的这种组合称为热电偶，A 和 B 称为热电极，温度高的接点称为

测量端(也称为工作端或热端)，而温度低的接点称为参考端(也称为自由端或冷端)。利用热电偶把被测温度信号转变为热电势信号，用电测仪表测出电势大小，就可间接求得被测温度值。T 与 T_0 的温差越大，热电偶的输出电动势越大，温差为 0 时，热电偶的输出电动势为 0 。因此，可以用测热电动势大小衡量温度的大小。热电效应产生的热电势是由两部分组成。

热电势的组成如图 6.4.4 所示。热电势原理示意图如图 6.4.5 所示。

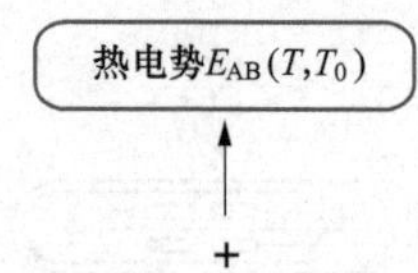

+

接触电势(珀尔贴Peltier效应)

在不同的金属中自由电子的浓度不同，因此当两种不同金属A和B接触时，在接触处便发生电子的护散。若金属A的自由电子浓度大于金属B的浓度，则在同一瞬间由金属A扩散到金属B中去的电子将比由金属B扩散到A中去的电子多，因而金属A对于金属B因失去电子而带正电荷，金属B获得电子而带负电荷。由于正、负电荷的存在。在接触处便产生电场。

温差电势(汤姆森Thomson效应)

对于任何一个金属，当其两端温度不同时，两端的自由电子浓度也不同。温度高的一端浓度大，具有较在的动能；温度低的一端浓度小，动能也小。因此，高温端的自由电子要向低温端扩散，高温端失去电子而带正电，而低温端得到电子而带负电，形成电场，从而在两端形成的电势称为温差电势，又称为汤姆森电势。

图 6.4.4　热电势的组成

(1) 接触电势的数值取决于两种金属的性质和接触点的温度，而与金属的形状及尺寸无关。

(2) 如果 A、B 为同一种材料，则接触电势为零。

(3) 在一个热电偶回路中起决定作用的是两个接点处产生的与材料性质和该点所处温度有关的接触电势。因为在金属中自由电子数目很多，以致温度不能显著地改变它的自由电子浓度，所以在同一种金属内的温差电势极小，可以忽略。

(4) 两种均质金属组成的热电偶，其热电势大小与热电极直径、长度及沿热电极长度上的温度分布无关，只与热电极材料和两端温度有关。

(5) 热电极有正、负之分，使用时应注意到这一点。

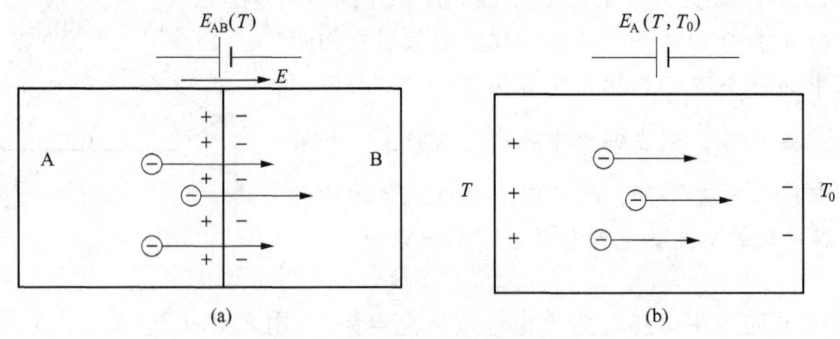

图 6.4.5　热电势原理示意图

(a) 接触电势；(b) 温差电势

中间导体定律

在热电偶中插入第三种材料，只要插入材料两端的温度相等，对热电偶的总热电势没有影响。热电偶回路总的热电势，绝不会因为在其电路中的任何部分接入第三种两端温度相同的材料而有所改变。这一特性，不但可以允许在其回路中接入电气测量仪表，而且也允许采用任何的焊接方法来焊接热电偶，这就是中间导体定律的实际意义。

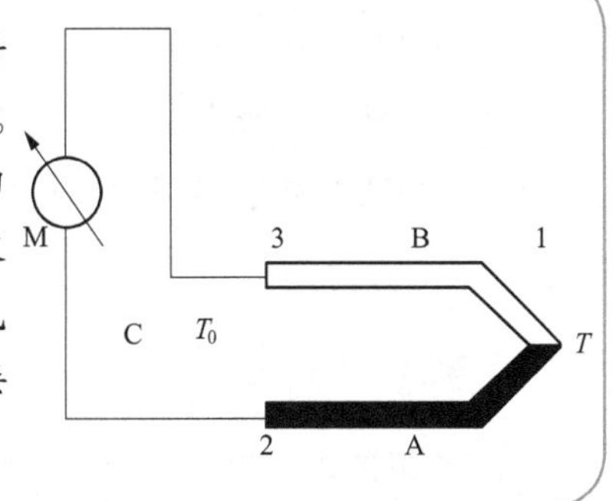

常用的贵金属热电极材料有铂铑合金和铂，普通金属热电极材料有铁、铜、康铜、考铜、镍铬合金、镍硅合金等，还有铱、钨、铼等耐高温材料。此外，还有非金属材料，如碳、石墨和碳化硅等，也可以作热电极的材料。

学一学 热电偶的参数

1. 分度号

国际上，按热电偶的A、B热电极材料不同分成若干分度号，如常用的K（镍铬–镍硅或镍铝）、E（镍铬–康铜）、T（铜–康铜）等等，并且有相应的分度表，详见附录B。

2. 分度表

热电偶冷端温度为0℃时，热电偶热端温度与输出热电势之间存在对应关系，因为多数热电偶的输出都是非线性的，国际计量委员会已对这些热电偶的每一度的热电势做了非常精密的测试，并向全世界公布了他们的分度表。可以通过测量热电偶输出的热电动势值再查分度表得到相应的温度值。每10℃分一挡，中间值按内插法计算。如分度号为K的分度表见附录C。

学一学 热电偶的特点

1. 热电偶的优点

（1）测温范围宽，能测量较高的温度（–180 ~ 2800℃）；

（2）输出电压信号，测量方便，便于远距离传输、集中检测和控制；

（3）结构简单，性能稳定，维护方便，准确度高；

（4）热惯性和热容量小，便于快速测量；

（5）自身能产生电压，不需要外加驱动电源，是典型的有源传感器；

（6）构造简单，使用方便，通常是由两种不同的金属丝组成，外有保护套管，用起来非常方便。

2. 热电偶的缺点

(1) 低灵敏度、低稳定性、响应速度慢、高温下容易老化和有漂移，以及非线性；

(2) 另外，热电偶需要外部参考端。

学一学 常用热电偶

1 铂铑－铂热电偶：属于贵金属热电偶。铂铑－铂热电偶的正极是铂铑合金，能长时间在 0 ～ 1200℃中工作，短时间可以测到 1600℃。它的物理化学稳定性好，因此一般用于较为精密的测温中。目前在国际实用温标中它被规定为在 630.74 ～ 1064.43℃范围内复现温标的基准。除作基准外，目前还用作工业测温热电偶。

2 镍铬－镍铝热电偶：是非贵重金属热电偶中性能最稳定的一种，因此应用最广。正极是镍铬合金，负极是镍铝合金。因含有大量的镍，故在高温下抗氧化、腐蚀能力很强；但易受还原气体的有害影响，在低温下（500℃以下）还是可以用在还原介质中的。可长时间工作在 1000℃，短时间可到 1300℃。与铂铑—铂热电偶相比具有接近直线的分度曲线。在相同温差下，它的热电势要比铂铑—铂热的热电势大 4 ～ 5 倍。缺点是热电极不易做得均匀，但由于它的热电势较大，还可以保证有足够的精度，其误差一般在 6 ～ 8℃范围内。因属于普通金属，价格较便宜，故它的电极制作得比较粗（3mm），这样便带来很多优点，如使用寿命长、强度高等。

3 镍铬－考铜热电偶：正极是镍铬合金，负极是考铜。成分为铜（Cu）56%，镍（Ni）44%。由于负极含有一半以上的铜，因此易氧化。它适用于还原或中性介质，短时间可以测量到 800℃的温度。在标准分度的热电偶中，它的热电势最大(例如，在 600℃时有 66.4mV)。它也有较为接近线性的分度曲线，因此其测量精度比较高，应用较为广泛。

4 铜—康铜热电偶：是非标准分度热电偶中应用较多的一种，尤其是在低温下，使用更为普通。铜—康铜热电偶一般多用于实验和科研中，可以测量 –200 ～＋200℃的温度。

我国常用的热电偶的技术特性见表 6.4.1。

表 6.4.1　　　　　　　　　　热电偶的技术特性

热电偶名称	分度号		等级	适用温度	充差值（±）	特点
	新	旧				
铜—铜镍	T	CK	Ⅰ	− 40 ~ 350℃	0.5℃或 0.004 × $\lvert t \rvert$	测量精度高，稳定性好，低温时候灵敏度高，价格低廉。适用于在 –200 ~ 400℃范围内测温
			Ⅱ		1℃或 0.0075 × $\lvert t \rvert$	
镍铬—铜镍	E	—	Ⅰ	− 40 ~ 800℃	1.5℃或 0.004 × $\lvert t \rvert$	适用于氧化及弱还原性环境中测温，按其偶丝直径不同，测温范围为 − 200 ~ 900℃。稳定性好，灵敏度高，价格低廉
			Ⅱ	− 40 ~ 900℃	2.5℃或 0.0075 × $\lvert t \rvert$	
铁—铜镍	J	—	Ⅰ	− 40 ~ 750℃	1.5℃或 0.004 × $\lvert t \rvert$	适用于氧化、还原环境中测温，亦可在真空，中性环境中测温，稳定性好，灵敏度高，价格低廉
			Ⅱ		2.5℃或 0.0075 × $\lvert t \rvert$	
镍铬—镍硅	K	EU − 2	Ⅰ	− 40 ~ 1000℃	1.5℃或 0.004 × $\lvert t \rvert$	适用于氧化和中性环境中测温，按其偶丝直径不同，测温范围为 –200 ~ 1300 ℃。若外加密封保护管，还可在还原环境中短期使用
			Ⅱ	− 40 ~ 1200℃	2.5℃或 0.0075 × $\lvert t \rvert$	
铂铑$_{10}$—铂	S	LB − 3	Ⅰ	0 ~ 1100℃	1℃	适用于氧化环境中测温，其长期最高使用温度为 1300℃，短期最高使用温度为 1600℃。使用温度高，性能稳定，精度高，但价格贵
			Ⅱ	600 ~ 1600℃	0.002 5 × $\lvert t \rvert$	
铂铑$_{30}$—铂铑$_6$	B	LL − 2	Ⅱ	600 ~ 1700℃	1.5℃或 0.005 × $\lvert t \rvert$	适用于氧化环境中测温，其长期最高使用温度为 1600℃，短期最高使用温度为 1800℃，稳定性好，测量温度高。参比端温度在 0 ~ 40℃范围内可以不补偿
			Ⅲ	800 ~ 1700℃	0.005 × $\lvert t \rvert$	

注　t 为被测温度（℃），在同一栏给出的两种允差值中，取绝对值较大者。

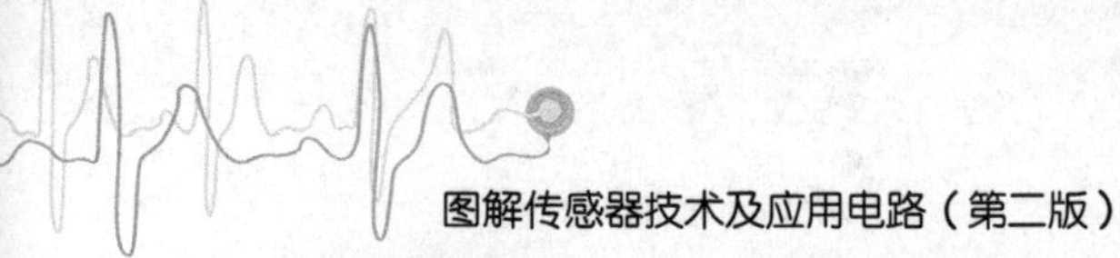

学一学 热电偶冷端延长

在实际应用中，热电偶往往在现场，到仪表的距离都很远，热电偶的材料一般都比较贵重（特别是采用贵金属时），为了降低成本，通常采用连接导线把热电偶的冷端延伸到温度比较稳定的控制室内，再连接到仪表端子上。这个连接导线叫补偿导线，国家已制定了相关标准。必须指出，热电偶补偿导线的作用是延伸热电极，使热电偶的冷端移动到控制室的仪表端子上，它本身并不能消除冷端温度变化对测温的影响，不起补偿作用。因此，还需采用其他修正方法来补偿冷端温度 $t_0 \neq 0$℃时对测温的影响。在使用热电偶补偿导线时必须注意型号应相配，极性不能接错。我国常用的补偿导线见表 6.4.2。

表 6.4.2　　我国常用的补偿导线

补偿导线型号	配用的热电偶分度号	补偿导线		补偿导线颜色	
		正极	负极	正极	负极
SC	S（铂铑$_{10}$－铂）	SPC（铜）	SNC（铜镍）	红	绿
KC	K（镍铬－镍硅）	KPC（铜）	KNC（铜镍）	红	蓝
KX	K（镍铬－镍硅）	KPX（镍铬）	KNX（镍硅）	红	黑
EX	E（镍铬－铜镍）	EPX（镍铬）	ENX（铜镍）	红	棕
JX	J（铁－铜镍）	JPX（铁）	JNX（铜镍）	红	紫
TX	T（铜－铜镍）	TPX（铜）	TNX（铜镍）	红	白

学一学 热电偶冷端补偿

热电偶的标准分度表是在其冷端处于 0℃时测得的电势值，只有冷端处于 0℃时才能直接应用分度表或分度曲线。实际使用时必须保证冷端温度为 0℃才能正确测量冷端的温度，否则存在冷端所处环境温度值误差，此时对热电偶冷端进行修正（补偿），一般情况下，冷端温度均高于 0℃，热电势总是偏小。消除或补偿热电偶冷端损失常用的方法如下：

1. 0℃恒温法

将热电偶的冷端置于装有冰水混合物的恒温容器中，使冷端的温度保持在 0℃不变。此法也称冰浴法，它消除了 t_0 不等于 0℃而引入的误差，由于冰融化较快，所以一般只适用于实验室中。

2. 冷端温度修正法

对于冷端温度不等于0℃，但能保持恒定不变（恒温器）或能用普通方法测出（如室温）的情况，可采用修正法。常采用热电势修正法，计算公式为

$$E(t,\ t_0)=E(t,t_0')+E(t_0',t_0)$$

式中 $E(t,t_0)$——热电偶测量端温度为 t，参考端温度为 t_0= 0 ℃时的热电势值；

$E(t,t_0')$——热电偶实际测量温度 t，参考端温度为 t_0'不等于 0 ℃时的热电势值；

$E(t_0',t_0)$——热电偶测量端温度为 t_0'，参考端温度为 t_0= 0 ℃时的热电势值。

【例 6.4.1】用一支分度号为K（镍铬 - 镍硅）热电偶测量温度源的温度，工作时的参考端温度(室温)t_0'=20℃，而测得热电偶输出的热电势(经过放大器放大的信号，假设放大器的增益 k=10)32.7mv，则 $E(t,t_0')$=32.7mV/10=3.27mV，求热电偶测得温度源的温度。

解：由附录C查得：

$E(t_0',t_0)=E(20,0)$=0.798mV

已测得　　$E(t,t_0')$=32.7mV/10=3.27mV

故　　　　$E(t,t_0)=E(t,t_0')+E(t_0',t_0)$= 3.27mV+0.798mV=4.068mV

热电偶测量温度源的温度可以从分度表中查出，与4.068mV所对应的温度是100℃。

【例 6.4.2】用镍铬 – 镍硅热电偶测量加热炉温度。已知冷端温度 t_0=30℃，测得热电势 EAB（t，t_0）为 33.29mV，求加热炉温度。

解：查镍铬 – 镍硅热电偶分度表得 EAB（30，0）=1.203 mV

故 EAB（t，0）= EAB(t,t_0)+EAB(t_0,0)=33.29+1.203=34.493mV

由镍铬 – 镍硅热电偶分度表得 t=829.8℃

3. 冷端温度电桥补偿法

用电桥在温度变化时的不平衡电压（补偿电压）去消除冷端温度变化对热电偶热电势的影响，这种装置称为冷端温度补偿器。

如图 6.4.6 所示，R_1、R_2、R_3 和 R_W 为锰铜电阻，阻值几乎不随温度变化，R_{CU} 为铜电阻（热电阻），其电阻值随温度升高而增大，与冷端靠近。设使电桥在冷端温度为 t_0 时处于平衡，U_{ab}=0，电桥对仪表的读数无影响。当温度不等于 t_0 时，电桥不

平衡，产生一个不平衡电压 U_{ab} 加入热电势回路。当冷端温度升高时，R_{Cu} 也随之增大，U_{ab} 也增大，但是热电偶的热电势却随冷端温度的升高而减小，若 U_{ab} 的增加量等于 E_{AB} 的减小量，则输出 U 保持不变。改变 R 的值可改变桥臂电流，可以适合不同类型的热电偶配合使用。不同型号的冷端温度补偿器应与所用的热电偶配套。使用时，桥臂 R_{Cu} 必须和热电偶的冷端靠近，使其处于同一温度下。

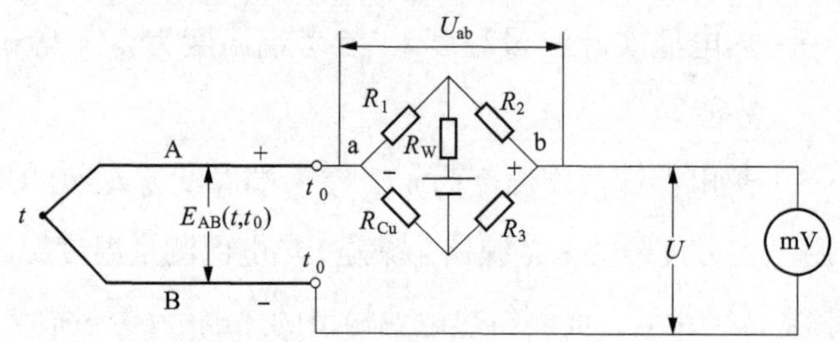

图 6.4.6　热电偶桥式冷端温度补偿器原理图

4. 集成冷端补偿芯片

因为桥式补偿精度较低，所以常用专用的集成电路实现温度的冷端补偿，如 PCS203 等，这种方式精度高，使用方便，且应用广泛。

5. 软件补偿法

利用计算机的软件优势实施补偿，可节省硬件成本，在智能传感器中应用广泛。

学一学　热电偶的应用

热电偶应用及其广泛，如在电力冶金、水利工程、石油化工、轻工纺织、建材、科研、工业锅炉、工业过程控制、自动化仪表、温室监测等方面应用非常多。热电偶产生的电压很小，通常只有几毫伏。K 型热电偶温度每变化 1℃，电压变化只有大约 40 μV，因此测量系统要能测出 40 μV 的电压变化。测量热电偶电压要求的增益一般为 100 ~ 300，而热电偶撷取的噪声也会放大同样的倍数。通常采用差分放大器来放大信号，因为它可以除去热电偶连线里的共模噪声。市场上还可以买到热电偶信号调节器，如模拟器件公司的 AD594/595，可用来简化硬件接口。

由于我国生产的热电偶均符合 ITS-90 国际温标所规定的标准，其一致性非常好，所以国家又规定了与每一种标准热电偶配套的仪表，它们的显示值为温度，而且均已线性化。国家标准的动圈式显示仪表命名为 XC 系列，有指示型（XCZ）、指示调节型（XCT）等系列。与K型热电偶配套的动圈仪表型号为XCZ-101或XCT-101等。数字式仪表也有指示型（XMZ）、指示调节型（XMT）等系列。

XMT系列热电偶智能数字显示控制仪表的特点：

（1）带冷端温度自动补偿；

（2）具有超量程指示、断线指示等故障自诊断功能；

（3）双屏显示、副屏显示内容可设定；

（4）最多可带4路报警控制继电器输出；

（5）每个报警控制点的回差可设定；

（6）每个报警控制点的报警方式（上限报警或下限报警）可分别设定。

另外，在化工厂，生产现场常伴有各种易燃、易爆等化学气体、蒸汽，如果使用普通的热电偶非常不安全，极易引起环境气体爆炸。因此，在这些场合必须使用隔爆热电偶作为温度传感器。

1. 热电偶的简单应用电路

如图6.4.7所示，该电路只是将热电势用OP07进行放电，然后输出对应的电压，应用于要求不高的场合。

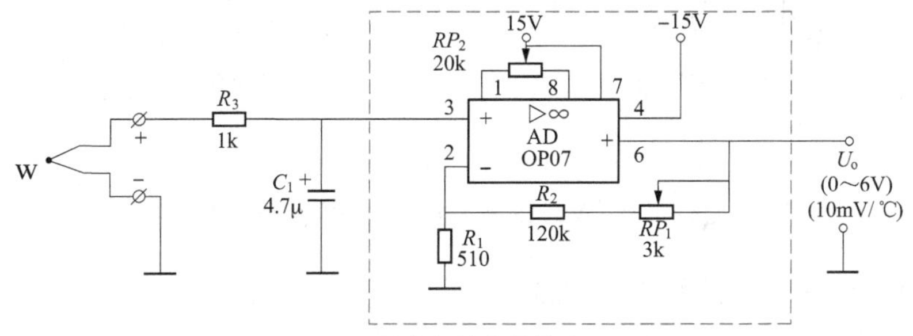

图6.4.7 热电偶热电势放大原理图

2. AD594集成式单片热电偶冷端温度补偿器

AD594、AD595、AD597等是美国ADI公司生产的单片热电偶冷端补偿器，内部还集成了仪用放大器，所以除能实现对不同的热电偶进行冷端补偿之外，还可作为线性放大器。其引脚功能是：U+、U– 为电源正负端，IN+、IN– 为信号输入端，ALM+、ALM– 为热电偶开路故障报警信号输出端，T+、T– 为冷端补偿正负电压输出端，FB为反馈端，做温度补偿时 U_o 端与FB端短接，详细资料见其使用说明。如图6.4.8所示为AK594的应用原理图。热电偶的信号经过AD594的冷端补偿和放大后，再用OP07放大后输出。

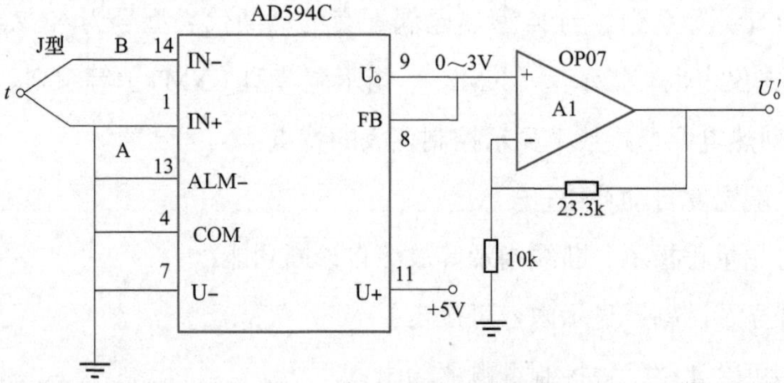

图 6.4.8　AD594 应用原理图

3. 用 AD592 做冷端补偿的热电偶应用电路

如图 6.4.9 所示，MC1403 为精密电压源，AD592 为电流输出型集成温度传感器，温度系数为 1μA/K，在这里做冷端温度补偿。

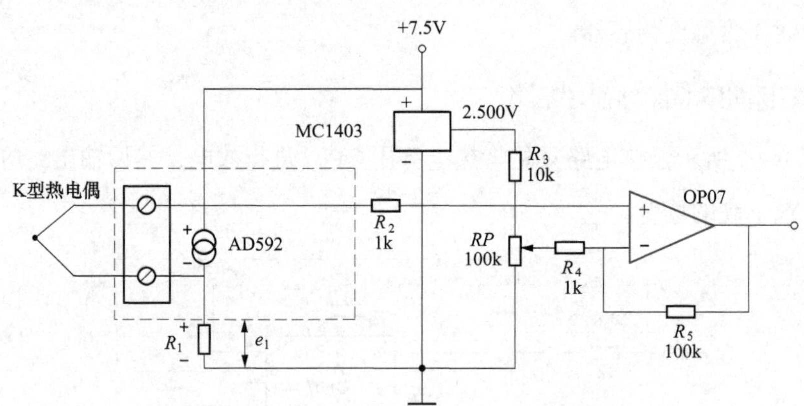

图 6.4.9　AD592 做冷端补偿的应用原理图

4. AD693 的热电偶调理电路

如图 6.4.10 所示，该电路与 AD592 构成带冷端温度补偿的热电偶测温电路，该电路能将热力学温度转成摄氏温度，再变换成标准电流信号便于远距离传输，并能够灵活的设定温度范围，*RP* 为调零电位器，R_1、R_3 应根据热电偶的类型及环境温度设定，如配 J 型热电偶时应取 R_1=51.7Ω，R_3=301kΩ，校准时将热电偶置于冰水混合物中，调节 *RP* 使得 I_o=4mA。

另外，在实际的应用中，还有许多热电偶的补偿、调理电路，如 IB51 为美国 ADI 公司生产的隔离型热电偶信号调理器，可用于多通道的热电偶测温系统，弱信号数据采集系统，工业测量及自动化控制，能承受 1500V 的高压共模干扰信号。在选用时，要根据自己的实际情况，选择合适的电路，设计出精度高、性能好、价格低的应用电路。

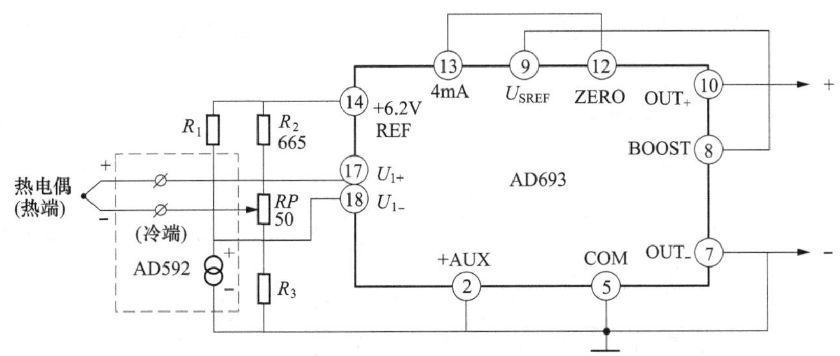

图 6.4.10 AD693 为热电偶调理电路的应用原理图

做一做 K 型热电偶的温度测试

1. 测试目的

熟悉 K 型热电偶测量温度的性能与应用范围。

2. 测试原理

当镍铬 – 镍硅（镍铝）两种不同金属组成回路时，产生的两个接点有温度差，会产生热电势，这就是热电效应。温度高的接点是工作端，将其置于被测温度场配以相应电路就可间接测得被测温度值。

3. 所需器件及模块

温控箱、差动放大电路模块、0 ~ 2V 数显单元、± 12V 电源。

4. 测试步骤

（1）温控箱接上 24V 电源，插入 K 型热电偶中，如图 6.4.11 所示。

（2）接入 ± 12V 电源，打开实训台电源开关，将仪器放大器输出端 VO2 与数显表输入端相接，仪器放大器可放大 50 倍左右，再将仪器放大器调零。

（3）K 型热电偶传感器分别接 VIN+ 端和 VIN– 端，将 K 型热电偶插口直接与仪器放大器相接，热电偶的实际值 =OUT 端输出值—初始值 /50。

（4）在 40 ~ 100℃之间设定 Δt=5℃，读出热电偶的实际值，并记入表 6.4.3 中。

表 6.4.3　　K 型热电偶热势与温度数据记录表

t（℃）	40	45	50	55	60	65	70	75	80	85
U_{o2}（mV）										

（5）根据表 6.4.3 计算非线性误差。

（6）如果采用计算机采集数据，则计算机可对 0 ~ 20000mV 的数据进行采集。

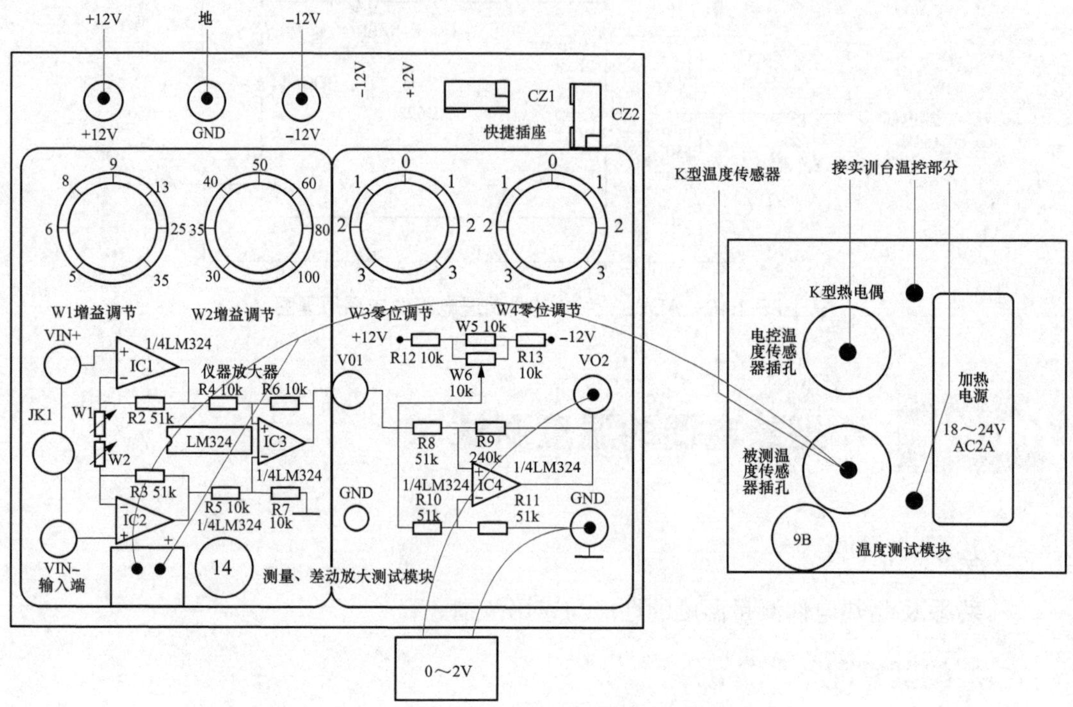

图 6.4.11　K 型热电偶温度测试连接图

6.5 PN 结温度传感器

学一学　PN 结温度传感器的外形

PN 结温度传感器的外形繁杂，图 6.5.1 是国产 S700 系列 PN 结温度传感器的外形尺寸图。

图 6.5.1　S700 传感器外形尺寸图

（a）耐温玻璃封装；（b）金属外壳封装

学一学　PN 结温度传感器的工作原理

PN结温度传感器是利用半导体PN结的结电压随温度变化而变化的原理工作的，如晶体二极管或三极管的 PN 结的结电压是随温度变化而变化的。例如，硅管的 PN 结的结电压在温度每升高 1℃时，下降约 2mV，利用这种特性，一般可以直接采用二极管（如玻璃封装的开关二极管 1N4148），或采用硅三极管（一般将 NPN 晶体管的 bc 结短接，利用 be 结作为感温器件）接成二极管来做 PN 结温度传感器如图 6.5.2 所示。这种传感器有较好的线性，尺寸小，其热时间常数为 0.2 ～ 2s，灵敏度高，测温范围为 –50 ～ +150℃。典型的温度曲线如图 6.5.3 所示。同型号的二极管或三极管特性不完全相同，因此它们的互换性差。

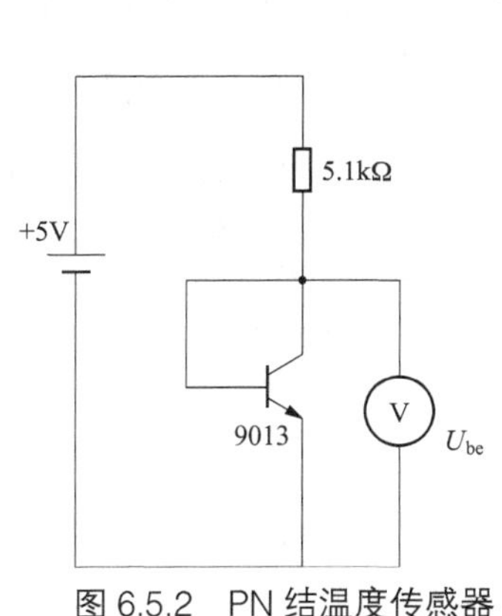

图 6.5.2　PN 结温度传感器

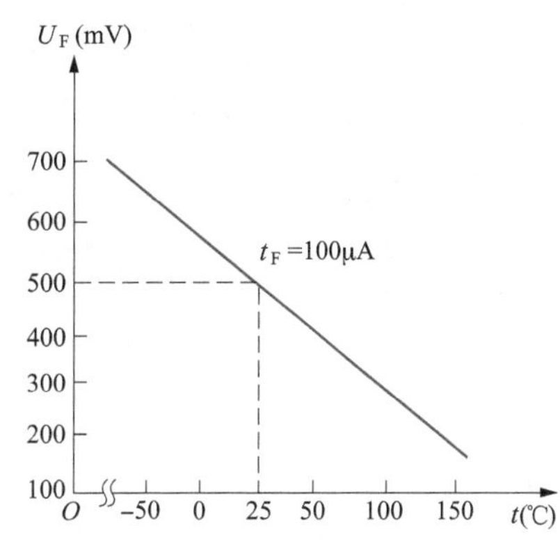

图 6.5.3　PN 结温度电压曲线

学一学　PN 结温度传感器的应用

1. 火灾报警专用 S700 二极度管温度传感器

火灾报警用的温度传感器，主要以热敏电阻器为主，然而由于热敏电阻器的电

阻 – 温度特性呈非线性，长期稳定性差，互换性不好，价格高，给使用带来了许多问题。国产 S700 系列火灾报警专用二极管温度传感器，具有良好的线性关系，互换性好，性能长期稳定，体积小，响应快，其技术规范见表 6.5.1。

表 6.5.1　　　火灾报警专用 S700 二极管温度传感器技术规范

型号	工作温度（℃）	正向电压 U_{FO} (mV)		灵敏度（mV/℃）		误差（℃）	非线性误差（%）	时间常数 τ (ms)		耗散常数	绝缘电阻（Ω）	最大功耗 (mW)
S700	–30 ~ 100	700	625	1.95	2.10	± 0.5℃ ± 1℃ ± 2℃	± 0.5℃	1	10	1.5	100	300
测试条件	—	t=0℃ 100μA	t=0℃ 10 μA	U=5V R=43kΩ	U=3.6V R=43kΩ	0 ~ 100℃	0 ~ 100℃	液体中	静止空气中	静止空气中	DC 500V	–30 ~ 100℃

图 6.5.4 给出了 S700 的工作电路，它通常采用恒压电源工作电路，这种电路非常简单，将 S700 串联一个限流电阻后接入恒压源即可。在这种电路中，通过传感器的工作电流是一个随温度升高呈近似线性增加的电流，而这种工作电流使得 S700 的正向电压 – 温度特性几乎呈完全的线性关系。图 6.5.5 给出了 S700 在不同工作电路下的 U_F–t 特性，由此可见 U_F 与 t 之间是一个线性关系。

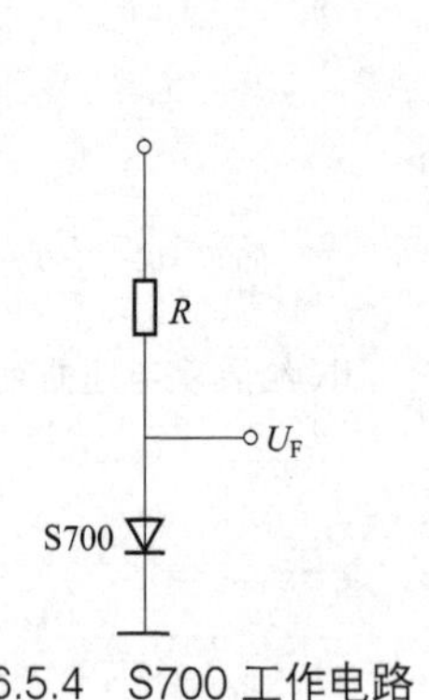

图 6.5.4　S700 工作电路

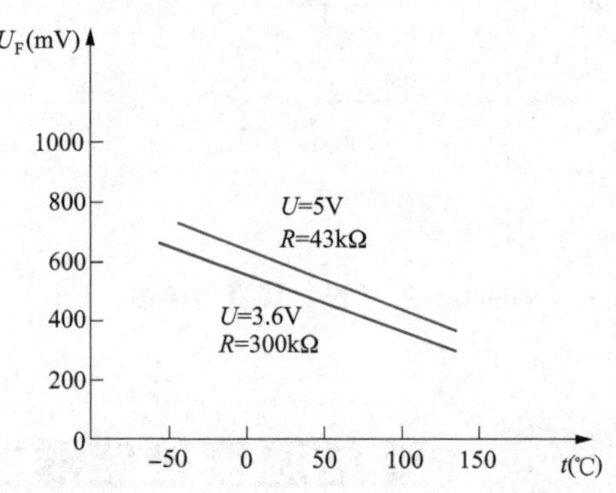

图 6.5.5　不同工作电压下的 U_F–t 特性

2. 温敏二极管恒温器

如图 6.5.6 所示，这是一恒温器，可对 77 ~ 300K 范围温度进行调节，DT 是锗温敏二极管，通过调节 RP_1，使流过 DT 电流保持在 50μA 左右。比较器采用运算

放大器 μA741，其正端输入电压 U_r 为参考电压，由 RP_2 调整预设温度；负端电压 U_X 随温敏二极管正向电压变化。当恒温器温度较低时，温敏二极管 DT 感受较低温度，正向电压较大，使 U_X 低于 U_r，比较器输出高电平，晶体管 VT2、VT3 导通，加热器加热；DT 随恒温器中温度升高，正向电压变小，当 U_X 高于 U_r 时，比较器输出低电平，使 VT2，VT3 截止，加热器停止加热。如此反复，可以使温度恒定在预设温度点上，其控制精度优于 ±0.1℃。

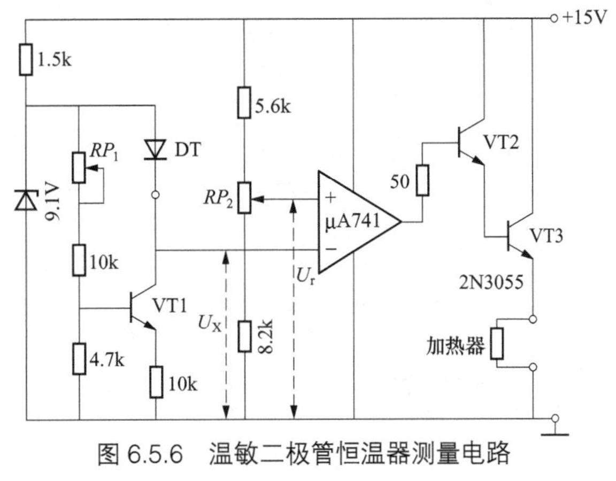

图 6.5.6 温敏二极管恒温器测量电路

3. PN 结温度传感器的数字式温度计

PN 结温度传感器的数字式温度计电路如图 6.5.7 所示。将 PN 结传感器插入冰水混合液中，等温度平衡，调整 RP_1，使 DVM 显示为 0V，将 PN 结传感器插入沸水中（设沸水为 100℃），调整 RP_2，使 DVM 显示为 100.0V，再将传感器插入 0℃环境中，等平衡后看显示是否仍为 0V，必要时再调整 RP_1 使之为 0V，然后再插入沸水，经过几次反复调整即可。

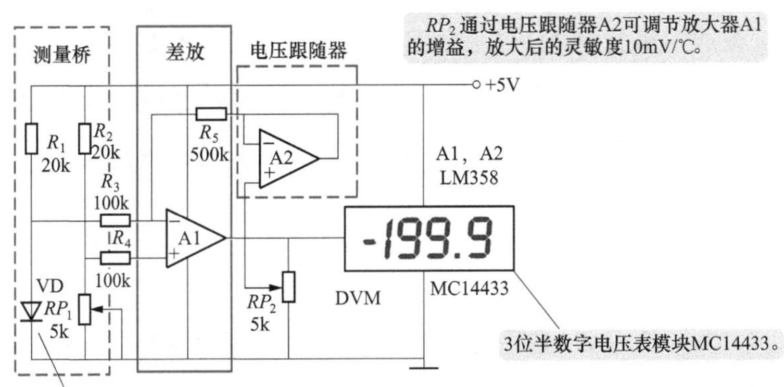

图 6.5.7 PN 结温度传感器的数字式温度计电路

4. 温敏三极管的温差检测电路

温敏三极管的 PN 结温差检测电路如图 6.5.8 所示。

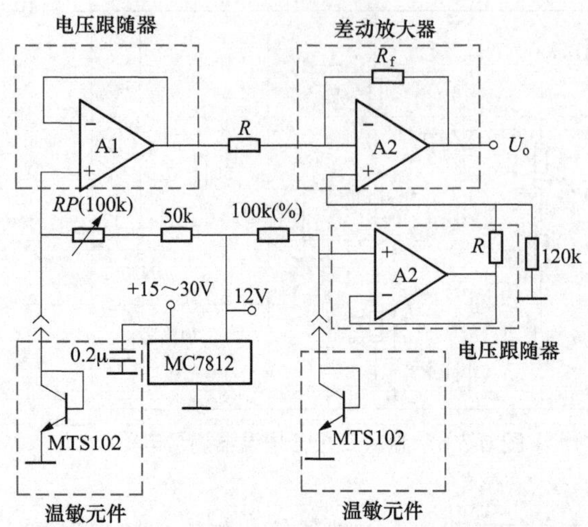

说明

该电路的输出反映了两个待测点的温差，常常用于工业过程监视和控制场合。电路中使用了两中性能相同的温敏三极管MTS102作测温探头，分别置于待测温场中，两个不同温度所对应的U_{be}分别经过运算放大器A1、A2缓冲后，加到运算放大器A3的输入端进行差动放大。

具体调整时，将两只温敏三极管置于同一温度中，调节电位置RP，使A3输出U_o为0。这样就可以保证输出电压U_o正比于两点温度，灵敏度由R_f和R决定。

图 6.5.8　温敏三极管的 PN 结温差测量电路

学一学　PN 结温度传感器的温度测试

1. 测试目的

熟悉 PN 结温度传感器的特性及工作情况。

2. 测试原理

晶体二极管或三极管的 PN 结电压是随温度变化而变化的，如硅管的 PN 结的结电压在温度每升高 1℃时，下降约 2.2mV，利用这种特性可做成各种各样的 PN 结温度传感器。它具有线性好，时间常数小（0.2 ~ 2s），灵敏度高等特点，测温范围为 –50 ~ 150℃。

3. 所需器件及模块

± 5V 直流电源、0 ~ 2V 数字电压表、温度传感器特性测试电路模块。

4. 测试步骤

（1）打开温控部分电源开关。

（2）连接 24V 电源与 K 型温控热电偶传感器。

（3）接 ± 5V 直流电源，按图 6.5.9 连接电路。

（4）观察 PN 结传感器 OUT 端，用 0 ~ 2V 数字电压表测量二极管 PN 结正向的结电压。

（5）恒温箱从室温至 100℃，每间隔 5℃做一次记录，并填入表 6.5.2 中。

表 6.5.2　　恒温箱温度与二极管压降记录表

温度（℃）	40	45	50	55	60	65	70	75	80	85
二极压降（mV）										

（6）如果采用计算机采集数据，则计算机可对 0 ~ 20000mV 的数据进行采集。

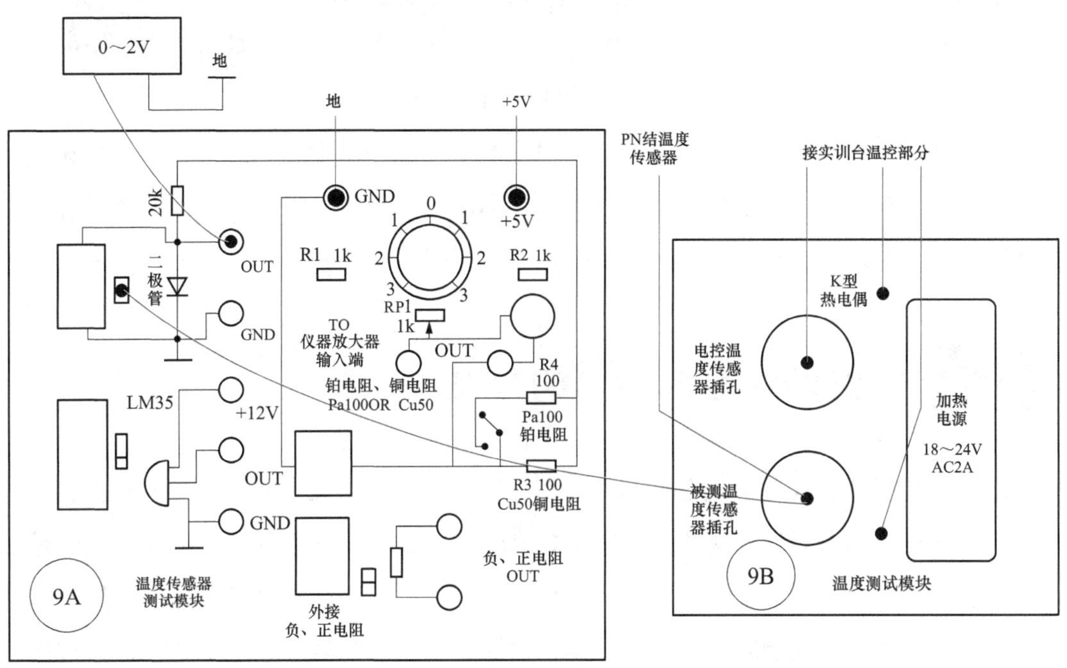

图 6.5.9　P N结温度传感器温度测试接线图

6.6　红外温度传感器

学一学　红外温度传感器的外形

把红外辐射转换成电量变化的装置，称为红外传感器，其外形如图 6.6.1 所示。

图 6.6.1　红外传感器的外形

它主要是利用被测物体热辐射发出红外线来测量物体的温度，可进行遥测。其缺点是制造成本较高，测量精度却较低；优点是不从被测物体上吸收热量，不会干扰被测对象的温度场，连续测量不会产生消耗，反应快等。

学一学　红外温度传感器的分类

红外传感器主要分为光电型和热敏型。光电型是利用红外辐射的光电效应制成的，其核心是光电元件，这类传感器主要有红外二极管、三极管等。热敏型主要是红外温度传感器，它是利用红外辐射的热效应制成的，其核心是热敏元件。热敏元件吸收红外线的辐射能后引起温度升高，进而使得有关物理参数发生变化，通过测量这些变化的参数即可确定吸收的红外辐射，从而测出物体当时的温度。另外，在热敏元件温度升高的过程中，不管什么波长的红外线，只要功率相同，其加热效果也是相同的，假如热敏元件对各种波长的红外线都能全部吸收的话，那么热敏探测器对各种波长基本上都具有相同的响应。热探测器的种类主要有热释电型、热敏电阻型、热电阻型和气体型。

学一学　红外温度传感器的原理与结构

自然界所有温度高于绝对零度（–273.15℃）的物体，由于分子的热运动，都在不停地向周围空间辐射包括红外波段在内的电磁波，其辐射能量密度与物体本身的温度关系符合普朗克（Plank）定律。其辐射能量与其温度及光谱波长遵循以下规律：①物体的温度越高，各个光谱波段上的辐射强度就越大；②随物体温度的增加，最高辐射峰值所在的波长向短波方向移动；③短波长的辐射能量随温度的变化比长波长的变化快，测量灵敏度高；④红外辐射的物理本质是热辐射，一个物体向外辐射的能力大部分是通过红外线辐射出来的，物体温度越高，辐射出来的红外线越多，辐射能量就越强。红外测温仪就是基于以上原理来测量温度的。红外传感器测量时不与被测物体直接接触，因而不存在摩擦，并且有灵敏度高，响应快等优点。

红外传感器包括光学系统、检测元件和转换电路。光学系统按结构不同可分为透射式和反射式两类。检测元件按工作原理可分为热敏检测元件和光电检测元件。热敏元件应用最多的是热敏电阻。热敏电阻受到红外线辐射时温度升高，电阻发生变化，通过转换电路变成电信号输出。红外传感器测量原理如图 6.6.2 所示。

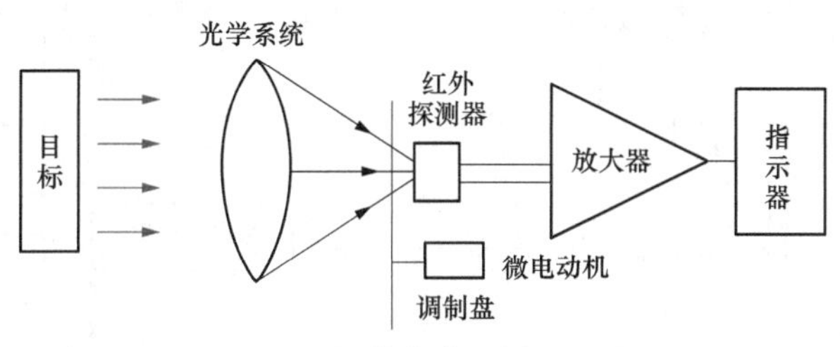

图 6.6.2　红外传感器测温原理图

学一学　红外温度传感器的应用

红外辐射温度计既可用于高温测量，又可用于冰点以下的温度测量，所以是辐射温度计的发展趋势。市售的红外辐射温度计的温度为 –30~3000℃。

1. 红外测温仪

红外测温仪一般用于探测目标的红外辐射和测定其辐射强度，确定目标的温度。它采用滤光片分离出所需波段，因此该仪器能工作在任意红外波段。图 6.6.3 为常见的红外测温仪框图。它的光学系统是一个固定焦距的透射系统，物镜一般为锗透镜，有效通光口径即作为系统的孔径光栏。滤光片一般采用只允许 8 ~ 14 μm 的红外辐射通过的材料。红外探测器一般为（钽酸锂）热释电探测器，安装时保证其光敏面落在透镜的焦点上。步进电动机带动调制盘转动对入射的红外辐射进行斩光，将恒定或缓变的红外辐射通过透镜聚焦在红外探测器上，红外探测器将红外辐射变换为电信号输出。红外测温仪的电路比较复杂，包括前置放大、选频放大、温度补偿、线性化、发射率（ε）调节等。红外测温仪的光学系统可以是透射式，也可以是反射式。反射式光学系统多采用凹面玻璃反射镜。

目前已有一种带单片机的智能红外测温器，利用单片机与软件的功能，大大简化了硬件电路，提高了仪表的稳定性、可靠性和准确性。

国产 H-T 系列红外测温仪，红外辐射经光学镜头接收传输至光电器件上，由于红外器件的响应特性，为防止饱和，须经对数放大处理，为了稳定可靠，应经严格的温度补偿及各种功能调节设置，再经线性处理后输出，电路原理框图如图 6.6.3 所示。

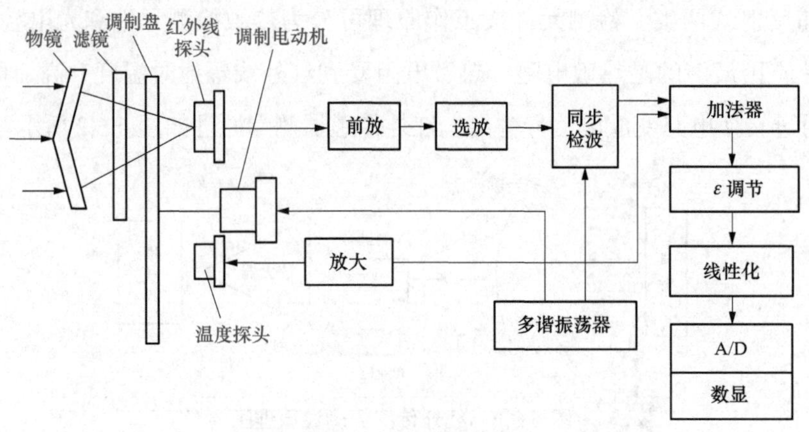

图 6.6.3 红外测温仪框图

2. 红外线辐射温度计测人体温度

人体主要辐射波长为 9 ~ 10 μm 的红外线，通过对人体自身辐射红外能量的测量，便能准确地测定人体表面温度。由于该波长范围内的光线不被空气所吸收，因而可利用人体辐射的红外能量精确地测量人体表面温度。红外温度测量技术的最大优点是测试速度快，1s 内可测试完毕。由于它只接收人体对外发射的红外辐射，没有任何其他物理和化学因素作用于人体，所以对人体无任何害处。如果采用红外传感器远距离测量人体表面温度的热像图，可以发现温度异常的部位，及时对疾病进行诊断治疗。国产 TH-IR101F 红外测温仪由红外传感器和显示报警系统两部分组成，它们之间通过专用的五芯电缆连接。安装时将红外传感器用支架固定在通道旁边或大门旁边等地方，使被测人与红外传感器之间的距离为 35cm。在其旁边摆放一张桌子，放置显示报警系统。只要被测人在指定位置站立 1s 以上，红外快速检测仪就可准确测量出旅客体温。一旦受测者体温超过 38℃，测温仪的红灯就会闪亮，同时发出蜂鸣声提醒检查人员。红外温度快速检测仪为在人流量较大的公共场所降低疾病扩散和传播提供了快速、非接触测量手段，可广泛用于机场、海关、车站、宾馆、商场、影院、写字楼、学校等人流量较大的公共场所，对体温超过 38℃的人员进行有效筛选，如图 6.6.4 所示。

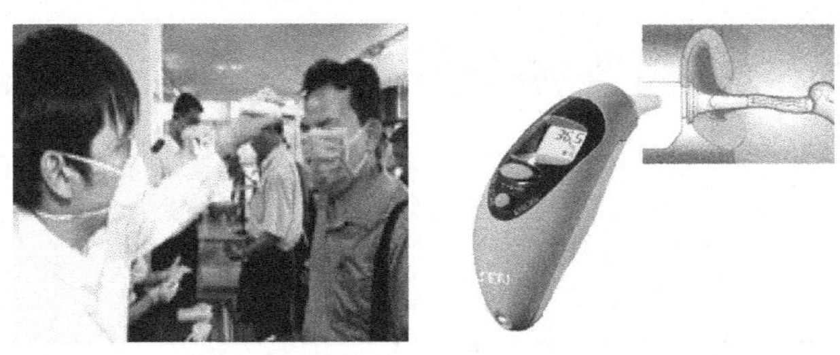

图 6.6.4 测量人体温度

3. 红外线辐射温度计的其他应用

红外线辐射温度计的应用如图 6.6.5 所示。

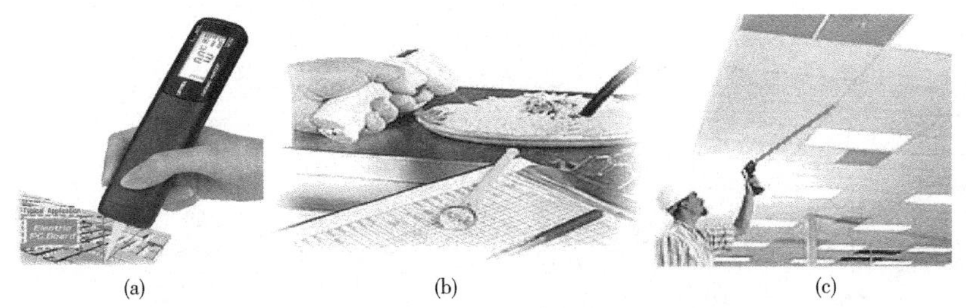

(a) (b) (c)

图 6.6.5 红外线辐射温度计的应用

（a）测集成电路温度;（b）测量超市食物;（c）测量天花板质量

6.7 集成温度传感器

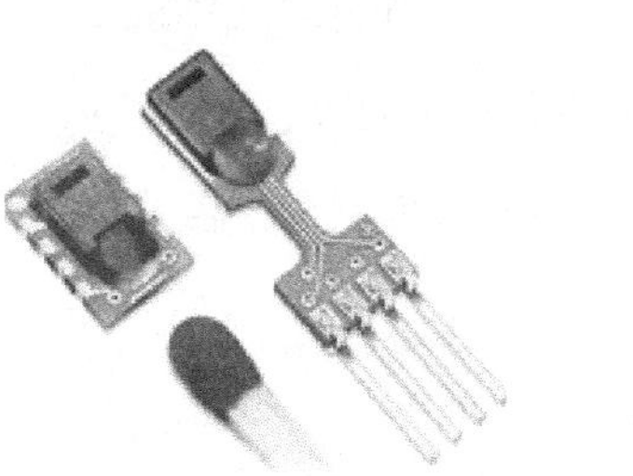

集成温度传感器是将温敏元件及其电路集成在同一芯片上的集成化温度传感器。这种传感器最大的优点是直接给出正比于绝对温度的理想线性输出，且体积小、响应快、测量精度高、稳定性好、校准方便、成本低。

学一学 集成温度传感器的分类

集成温度传感器常分为模拟和数字式，模拟式又分为电压型和电流型，如图 6.7.1 所示。

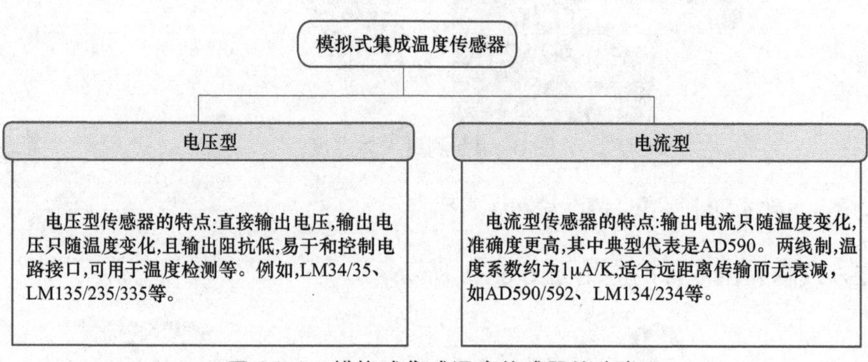

图 6.7.1 模拟式集成温度传感器的分类

学一学 集成温度传感器 LM35

LM35 温度传感器是电压型集成温度传感器，标准 T_0-92 工业封装，其准确度一般为 ±0.5℃。由于其输出为电压，且线性极好，故只要配上电压源，数字式电压表就可以构成一个精密的数字测温系统。输出电压的温度系数 K_U=10.0mV/℃，利用下式可计算出被测温度 t（℃）

$$t(℃) = U_o/10\text{mV}$$

LM35 温度传感器的引脚及应用如图 6.7.2 所示，U_o 为输出端，实验测量时只要直接测量其输出端电压 U_o，即可知待测量的温度。

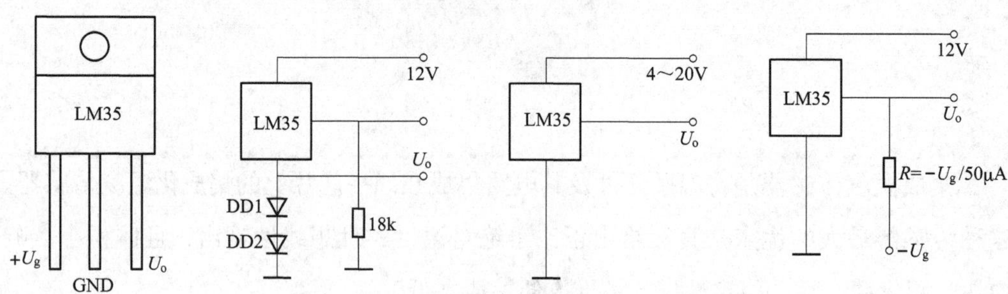

图 6.7.2 LM35 温度传感器的引脚及应用

学一学 集成温度传感器AD590

AD590是一种电流型集成电路温度传感器，其工作电压为5 ~ 30V，输出电流大小与温度成正比。它的线性度极好，温度适用范围为-55 ~ 150℃，灵敏度为1μA/K。它是一种两端器件，使用非常方便，且抗干扰能力强。它具有高准确度、动态电阻大、响应速度快、线性好、使用方便等特点。另外，还具有适应电源波动的特性，输出电流的变化小于1μA，所以它广泛用于高精度温度计、温度计量等方面。AD590是一个二端器件，其引脚和电路符号如图6.7.3所示，AD590等效于一个高阻抗的恒流源，其输出阻抗大于10MΩ，能大大减小因电源电压变动而产生的测温误差。AD590的电流－温度（I–T）特性曲线如图6.7.4所示，其输出电流表达式为

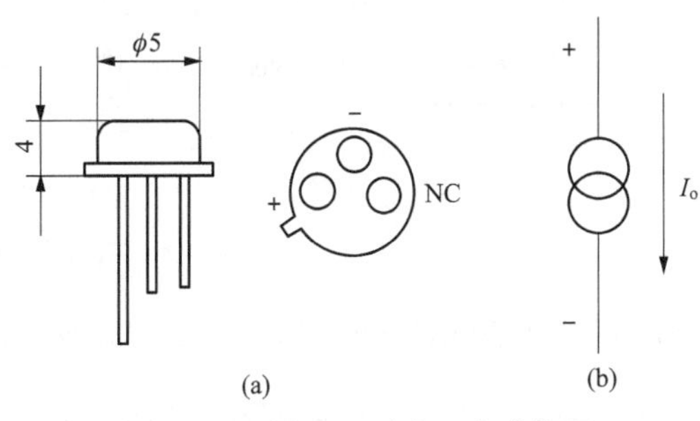

图6.7.3 AD590引脚及电路符号

（a）引脚;（b）电路符号

$$I=AT+B$$

式中 A——灵敏度；

B——0K时输出电流。

由于AD590以热力学温度（K）定标，如需显示摄氏温标（℃），则应加温标转换电路，其关系式为

$$t=T+273.15$$

AD590的输出电流以绝对温度零度（–273℃）为基准，每增加1℃，它会增加1μA输出电流，因此在室温25℃时，其输出电流 I_o=（273+25）μA=298μA。

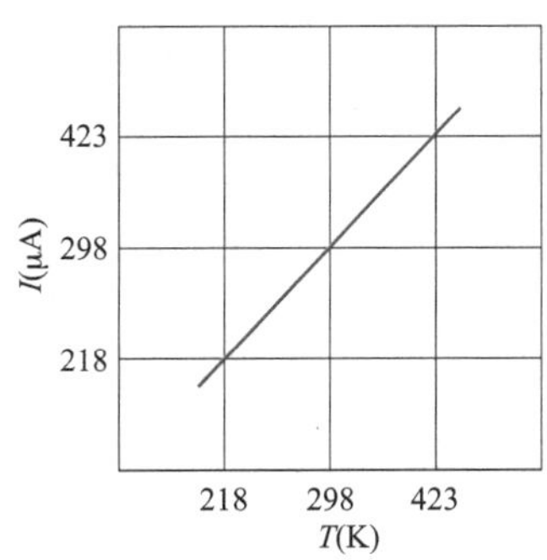

图6.7.4 AD590电流－温度（T–T）特性曲线

1.AD590 基本测量电路

图 6.7.5 为 AD590 基本测量电路。

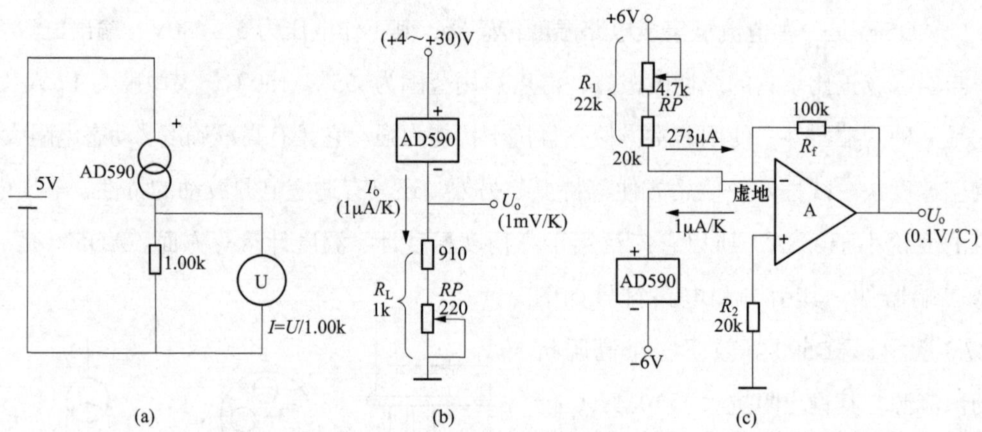

图 6.7.5 AD590 基本测量电路

（a）基本测量电路；（b）输出电压与热力学温度成正比；（c）输出电压与摄氏温度成正比

2. 配接 A/D 转换器可直接显示温度值

ICL7106 为集 A/D、液晶显示驱动于一体的集成电路，将模拟电压值输入到其输入端，便可实现模数转换和显示，如图 6.7.6 所示为 AD590 显示电路。

3.AD590 单点温度测量电路

由 AD590 组成的单点温度测量电路，如图 6.7.7 所示。

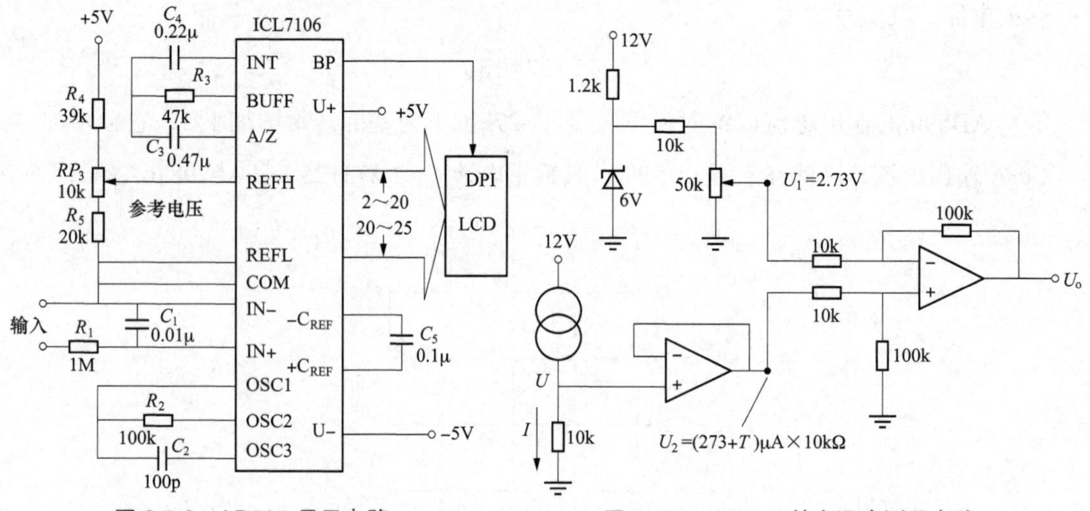

图 6.7.6 AD590 显示电路

图 6.7.7 AD590 单点温度测量电路

单点温度测量电路原理分析：

（1）AD590的输出电流 I=（273+t）μA（t 为摄氏温度），因此测量的电压 U 为（273+t）μA × 10kΩ=（2.73+t/100）V。为了提高测量的准确性，使用电压跟随器，使得 $U_2=U$。

（2）使用齐纳二极管作为稳压元件，再利用可变电阻分压，其输出电压 U_1 需调整至2.73V。

（3）差动放大器输出 U_o 为（100k/10k）×（U_2-U_1）=t/10，如果现在为28℃，输出电压为2.8V，输出电压接AD转换器，则AD转换输出的数字量和摄氏温度成线形比例关系。

（4）N 点最低温度值的测量。将不同测温点上的数个AD590相串联，可测出所有测量点上的温度最低值。该方法适用于测量多点最低温度的场合。

（5）N 点温度平均值的测量。把 N 个AD590并联起来，将电流求和后取平均，则可求出平均温度。该方法适用于需要多点平均温度但不需要各点具体温度的场合。

（6）两点温差测量电路如图6.7.8所示，利用两个AD590测量两点温度差的电路。在反馈电阻为100kW的情况下，设AD590两处的温度分别为 t_1℃和 t_2℃，则输出电压为(t_1-t_2)100mV/℃。图中电位器 R_1 用于调零，电位器 R_4 用于调整运放LF355的增益。

由基尔霍夫电流定律可知　　$I+I_2=I_1+I_3+I_4$

由运算放大器的特性可知　　$I_3=0$

　　$U\approx0$

调节调零电位器 R_2 使　　$I_4=0$

由以上式子可得　　$I=I_1-I_2$

设　　R_4=90kW

则有　　$I=I_1-I_2$

$$U_0=I(R_3+R_4)=(I_1-I_2)(R_3+R_4)=(t_1-t_2)100\text{mV/℃}$$

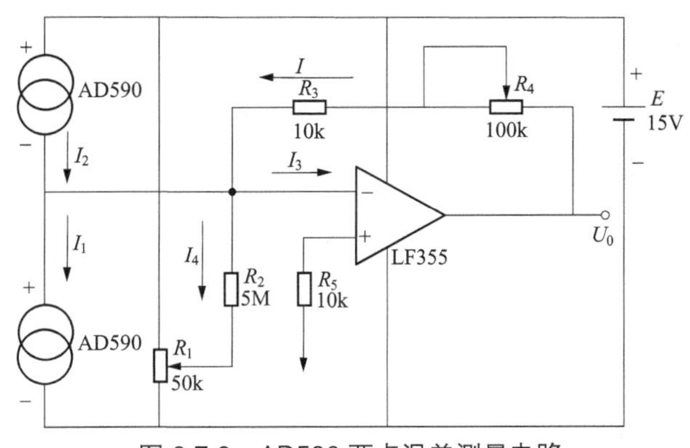

图6.7.8 AD590两点温差测量电路

学一学 集成温度传感器 LM135、LM235、LM335

LM 系列是精密、容易校准的集成温度传感器，是美国 NS 公司的产品，工作温度为 –55 ~ +150℃，工作电流为 400 μA ~ 5mA，容易校准。

LM 系列温度传感器的封装如图 6.7.9 所示，电气性能见表 6.7.1。

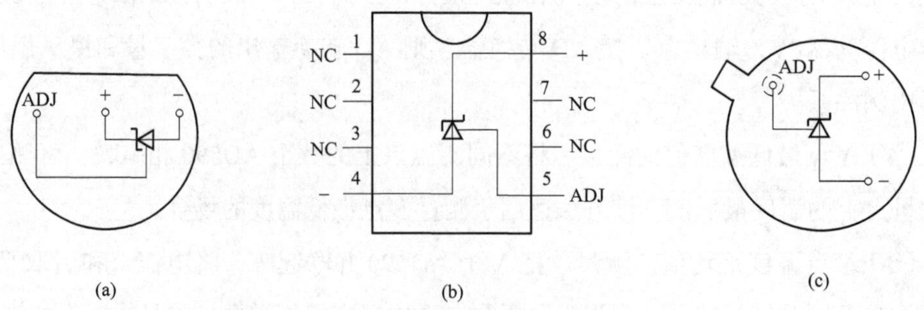

图 6.7.9 LM 系列温度传感器的封装

（a）Tc–92 塑料封装；（b）双列直插 8 脚封装；（c）To–46 金属封装

表 6.7.1 LM 系列温度传感器电气性能

参数	条件	LM135/235			LM335			单位
		最小值	典型值	最大值	最小值	典型值	最大值	
输出电压随电流变化量	400 μA ≤ T_R ≤ 5mA	—	2.5	10	—	3	14	V
动态阻抗	T_R ≤ 1mA	—	0.5	—	—	0.6	—	℃
输出电压温度系数	$T_{min} \leqslant T \leqslant T_{max}$，$T_R = 1$mA	—	+10	—	—	+10	—	mV/℃
热响应时间	静态空气中	—	80	—	—	80	—	s
稳定性	$T = 125$℃	—	0.2	—	—	0.2	—	℃

1. 基本温度测量电路

基本温度测量电路分两种情况，一种是基本的测量电路，另一种是比较精确的测量电路，如图 6.7.10 所示。

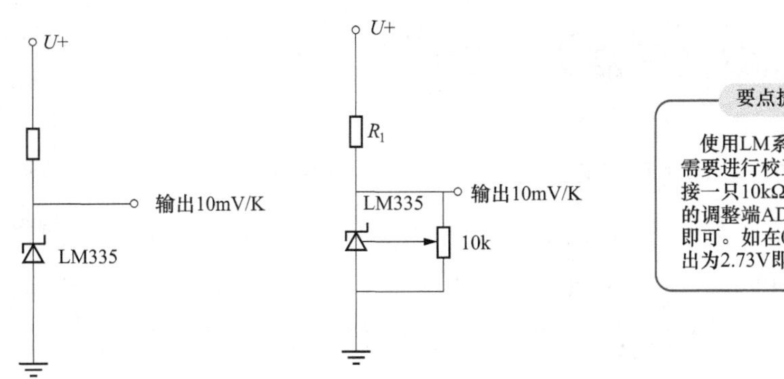

要点提示

使用LM系列温度传感器，为保证精度，需要进行校正工作，方法是在+、－两端接一只10kΩ的电位器，滑动端接在传感器的调整端ADJ上，在某一温度点进行校正即可。如在0℃时校正，调整电位器，使输出为2.73V即可。

图 6.7.10　LM335 基本测量电路

2. 简易温度控制器

LM335 温度控制电路如图 6.7.11 所示。

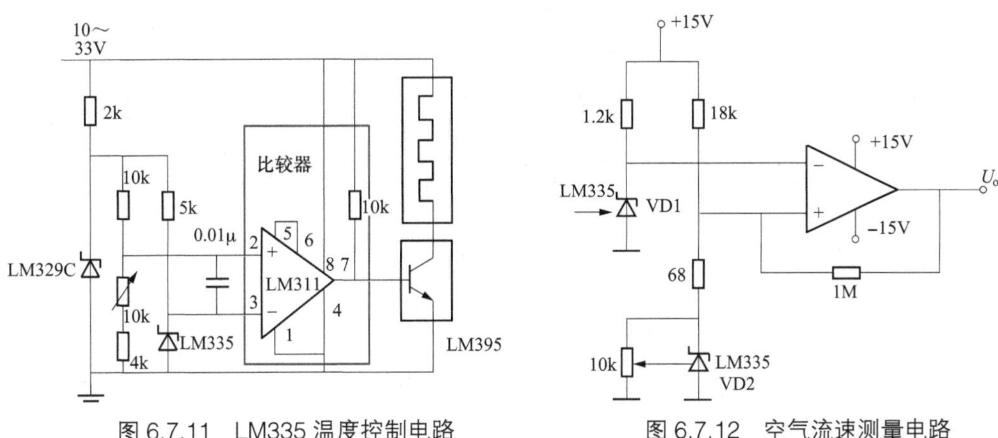

图 6.7.11　LM335 温度控制电路　　　　图 6.7.12　空气流速测量电路

3. 空气流速检测(电压输出型)

如图 6.7.12 所示，电路中采用了两只 LM335 温度传感器，VD1 置于待测流速的空气环境下，通以 10mA 的工作电流；VD2 通以小电流，置于不受流速影响的环境温度条件下，减小由于环境温度变化对测量结果的影响。在静止空气中对系统进行零点整定，即调 10kΩ 电位器使放大器输出为 0。VD1 通以较大电流发热，其温度高于环境温度，在空气静止或流动的两种情况下，因空气流动会加速传感器的散热过程，而使 VD1 的温度不相同，故输出电压也不相同。空气流速越大，VD1 的温度越低，输出电压越低，差放的输入电压就越大，U_o 也越大，这就是空气流速检测的工作原理。

学一学 集成温度传感器 AN6701S

AN6701S 是日本松下公司生产的电压输出型集成温度传感器，它有 4 个引脚，3 种连线方式。如图 6.7.13 所示，电阻 R_C 用来调整 25℃下的输出电压，使其等于 5V，R_C 的阻值为 3 ~ 30kΩ。这时灵敏度可达 109 ~ 110mV/℃，在 -10 ~ 80℃范围内基本误差不超过 ±1℃。AN6701S 有很好的线性，非线性误差不超过 0.5%。这种集成传感器在静止空气中的时间常数为 24s，在流动空气中为 11s。电源电压在 5 ~ 15V 间变化，所引起的测温误差一般不超过 ±2℃。整个集成电路的电流值一般为 0.4mA，最大不超过 0.8mA（$R_L=\infty$时）。

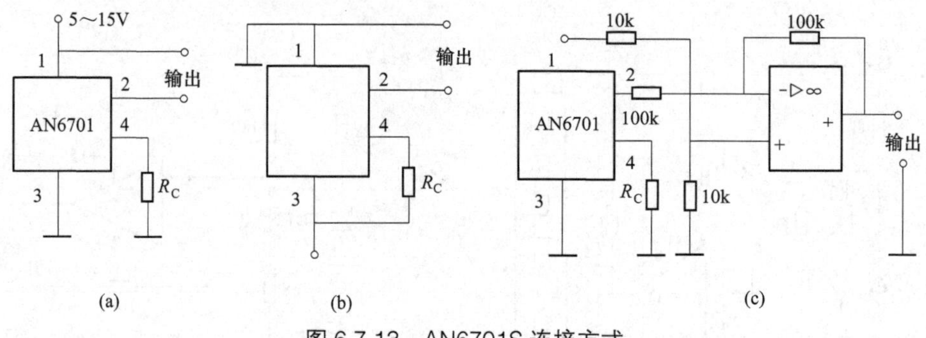

图 6.7.13 AN6701S 连接方式

（a）正电源供电；（b）负电源供电；（c）输出极性颠倒

学一学 其他集成温度传感器

1. 模拟输出温度传感器芯片 LM20、LM26

LM20 适用于蜂窝式移动电话中，由于这类电话对温度非常敏感，过高或过低温度保护功能非常重要，因此模拟输出温度传感器应采用 LM20 芯片。LM26 是一种高精度单输出的低功率恒温器芯片。由于这种芯片可以按照个别客户要求预先设定恒温器的断开点，并且可以模拟温度传感器输出。因此特别适用于温度控制装置，如火警警报系统。

2. 数字温度传感器芯片 LM92

LM92 是一种高精度的双线接口温度传感器芯片，该芯片最适合用于各种高精度的应用方案中，其中包括冷暖空气调节、通风系统、医疗系统、汽车、基站以及多种其他应用方案。有关应用方案一般均需要在较小的温度范围内达到较高的精确度。在 LM92 芯片还未正式推出之前只有模拟温度传感器芯片或热电阻器芯片才可达到如此高的精确度。但由于这两类解决方案需要加设线性化电路，还需要调校，会使成本增加。此外，模拟解决方案必须进行一些特殊测试，才可确保其精确度，但有关测试会对应用造成一定的影响。

3. 远程二极管温度传感器芯片 LM83、LM88

LM83 是一种远程二极管芯片的传感器芯片，他可测试系统内 4 个不同位置的温度，其中 3 个属于芯片之外 3 个不同位置的温度，而第 4 个是芯片本身的内部温度。以往只有中央处理器的温度需要接受检测，但以目前的系统来说，电池、图形加速器及 PCMCIA 卡盒等配件的温度也应接受检测。它可发出两个可设定的温度中断输出信号，当任何接受监测的温度超出设定水平时，便会触发中断信号的输出。LM88 是一种双远程二极管温度传感恒温器芯片，最适用于笔记本型计算机、台式机、工作站与服务器上，以及电池供电的便携式系统等应用方案。此外，LM88 芯片也可用作个人计算机的四极散热扇控制器，其成本很低。LM83 和 LM88 同样具有卓越的噪声抗扰能力，可减低电源供应带来的噪声干扰，可防止假断开。

4. 系统监视器 LM87

LM8 是一种系统监视传感器芯片，除了与远程二极管传感器芯片一样能控制温度之外，还对风扇、电压有监控作用，适用于笔记本型计算机、台式机、服务器等电子仪器。LM87 是内置两个 LM84 远程二极管的温度传感器，有两个风扇转速输入口，跟 8 个电压检测输入口，还有一个风扇转速的控制输出。

做一做 集成温度传感器 LM35 的温度测试

1. 测试目的

熟悉常用的集成温度传感器 LM35 的基本原理、性能与应用。

2. 测试原理

集成温度传感器将温敏晶体管与相应的辅助电路集成在同一芯片上，它能直接给出正比于绝对温度的理想线性输出，一般用于温度为 –65 ~ –35℃的测量，温敏晶体管是利用管子的集电极电流恒定时，晶体管的基极与发射极间的电压（U_{be}）与温度成线性关系。为了克服温敏晶体管 U_b 电压生产时的离散性，均采用了特殊的差分电路。集成温度传感器有电压型和电流型两种，在一定温度下，电流输出型集成温度传感器相当于一个恒流源。因此，它具有不易受接触电阻、引线电阻、电压噪声干扰的特点，具有很好的线性特性。本测试采用的 LM35 是电压输出型集成温度传感器，该传感器采用 TO-46 和 TO-92 封装的器件，LM35 和 LM35A 的工作温度是 –55~+150℃，LM35C 和 LM35CA 的工作温度是 –40~+110℃，LM35D 的工作温度是 0~+100℃。LM35 特点是可直接校正摄氏温度，线性温度系数为 10.0mV/℃，温度范围为 –55~+150℃，最适合用于遥控，成本低，工作电压为 4~30V，非线性小于 ± 1/4℃，输出阻抗在 1mA 负载时为 0.1Ω。其接线如图 6.7.14 所示。

3. 所需器件及模块

温度传感器特性测试电路模块、0 ~ 2V 数显单元。

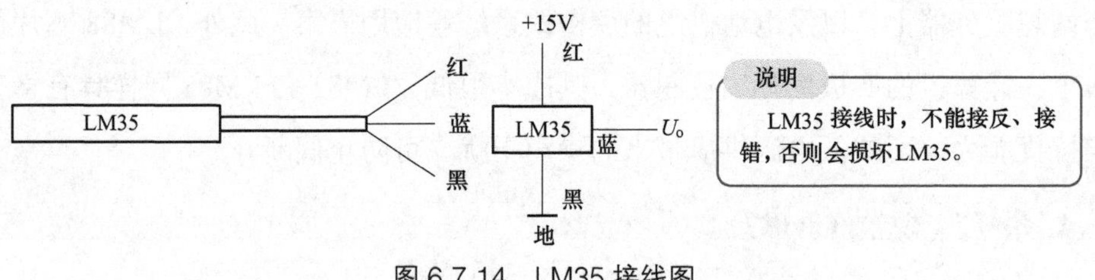

图 6.7.14　LM35 接线图

4. 测试步骤

（1）将温度传感器特性测试电路模板接 +12V 电源，如图 6.6.15 所示。

（2）温度从 40℃开始，仪表每隔 5℃设定一个测试点（设定方法参见温度控制仪说明），记下数显表上相应的读数，上限不超过 125℃，将对应输出电压记录在表 6.7.2 中。

（3）由表 6.7.2 计算在此范围内集成温度传感器的非线性误差。

表 6.7.2　　集成温度传感器恒温箱温度与输出电压记录表

T（℃）	40	45	50	55	60	65	70	75	80	85
U（mV）										

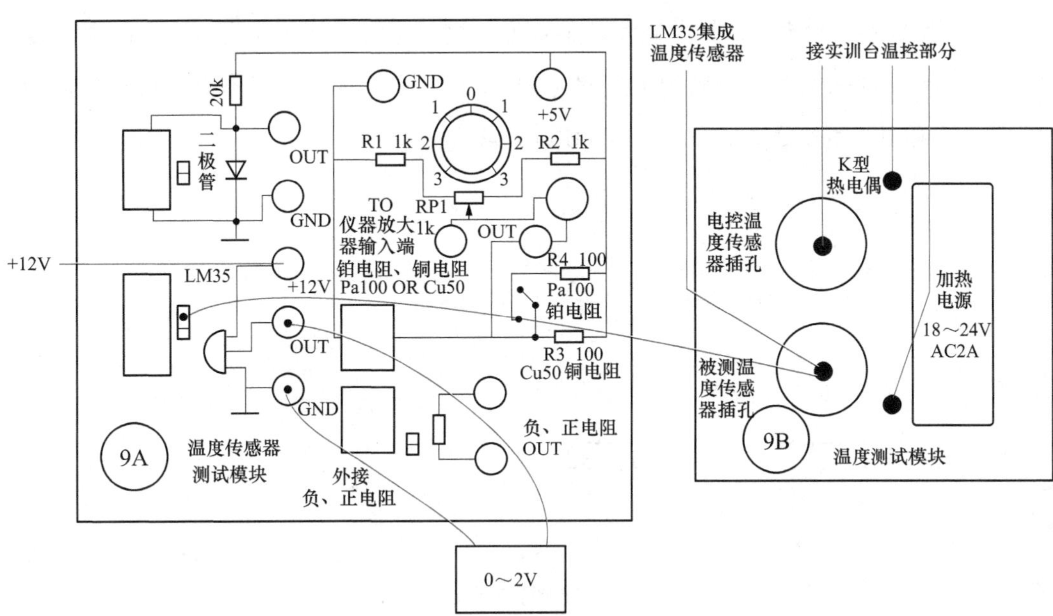

图 6.7.15 LM35 温度测试连接图

1. 什么是金属导体的热电效应？试说明热电偶的测温原理。

2. 试分析金属导体产生接触电动势和温差电动势的原因。

3. 简述热电偶的中间导体定律，并分别说明实用价值。

4. 试述热电偶冷端温度补偿的几种主要方法和补偿原理。

5. 用镍铬 – 镍硅 (K) 热电偶测量温度，已知冷端温度为 40℃，用高精度毫伏表测得这时的热电动势为 29.188mV，求被测点的温度。

6. 已知铂铑$_{10}$– 铂 (S) 热电偶的冷端温度 $t_0 = 25$℃，现测得热电动势 $E(t,\ t_0) = 11.712$mV，求热端温度。

7. 已知镍铬 – 镍硅 (K) 热电偶的热端温度 $t = 800$℃，冷端温度 $t_0 = 25$℃，求 $E(t,\ t_o)$。

8. 现用一支镍铬 – 康铜 (E) 热电偶测温，其冷端温度为 30℃，动圈显示仪表 (机械零位在 0℃) 指示值为 400℃，则认为热端实际温度为 430℃，对不对？为什么？正确值是多少？

9．用镍铬－镍硅 (K) 热电偶测量某炉温的测量系统如下图所示，已知冷端温度固定在 0℃，$t_0 = 30$℃，仪表指示温度为 210℃，后来发现由于工作上的疏忽，补偿导线 A′ 和 B′ 相互接错了，求炉温的实际温度 t。

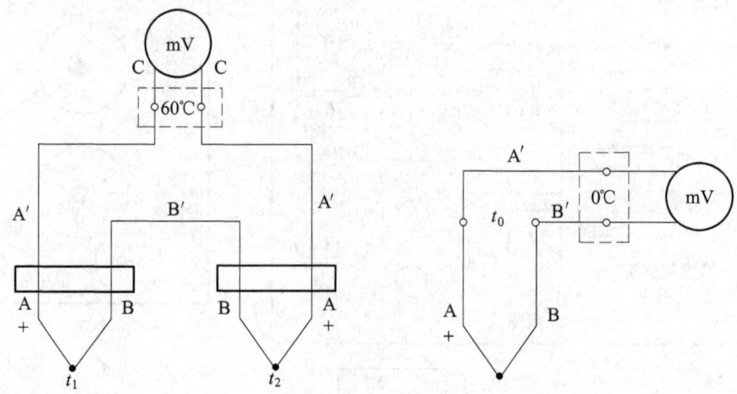

题 9 图　热电偶炉温测量系统

10. 请将下图各有关设备正确地连接起来，组成热电偶测温、控温电路。

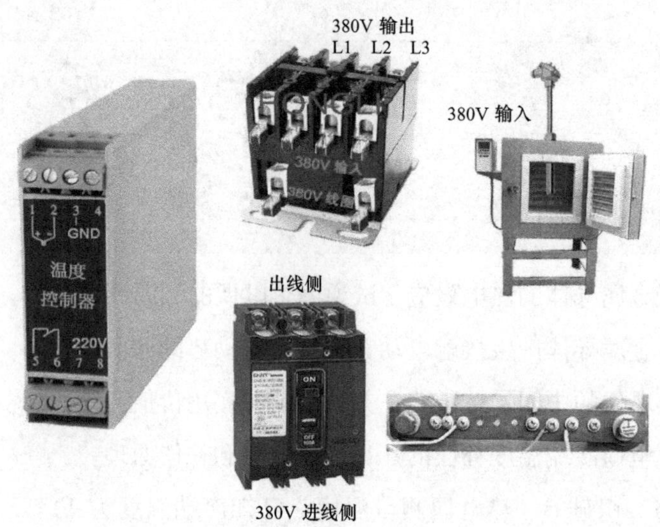

题 10 图　热电偶控温系统

项目 7 气体传感器

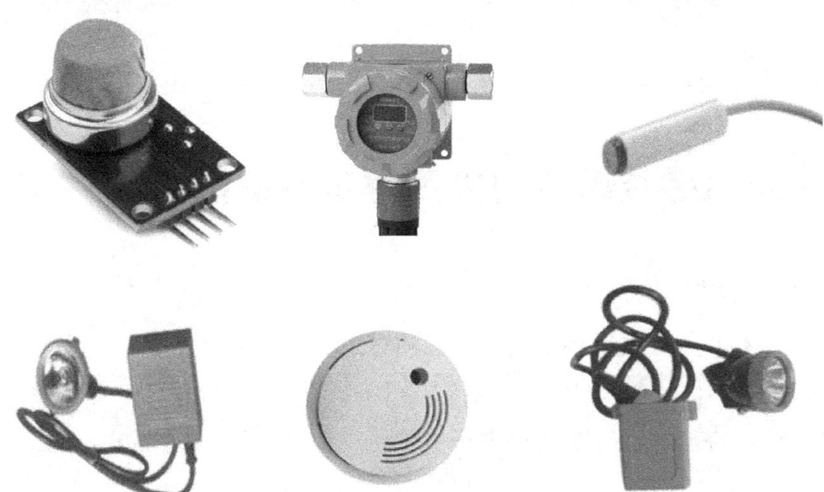

现代生活中排放的气体越来越多，这些气体中有些是易燃、易爆的气体（如氢气、煤矿瓦斯、天然气、液化石油气等），有些是对人体有害的气体（如一氧化碳、氨气等）。为了保护人类赖以生存的自然环境，防止不幸事故的发生，需要对各种有害、可燃性气体在环境中存在的情况进行有效监控。

气敏传感器是一种能检测气体浓度、成分并把它转换成电信号的器件或装置，根据电信号的强弱可以得到待测气体在环境中的存在情况，从而可以进行检测、监控、报警，还可以通过接口电路与计算机组成自动检测、控制和报警系统。

项目导读

▷ 气敏、湿敏传感器的基本概念。

▷ 半导体气敏、湿敏传感器的组成、工作原理和分类。

▷ 半导体气敏、湿敏传感器的应用。

▷ 接触燃烧气敏传感器的组成和工作原理。

▷ 烟雾传感器的特点和分类。

7.1 气敏传感器

学一学 气敏传感器的检测对象与应用场合

气敏传感器主要检测对象及其应用场合见表 7.1.1。

表 7.1.1 气敏传感器主要检测对象及其应用场合

分类	检测对象	应用场合
易燃易爆气体	液化石油气、焦炉煤气、发生炉煤气、天然气	家庭
	甲烷	煤矿
	氢气	冶金、实验室
有毒气体	一氧化碳（不完全燃烧的煤气）	石油工业、制药厂
	卤素、卤化物和氨气等	冶炼厂、化肥厂
	硫化氢、含硫的有机化合物	石油工业、制药厂
环境气体	氧气（缺氧）	地下工程、家庭
	水蒸气（调节湿度，防止结露）	电子设备、汽车和室温等
	大气污染（SO_x,NO_x,Cl_2 等）	工业区
工业气体	燃烧过程气体控制，调节燃空比	内燃机、锅炉
	一氧化碳(防止不完全燃烧)	内燃机、冶炼厂
	水蒸气（食品加工）	电子灶
其他用途	烟雾、司机呼出的酒精	火灾预报、事故预报

学一学 气敏传感器的分类

气敏传感器简称气敏电阻，可以把某种气体的成分、浓度等参数转换成电阻变化量，再转换为电流、电压信号。其分类如图 7.1.1 所示。

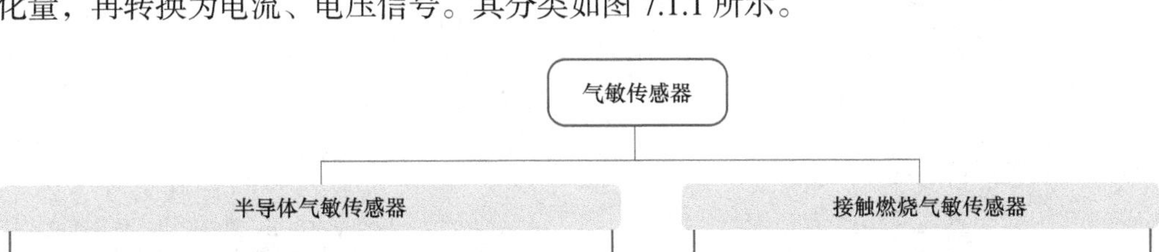

图 7.1.1 气敏传感器的分类

学一学 气敏传感器的外形

常见气敏传感器如图 7.1.2 所示。

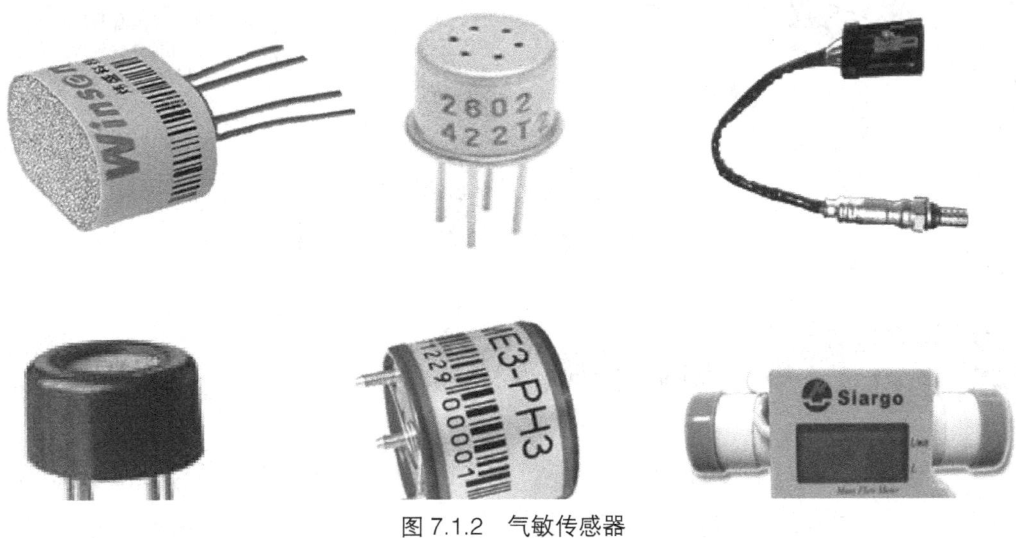

图 7.1.2 气敏传感器

气敏传感器在工作时必须加热，加热的主要目的是加速吸收气体的吸附、脱出过程，烧去气敏元件的油垢和污物，起清洗作用。同时，可以通过温度的控制来对检测的气体进行选择。加热温度一般控制在 200 ~ 400℃。

按照加热方式气，敏电阻可分为直热式和旁热式两种。

1. 直热式气敏电阻

该类型气敏电阻的结构与符号如图 7.1.3 所示。

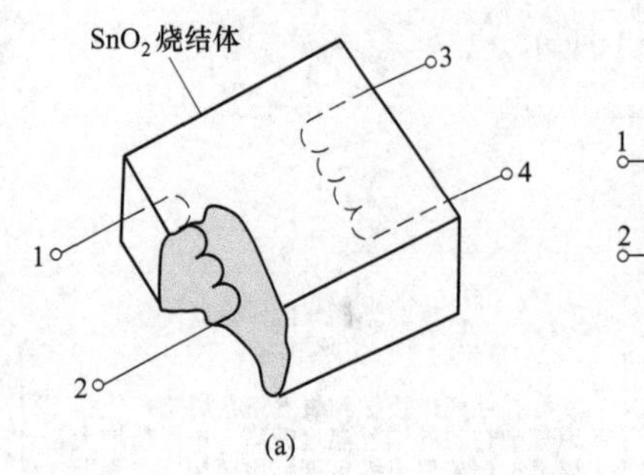

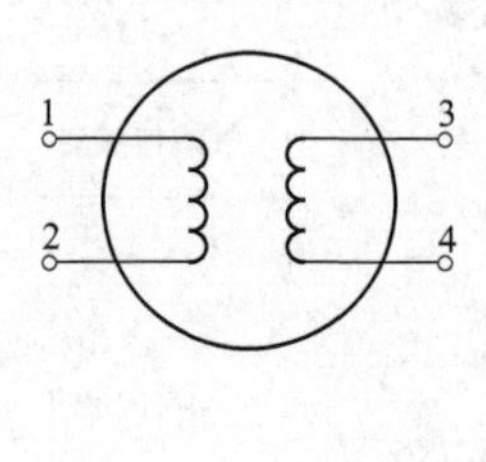

说明

工艺简单，成本低功耗小，可在高压回路中使用。热容量小，易受环境影响，加热回路与测量回路相互影响！

图 7.1.3　直热式气敏电阻的结构与符号

（a）结构;（b）符号

2. 旁热式气敏电阻

该类型气敏电阻的结构与符号如图 7.1.4 所示。

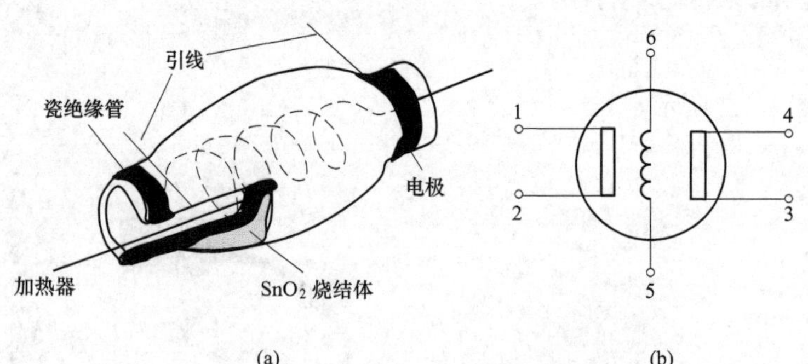

说明

测量极与加热丝分离，而且加热丝不与气敏材料接触，避免了测量回路与加热回路的相互影响。元器件容量大，降低了环境对器件加热温度的影响，其稳定性和可靠性都比直热式器件好。

图 7.1.4　旁热式气敏电阻的结构与符号

（a）结构;（b）符号

学一学　气敏传感器的测量电路

气敏电阻的测试电路如图 7.1.5 所示，它包括加热回路和测试回路。在图 7.1.5（a）中，0 ~ 10V 直流稳压电源供给元器件加热电压 U_H，0 ~ 20V 直流稳压电源与气敏元件及负载电阻组成测试回路，供给测试回路电压 U_C，负载电阻 R_L 兼做取样电阻。从测量回路上得

$$R_S = \frac{U_C}{U_L} R_L - R_L$$

由此可见，测量 R_L 上的电压即可测得气敏元件电阻 R_s。

图 7.1.5（b）和（c）的测试原理与图 7.1.5（a）相同，用直流法还是用交流法测试，不影响测试结果，可根据实际情况选用。

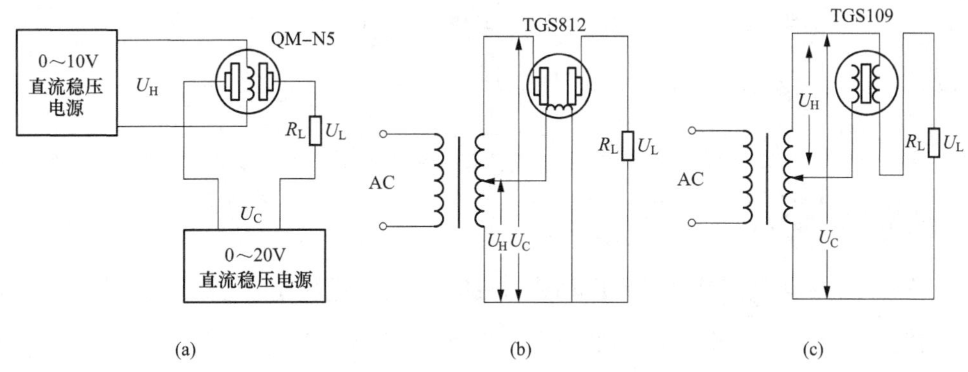

图 7.1.5　气敏电阻的测试电路

(a) QM-N5 型；(b) TGS812 型；(c) TGS109 型

学一学　气敏传感器的应用

1. 简易酒精测试器

图 7.1.6 是一种简易酒精测试器，此电路采用 TGS812 型酒精传感器，对酒精有较高的灵敏度（对一氧化碳也敏感）。传感器的负载电阻 R_1 及 R_2，其输出直接接 LED 显示驱动器 LM3914。当无酒精蒸汽时，其输出电压很低，随着酒精蒸汽浓度的增加，输出电压也上升，则 LM3914 的 LED（共 10 个）点亮的数目也增加。

该测试器工作时，人只要向传感器呼一口气，根据 LED 点亮的数目即可知是否喝酒，并可大致了解饮酒量。测试方法是在24h内不饮酒的人呼气，使LED中仅1 发光，然后稍调小一点即可。

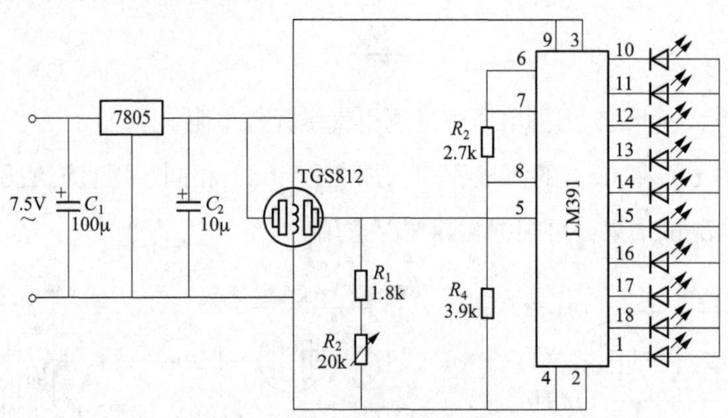

图 7.1.6　简易酒精测试电路

2. 煤气报警器

图 7.1.7 为一煤气报警电路的原理图，电路中一部分是煤气报警器，在煤气达到危险界限前发生警报，另一部分是开放式负离子发生器，可自动产生空气负离子使煤气中主要有害成分一氧化碳和空气负离子中的臭氧（O_3）反应，生成对人体无害的二氧化碳。

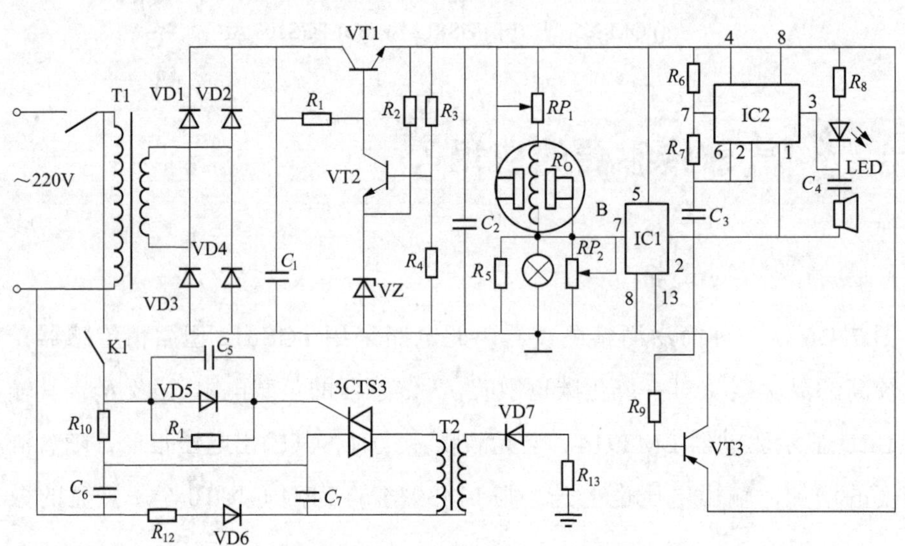

图 7.1.7　煤气报警电路原理图

3. 矿灯瓦斯报警器

图 7.1.8 是一种矿灯瓦斯报警器电路，其瓦斯探头由 QM-N5 型气敏传感器、限流电阻 R_1 及矿灯蓄电池等组成。因为气敏元件在预热期间会输出信号造成误报警，所以气敏传感器在使用前必须预热十几分钟以避免误报警。一般矿灯瓦斯报警器直接安放在矿工的工作帽内，以矿灯蓄电池为电源。当瓦斯超限时，矿灯自动闪光并发出报警声。

图 7.1.8 中 RP 为报警设定电位器，当瓦斯浓度超过某设定值时，输出信号通过

二极管 VD 加到 VT1 的基极上，VT1 导通，VT2、VT3 组成的互补式自激多谐振荡器开始工作，使继电器 K 不断地吸合和释放。由于 K 与矿灯都是安装在工作冒上，K 吸合时，动铁芯撞击铁芯发出的“嗒、嗒”声通过工作帽传给矿工。

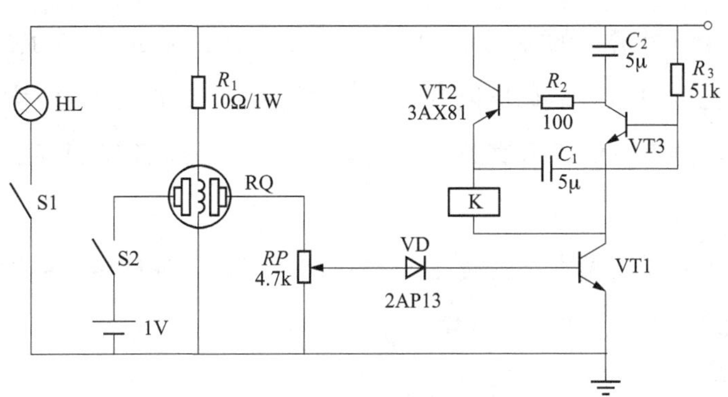

图 7.1.8 矿灯瓦斯报警器电路

学一学 气敏传感器的特点

1. 气敏传感器的采样特点

气敏传感器的采样方式由两种，其特点如下：

（1）依靠气体的可燃性气体自然扩散的方式进行检测。其特点是无需增加采样装置，结构简单、体积小、使用方便，但易受风向和风速的影响。因此，适用于室内和不受风向影响的场所。

（2）在传感器内装一台小型泵，强制吸收由工艺装置泄露出来的可燃性气体进入传感器进行检测。在吸入口有一个喇叭形的气体捕获罩，并设有气体分离器，对气体进行过滤。此方法的特点是设备多、体积大、结构复杂，但不易受风向和风速的影响，采集率高、应用范围广，如图 7.1.9 所示。

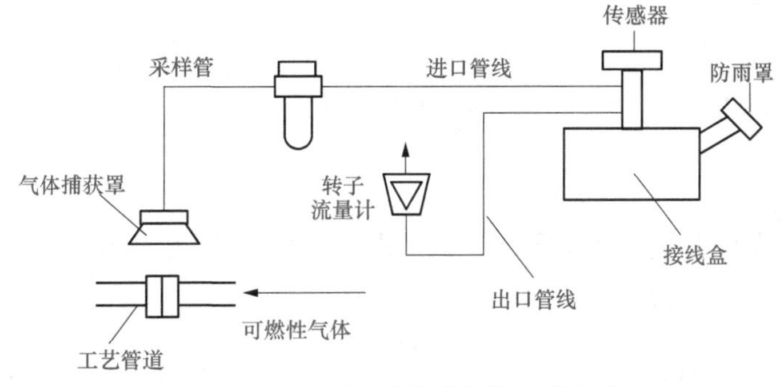

图 7.1.9 泵吸引式传感器的采样方式

2. 气敏传感器的温度补偿

半导体气敏传感器电阻值与温度及湿度有关。一般来说，温度和湿度低时，阻值较大；温度和湿度高时，阻值较小，因此需要补偿。

图 7.1.10 是一种简单的温度补偿电路，它是在比较器 A 的方向输入端（基准电压端）接入负温度系数的热敏电阻 RT，在温度降低时，RT 的阻值增大，则反向输入端的基准电压降低；湿度升高时，基准电压增大，从而跟踪温度的变化达到补偿的目的。

采用热敏电阻进行温度补偿时，不能在高低温都达到理想的补偿效果，需要灵敏地检测气体时，优先考虑低温补偿即可。

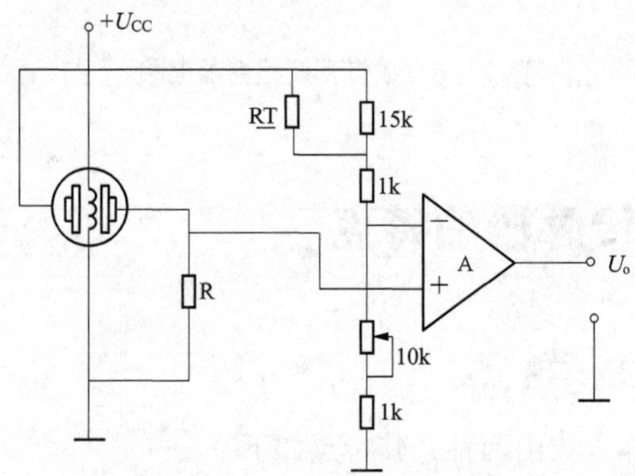

图 7.1.10　简单的温度补偿电路

做一做　酒精气敏传感器特性测试

1. 测试目的

熟悉气敏传感器的原理与应用，仅作定性实验，不作定量实验。

2. 所需器件及模块

酒精检测电路模块、±12V 电源、酒精、棉花球。

3. 测试步骤

（1）将酒精检测电路模块接上 ±12V 电源，如图 7.1.11 所示。

（2）预热 5min，观察数显表上的数值。

（3）将浸有酒精的棉花球放进气敏腔，数显表读数在 1 ~ 10V 之间明显变化。

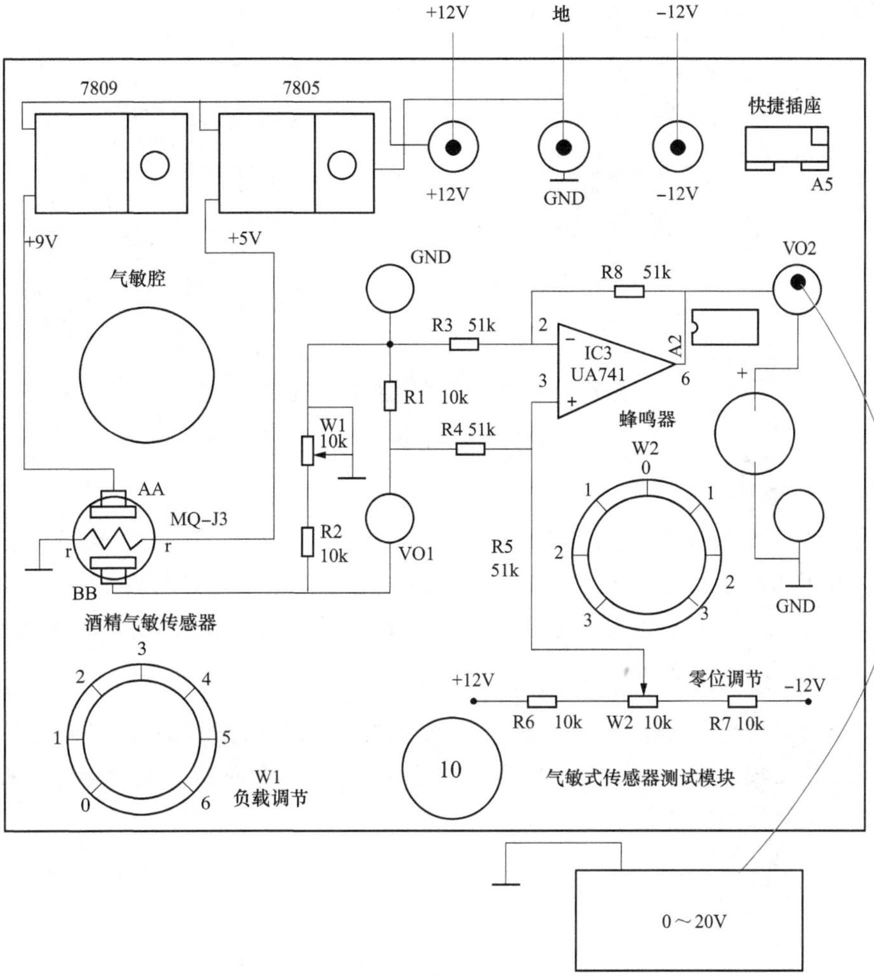

图 7.1.11　酒精气敏传感器特性测试连接图

小资料

烟雾是比气体分子大得多的微粒悬浮在气体中形成的，和一般的气体成分分析不同，必须利用微粒的特点检测。它是以烟雾的有无决定输出信号的传感器，不能定量地进行测量，多用于火灾报警器。烟雾传感器有散射式和离子式两种类型。

1. 散射式

散射式烟雾传感器原理示意图如图 7.1.12（a）所示，它是在发光二极管与光敏元件之间设置遮光屏，无烟时光敏元件接收不到光信号，有烟雾时借助微粒的散射光使光敏元件发出电信号。这种传感器的灵敏度与烟雾种类无关。

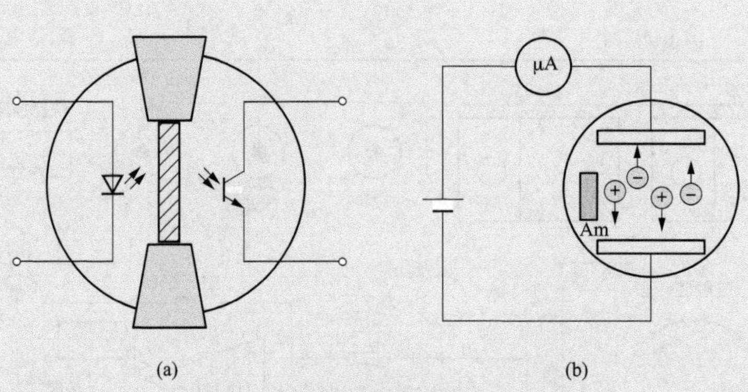

图 7.1.12　烟雾传感器原理示意图

(a) 散射式；(b) 离子式

2. 离子式

离子式烟雾传感器的原理示意图如图 7.1.12（b）所示，用放射性同位素镅 Am241 放射出微量的 α 射线，使附近空气电离，当平行板电极间有直流电压时，产生离子电流 I_k。有烟雾时，微粒将离子吸附，而且离子本身也吸收 α 射线，其结果是离子电流 I_k 减小。

若有另一个密封的纯净空气离子室烟雾传感器作为产生元件，将两者的离子电流进行比较，就可以排除外界干扰，得到可靠地检测结果，这种传感器的灵敏度与烟雾的种类有关。

7.2　湿敏传感器

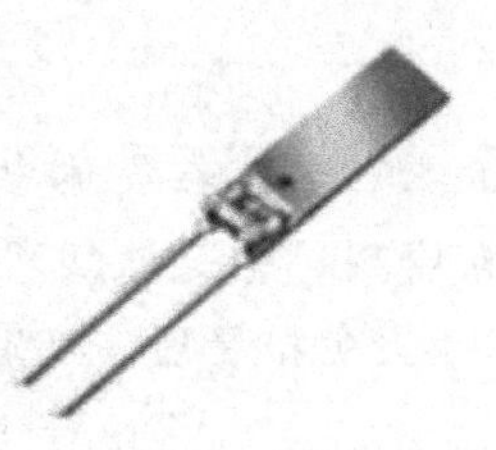

水是一种强极性的电解质。水分子极易吸附于固体表面并渗透到固体内部，引起半导体的电阻值降低，因此可以利用多孔陶瓷、三氧化二铝等吸湿材料制作湿敏传感器。

湿敏电阻是指对环境温度具有响应或转换成相应可测性信号的元件。湿度传感器是由湿敏元件及转化电路组成的，具有把环境湿度转变为电信号的能力。

湿度传感器的应用领域及其应用湿度范围见表 7.2.1。

表 7.2.1　　湿度传感器的应用

应用领域	应用实例	温度范围（℃）	相对湿度 RH（%）
家电	空调机（空气调节）	5~40	40~70
	微波炉（调理控制）	5~100	2~100
	录像机（防止结露）	–5~60	60~100
汽车	汽车后窗除湿机	–20~80	50~100
医疗	医疗仪（呼吸设备）	10~30	80~100
	保育设备（空气调节）	10~30	50~80
工业	电子元件制造（LSI，IC）	5~40	0~50
	纺织业（抽丝）	10~30	50~100
	食品干燥	50~100	0~50
农牧业	室内空调（调节空气）	5~40	0~100
	育雏饲养（健康管理）	20~25	40~70
测量	恒温恒湿槽（环境试验）	–40~100	0~100
	无线电探仪（高精度测量）	–50~40	0~100

湿度传感器依据使用材料可分为电解质型、陶瓷型、高分子型和单晶半导体型。

（1）电解质型：以氯化锂为例，在绝缘基板上制作一对电极，涂上氯化锂盐胶膜，氯化锂极易潮解，并产生离子导电，电阻随湿度升高而减小。

（2）陶瓷型：一般以金属氧化物为原料，通过陶瓷工艺，制成一种多孔陶瓷，利用多孔陶瓷阻值对空气中水蒸气的敏感特性而制成。

（3）高分子型：先在玻璃等绝缘基板上蒸发梳状电极，通过浸渍或涂覆，使其在基板上附着一层有机高分子感湿膜。有机高分子的材料种类很多，工作原理也各不相同。

（4）单晶半导体型：所用材料主要是单晶硅，利用半导体工艺制成二极管湿敏器件和 MOSFET 湿度敏感器件等，其特点是易于和半导体电路集成在一起。

学一学 陶瓷湿敏传感器

利用半导体陶瓷材料制成的陶瓷湿敏传感器，测湿范围宽，可实现全湿范围内的湿度测量。常温湿度传感器的工作温度在 150℃以下，而高温湿度传感器的工作温度可达 800℃，响应时间较短，精度高，抗污染能力强，工艺简单，成本低。

典型的烧结型陶瓷湿敏元件是 $MgCr_2O_4$–TiO_2 系。此外，还有 TiO_2–V_2O_5 系、ZnO–Li_2O–V_2O_5 系、$ZnCr_2O_4$ 系、ZrO_2–MgO 系、Fe_3O_4 系、Ta_2O_5 系等。

该湿敏传感器的感湿体是 $MgCr_2O_4$–TiO_2 系多孔陶瓷，其结构如图 7.2.1 所示。

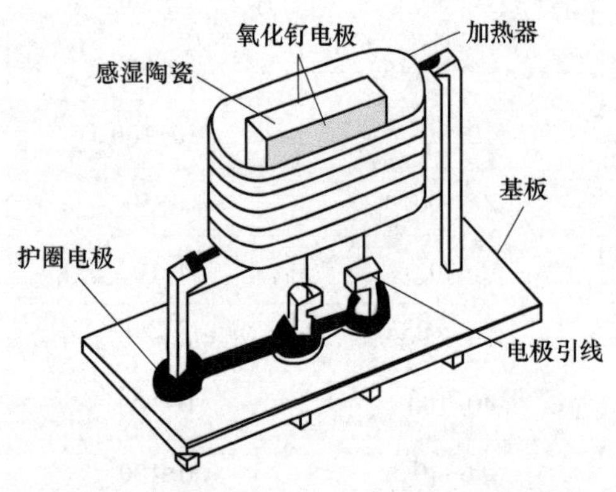

图 7.2.1 $MgCr_2O_4$ – TiO_2 系传感器结构

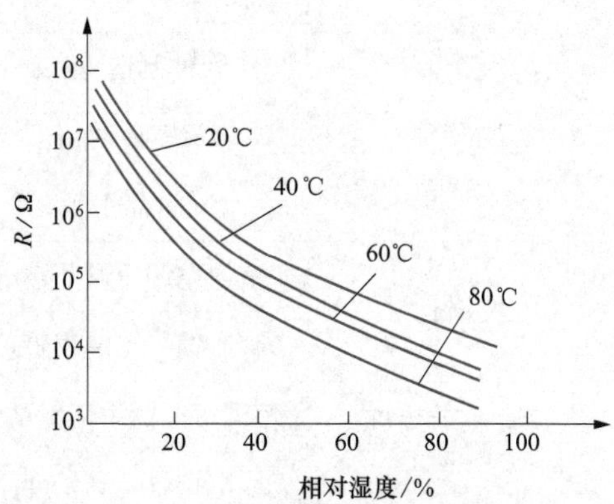

图 7.2.2 $MgCr_2O_4$ – TiO_2 系传感器电阻 – 湿度特性

$MgCr_2O_4$–TiO_2 系传感器的电阻 – 湿度特性，如图 7.2.2 所示，随着相对湿度的增加，电阻值急骤下降，基本按指数规律下降。在单对数的坐标中，电阻 – 湿度特性近似呈线性关系。当相对湿度由 0 变为 100%时，阻值变化了三个数量级。

学一学 高分子湿敏传感器

用有机高分子材料制成的湿敏传感器，主要是利用其吸湿性与胀缩性。某些高分子电介质吸湿后，介电常数会明显改变，可制成电容式湿度传感器；某些高分子电解质吸湿后，电阻会明显变化，可制成电阻式湿度传感器；利用胀缩性高分子（如树脂）材料和导电粒子，在吸湿之后的开关特性，可制成结露传感器。

1. 高分子薄膜电解质电容式

图 7.2.3 为高分子薄膜电介质电容式湿度传感器的结构图。电容式高分子湿度传感器的上部多孔质的金属电极可使水分子透过，水的介电系数比较大，室温时约为 79。感湿高分子材料的介电常数并不大，当水分子被高分子薄膜吸附时，介电常数发生变化，随着环境湿度的提高，高分子薄膜吸附的水分子增多，因而湿度传感器的电容量增加，所以根据电容量的变化可测得相对湿度。

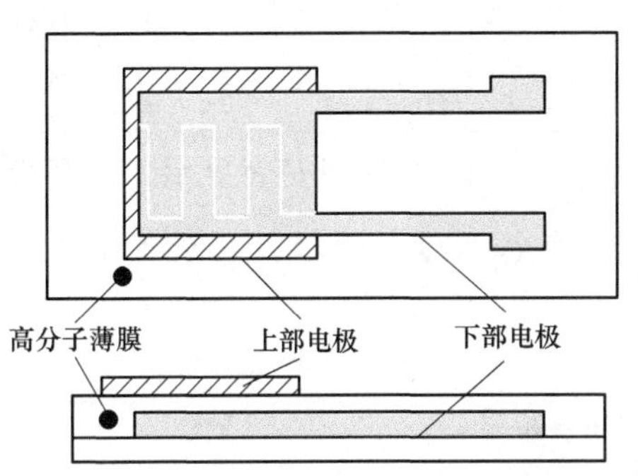

图 7.2.3　高分子薄膜电介质电容式湿度传感器的结构图

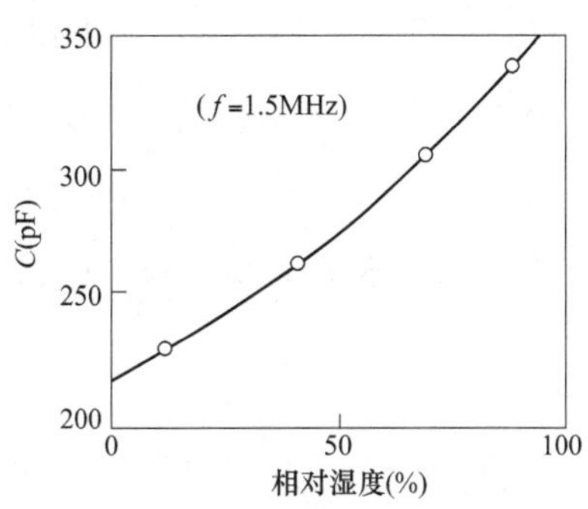

图 7.2.4　电容 – 湿度曲线

高分子薄膜电介质电容式湿敏传感器的电容随环境相对湿度的增加而增加，基本上呈线性关系。当测试频率为 1.5MHz 左右时，其输出特性有良好的线性度。对其他测试频率，如 1kHz、10kHz，尽管传感器的电容量变化很大，但线性度欠佳。可外接转换电路，使电容 – 湿度特性趋于理想直线，如图 7.2.4 所示。

2. 高分子薄膜电阻式

图 7.2.5 是聚苯乙烯磺酸锂高分子薄膜电阻式湿度传感器的结构图。

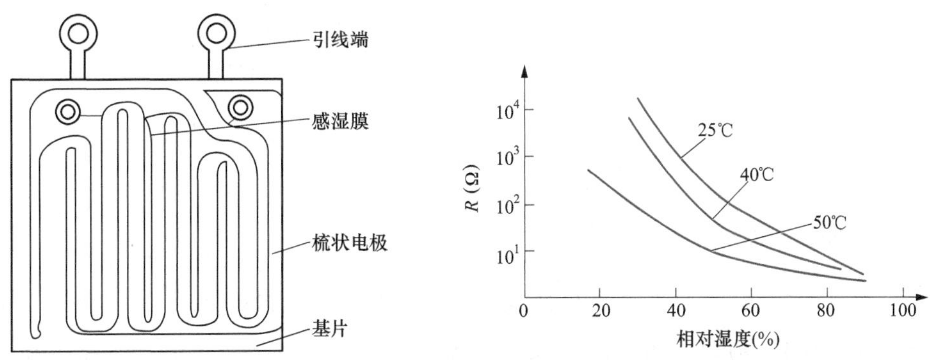

图 7.2.5　聚苯乙烯磺酸锂湿度传感器的结构图　图 7.2.6　聚苯乙烯磺酸锂湿度传感器的湿度特性

如图 7.2.6 所示，当环境湿度变化时，在整个湿度范围内，传感器均有感湿特性，其阻值与相对湿度的关系在单对数坐标纸上近似为一直线。

学一学　湿敏传感器的测量电路

1. 电桥电路

振荡器对电路提供交流电源，电桥的一臂为湿度传感器，由于湿度变化使湿度传感器的阻值发生变化，于是电桥失去平衡，产生信号输出，放大器可把不平衡信号加以放大，整流器将交流信号变成直流信号，由直流毫安表显示，振荡器和放大器都由 9V 直流电源供给。电桥法适合于氯化锂湿度传感器，其原理框图如 7.2.7 所示。

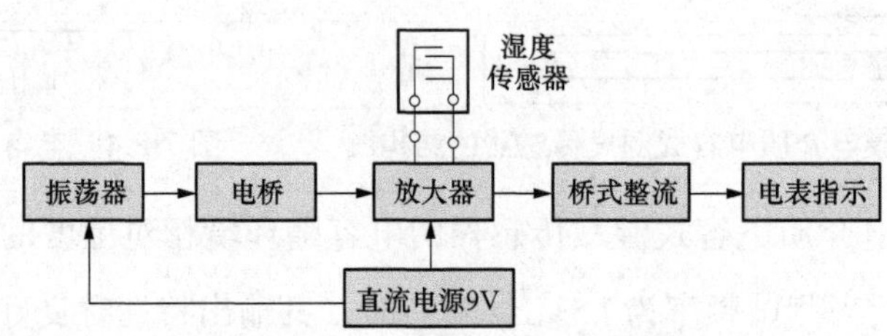

图 7.2.7　电桥湿度测量原理框图

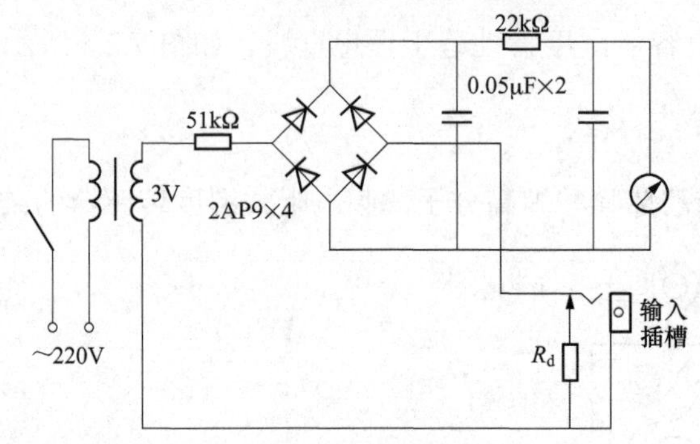

图 7.2.8　欧姆定律电路

2. 欧姆定律电路

图 7.2.8 所示电路适用于可以流经较大电流的陶瓷湿度传感器，由于测湿电路可以获得较强信号，故可以省去电桥和放大器，可以用市电作为电源，只要有降压变压器即可。

3. 带温度补偿的湿度测量电路

在实际应用中，需要同时考虑对湿度传感器进行线性处理和温度补偿，常常采用运算放大器构成湿度测量电路。如图 7.2.9 所示，湿度测量电路中 RT 是热敏电阻器，RH 为湿度传感器，运算放大器型号为 LM2904。该电路的湿度电压特性及温度特性表明：当相对湿度为 30% ~ 90%、温度为 15 ~ 35℃时，输出电压表示的湿度误差不超过 3%。

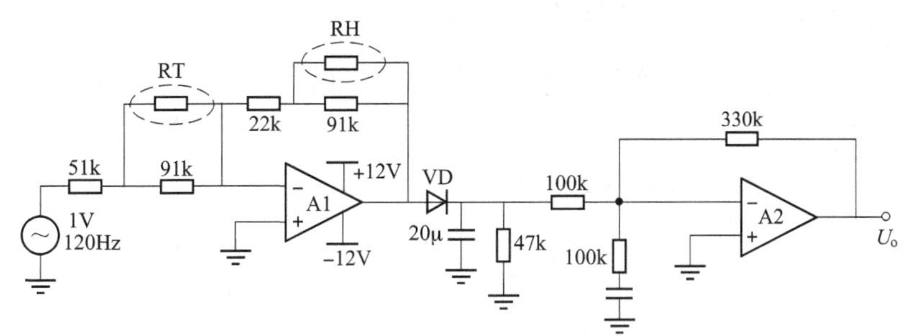

图 7.2.9　待温度补偿的湿度测量电路

做一做　湿敏传感器相对湿度测试

1. 测试目的

熟悉湿度传感器的工作原理及应用，仅作定性测试，不作定量测试。

2. 所需器件及模块

湿敏传感器测试电路模块、± 12V 电源、0 ~ 2V 数显单元、湿棉花球。

3. 测试步骤

（1）将湿度测试电路模块接上 ± 12V 电源，0 ~ 2V 数显表按图 7.2.10 连接。

（2）先预热 3 ~ 5min，将开关置于较准位置使数显为 1.000V，再把开关置于测量位置，然后往有机玻璃湿敏腔中加湿棉花球，等显示单元稳定后记下数值即为相对湿度。

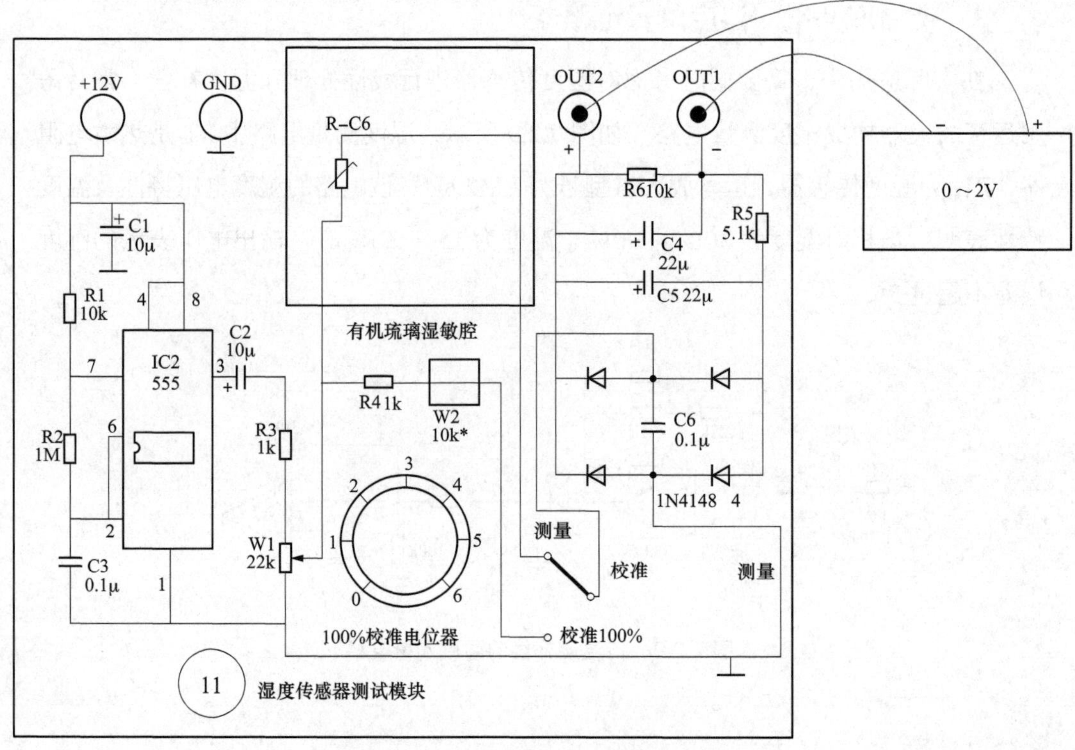

图 7.2.10　湿敏传感器相对湿度测试连接图

1. 什么是气敏传感器？简述其用途。

2. 气敏传感器有哪些类型？各有什么特点？

3. 气敏传感器在使用的时候需要加热，其原因是什么？

4. 烟雾传感器有什么特点？它有哪些类型？

5. 气敏传感器的采样方式有哪几种？各有什么特点？

6. 如何对气敏传感器进行温度补偿？

7. 根据所学知识，设计一个可燃性气体泄漏报警装置，要求画出其原理图，并简述其工作原理。

8. 湿敏传感器有哪些类型？每种类型有什么特点？

9. 下图为 MC-2 电容式湿敏元件的应用电路，试分析该电路的原理与作用。

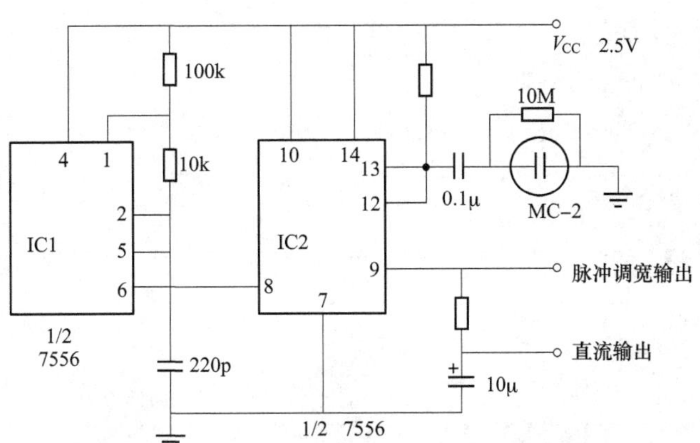

题9图 MC-2电容式湿敏元件的应用电路

项目 8　特殊类型传感器

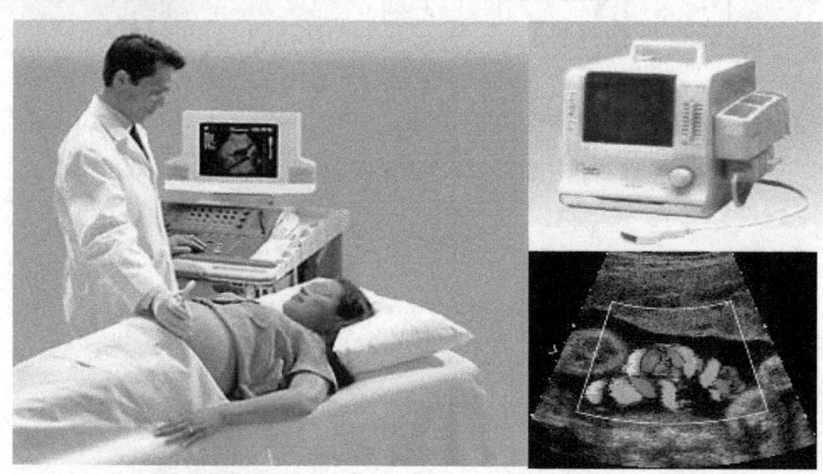

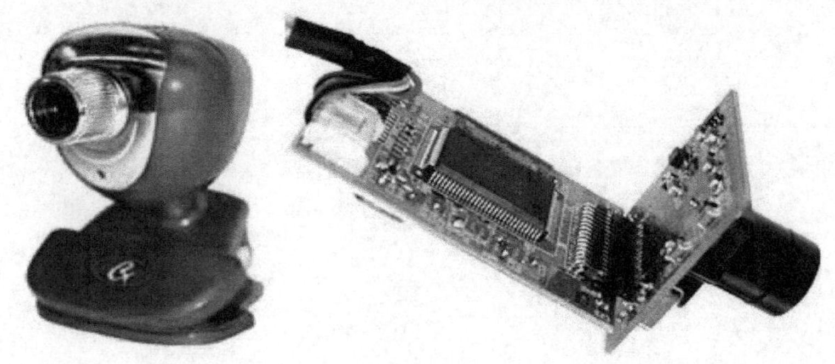

项目导读

- ▷ 超声波传感器的结构、测量原理、方法与应用。
- ▷ CCD 图像传感器的结构、测量原理、方法与应用。
- ▷ 激光传感器的结构、测量原理、方法与应用。
- ▷ 生物传感器的结构、测量原理、方法与应用。
- ▷ 无损探伤技术的原理与应用。

8.1 超声波传感器

声波按频率可将分为次声波、可闻声波和超声波 3 种形式。

1 次声波：次声波是频率低于20Hz的声波，人耳听不到，但可与人体器官发生共振，7～8Hz的次声波会引起人的恐怖感，动作不协调，甚至导致心脏停止跳动。

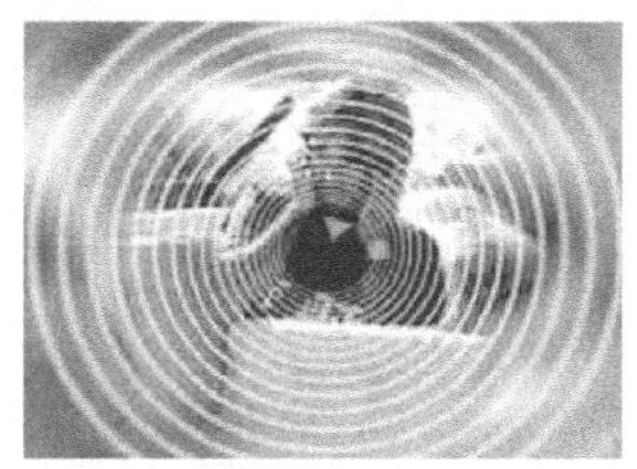

2 可闻声波：可闻声波的频率为20Hz～20kHz,人说话的频率范围一般在20Hz～8kHz之间。

3 超声波：频率高于20kHz的声波。直线传播方式，穿透力强，能量损失小。在遇到两种介质的分界面(如钢板与空气的交界面)时，能产生明显的反射和折射现象，超声波的频率越高，其声场指向性就越好、绕射能力就越弱。

学一学 超声波传感器的结构

超声波传感器的结构如 8.1.1 所示。

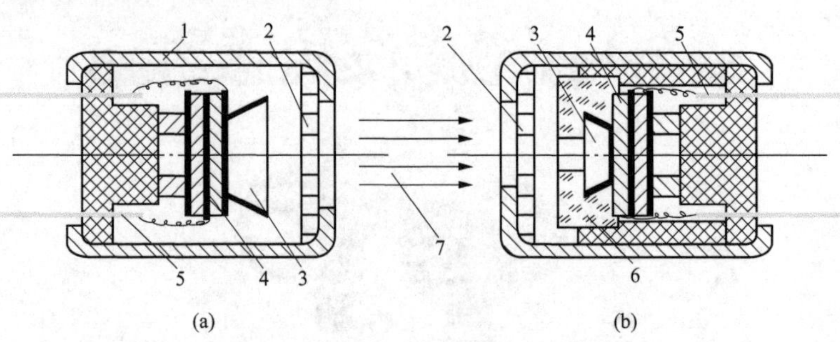

图 8.1.1　超声波传感器的结构图

（a）超声波发射器;（b）超声波接收器

1—外壳；2—金属丝网罩；3—锥形共振盘；4—压电晶片

5—引脚；6—阻抗匹配器；7—超声波束

学一学　超声波探头及耦合技术

超声波传感器如图 8.1.2 所示。

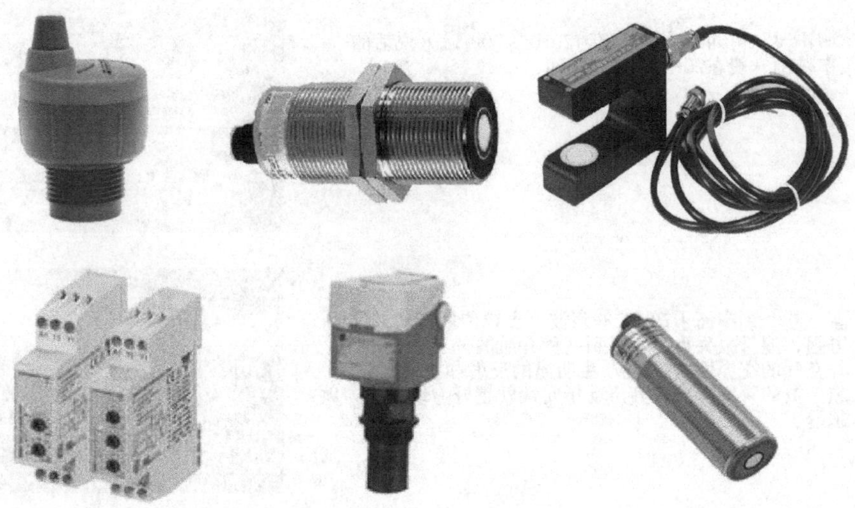

图 8.1.2　超声波传感器

1. 超声波探头

超声波探头又称超声波换能器。超声波换能器有压电式、磁致伸缩式、电磁式等，在检测技术中主要采用压电式。超声波探头又分为直探头、斜探头、双探头、表面波探头、聚焦探头、冲水探头、水浸探头、高温探头、空气传导探头以及其他专用探头等，如图 8.1.3 所示。超声波探头中的压电陶瓷芯片和空气传导超声波电脉冲发生器分别如图 8.1.4 和图 8.1.5 所示。

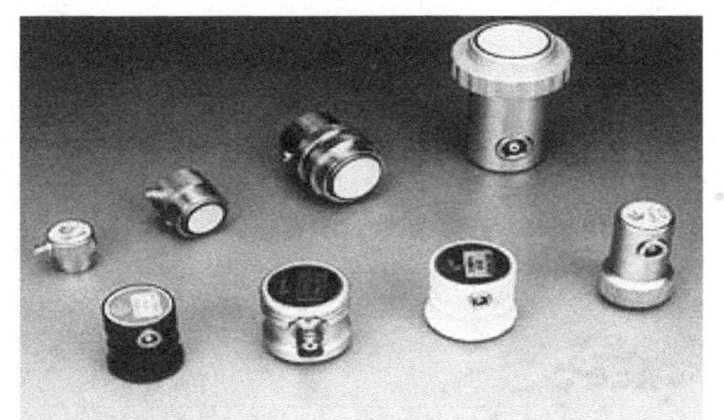

接插件

说明

各种常见的超声波探头，外壳用金属制作，保护膜用硬度很高的耐磨材料制作，防止压电晶片磨损。

图 8.1.3 超声波探头

说明

数百伏的超声电脉冲加到压电晶片上，利用逆压电效应，使晶片发射出持续时间很短的超声振动波。当超声波经被测物反射回到压电晶片时，利用压效应，将机械振动波转换成同频率的交变电压。

图 8.1.4 超声波探头中的压电陶瓷芯片

图 8.1.5 空气传导超声波电脉冲发生器

2. 耦合技术

超声探头与被测物体接触时，探头与被测物体表面间存在一层空气薄层，空气将引起三个界面间强烈的杂乱反射波，造成干扰，并造成很大的衰减。为此，必须将接触面之间的空气排挤掉，使超声波能顺利地入射到被测介质中。在工业中，经常使用一种称为耦合剂的液体物质，使之充满接触层，起传递超声波的作用。常用耦合剂有自来水、机油、甘油、水玻璃、化学浆糊等，如图 8.1.6 所示。

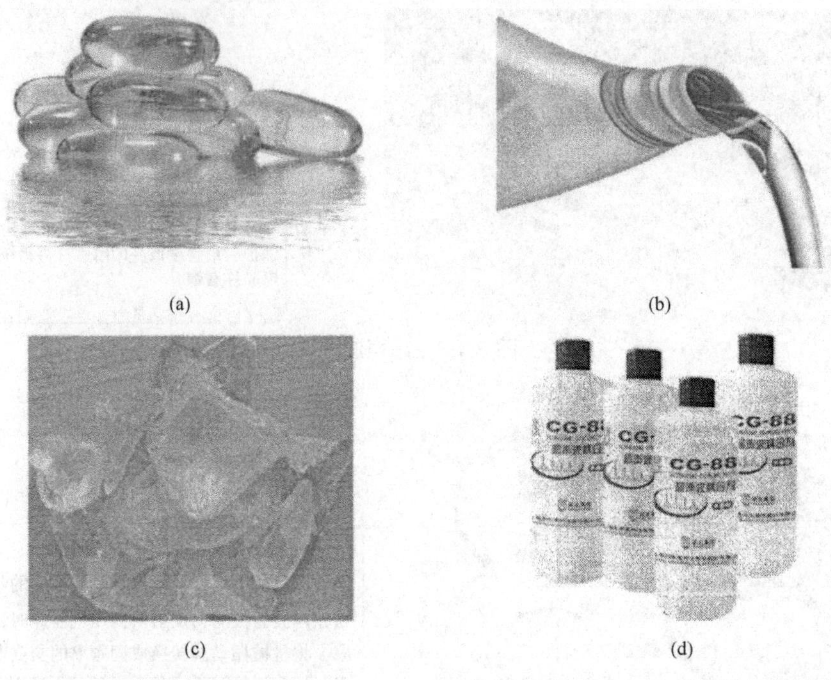

图 8.1.6　常用耦合剂

（a）甘油；（b）机油；（c）水玻璃；（d）化学浆糊

超声发射器与接收器分别置于被测物两侧的属于透射型，可用于遥控器、防盗报警器、接近开关等。超声发射器与接收器置于同侧的属于反射型，可用于接近开关、测距、测液位或物位、金属探伤、测厚等。

学一学　超声波传感器的应用

1. 多普勒效应

如果波源和观察者之间有相对运动，那么观察者接收到的频率和波源的频率就不相同了，这种现象叫做多普勒效应。测出频率差 就可得到运动速度。多普勒效应演示图如图 8.1.7 所示。

图 8.1.7　多普勒效应演示图

在液罐上方安装空气传导型超声发射器和接收器，根据超声波的往返时间，可测得液体的液面，如图 8.1.8 所示。

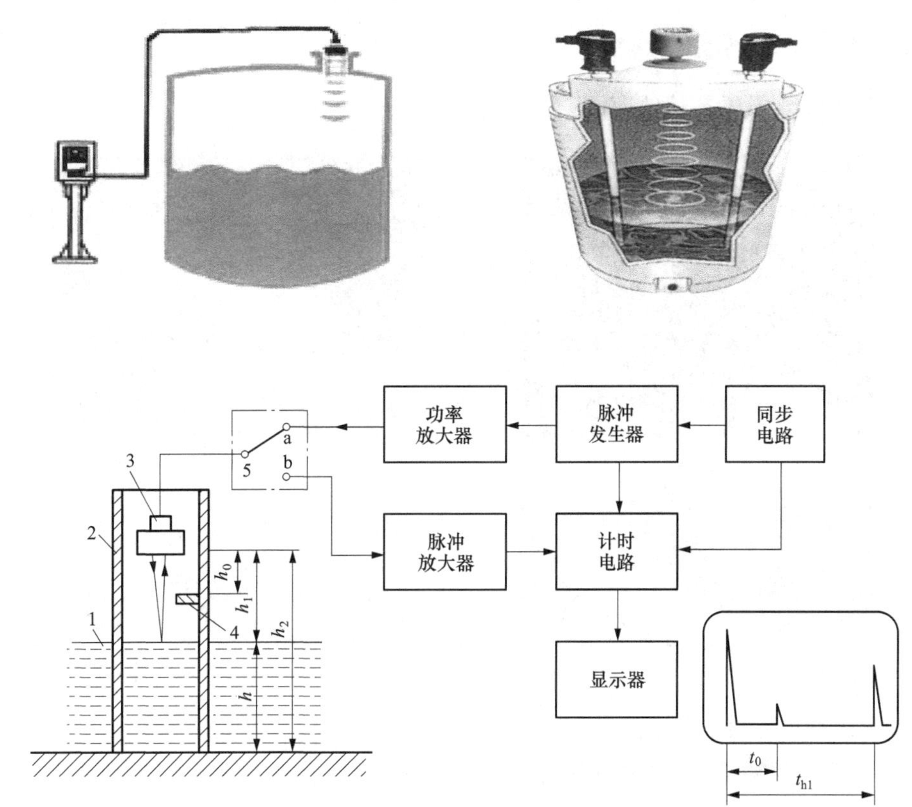

图 8.1.8　超声波测量液位结构、原理图

1—液面；2—直管；3—空气超声探头；4—反射小板；5—电子开关

2. 超声波防盗报警器

超声波防盗报警器的原理如图 8.1.9 所示，图中的上半部分为发射电路，下半部分为接收电路。发射器发射出 40kHz 左右的超声波，如果有人进入信号的有效

区域，相对速度为 v，从人体反射回接收器的超声波将由于多普勒效应而发生频率偏移 Δf。

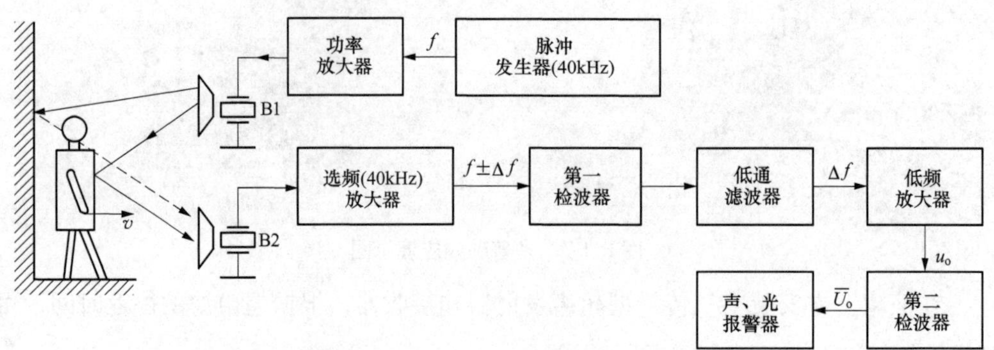

图 8.1.9　超声波防盗报警器的原理图

3. 超声波传感器的其他应用

超声波传感器还有其他应用，如图 8.1.10 所示。

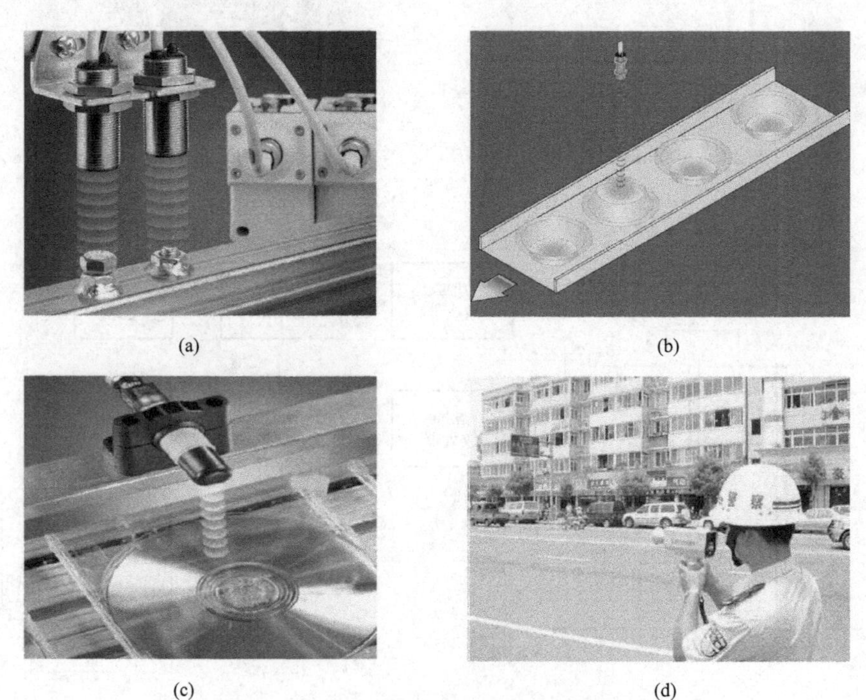

图 8.1.10　超声波传感器的其他应用（一）

（a）紧固件的安装错误检测；（b）物件放置错误检测；

（c）流水线计数；（d）超声波多普勒测量车速

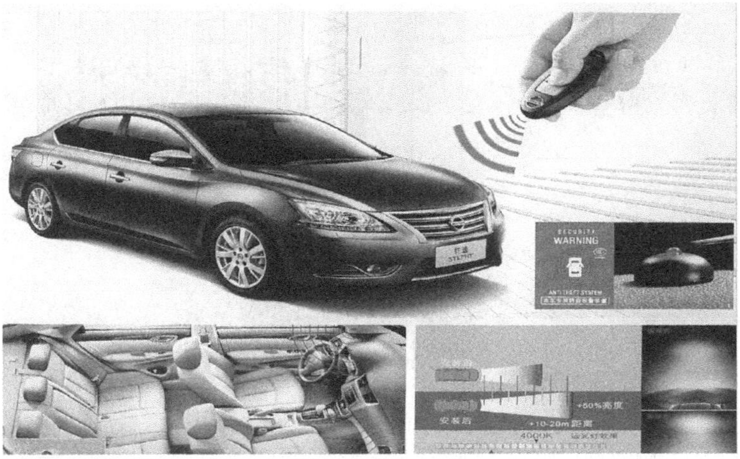

(e)

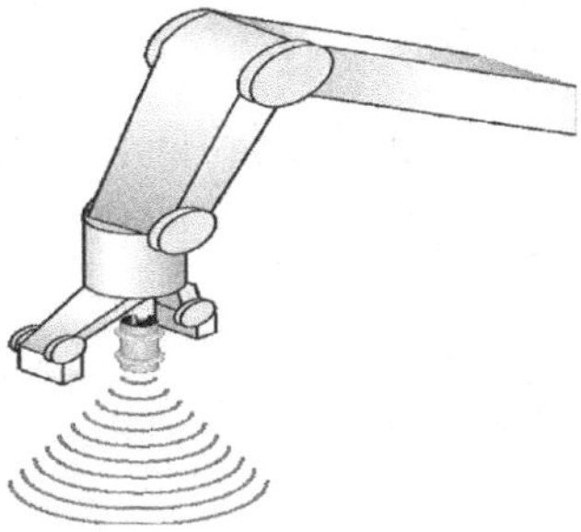

(f)

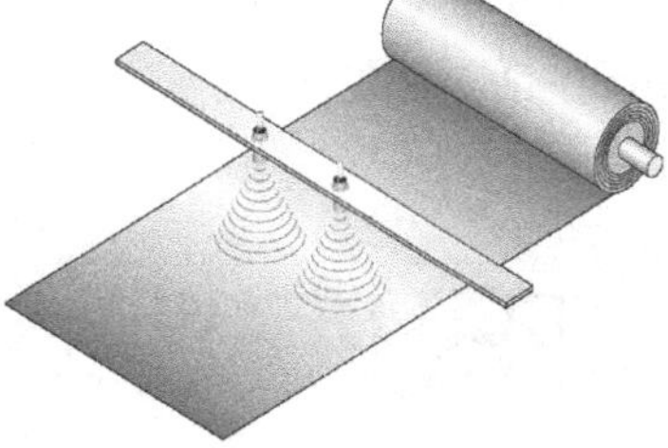

(g)

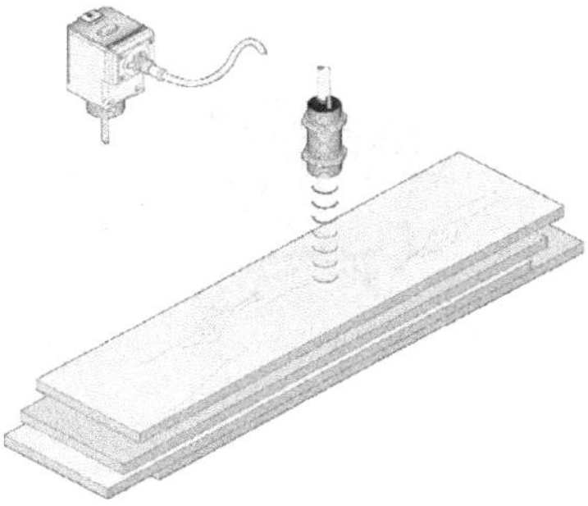

(h)

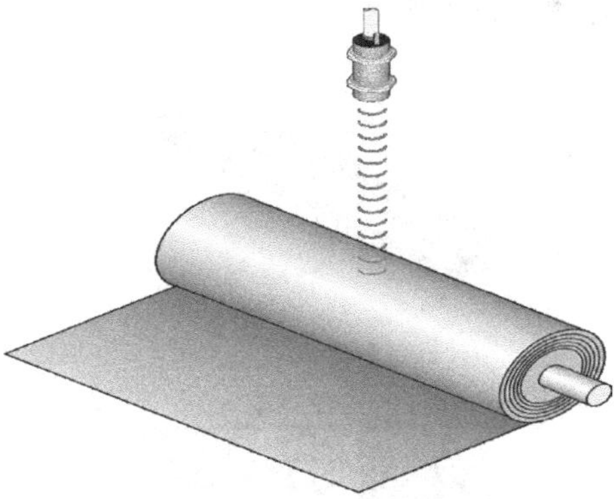

(i)

图 8.1.10 超声波传感器的其他应用（二）

（e）汽车超声波防盗器;（f）机械手定位;（g）平整度测量（h）叠放高度测量;（i）纸卷直径检测

8.2 CCD图像传感器

CCD又称电荷耦合器件，它具有光电转换、信息存贮和传输等功能，CCD图像传感器具有集成度高、功耗小、分辨力高、动态范围大等优点。CCD图像传感器被广泛应用于生活、天文、医疗、电视、传真、通信以及工业检测和自动控制系统中。

学一学 CCD图像传感器的结构

1. 线阵CCD

线阵CCD如图8.2.1所示。

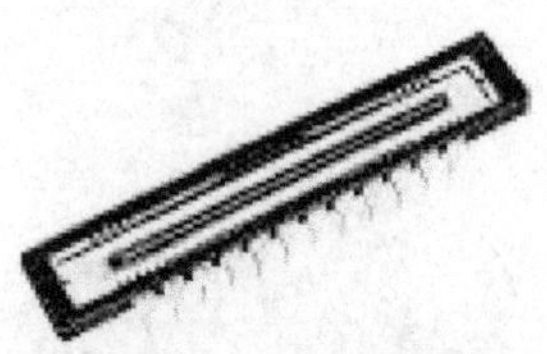

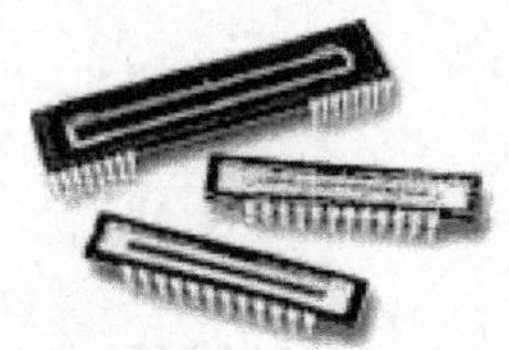

说明

该器件由光敏区、转移栅、模拟移位寄存器 胖零（偏置）电荷注入电路、信号读出电路组成。线阵CCD有单边传输结构和双边传输结构之分，转移效率单边的比双边的差。

图8.2.1 线阵CCD

2. 面阵 CCD

面阵 CCD 如图 8.2.2 所示。

图 8.2.2　面阵 CCD

面阵图像传感器能够检测二维平面图像，由于传输和读出方式不同，面阵 CCD 主要有行传输和行间传输两种。其中行传输 CCD 结构现在很少用。

学一学　CCD 图像传感器的工作原理

一个完整的 CCD 由光敏元、转移栅、移位寄存器及一些辅助输入、输出电路组成。CCD 工作时，在设定的积分时间内，光敏元对光信号进行取样，将光的强弱转换为各光敏元的电荷量。取样结束后，各光敏元的电荷在转移栅信号驱动下，转移到 CCD 内部的移位寄存器相应单元中。移位寄存器在驱动时钟的作用下，将信号电荷顺次转移到输出端。输出信号可接到示波器、图像显示器或其他信号存储、处理设备中，可对信号再现或进行存储处理。

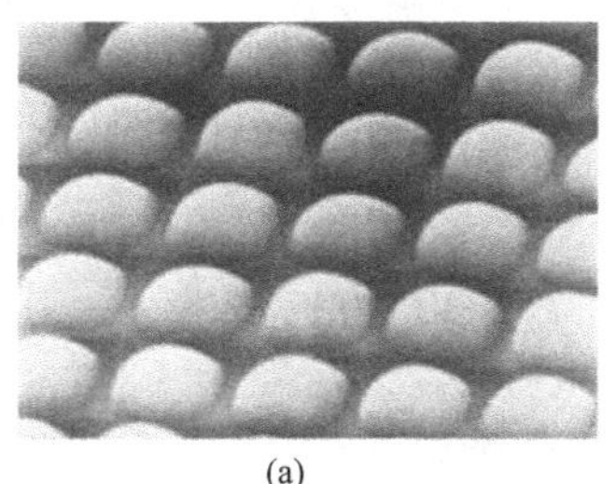

(a)　　　　(b)

图 8.2.3　显微照片

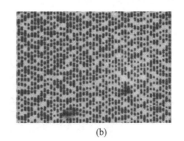

（a）CCD 光敏元显微照片；（b）CCD 读出移位寄存器的数据面显微照片

学一学 CCD 图像传感器的应用

1. 线阵 CCD 在扫描仪中的应用

扫描仪的外部与内部结构如图 8.2.4 所示。

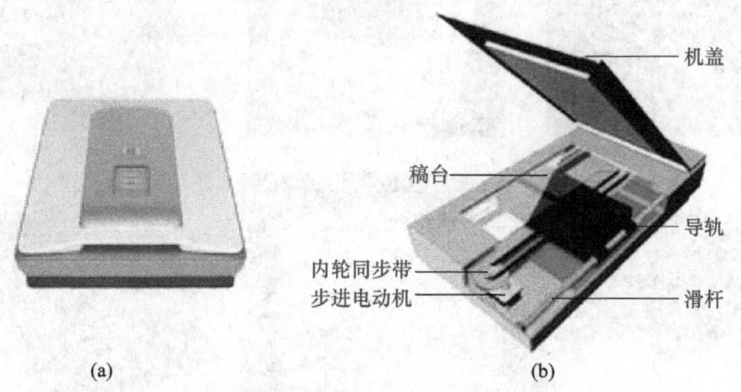

图 8.2.4 扫描仪的外部与内部结构
（a）外部结构；（b）内部结构

扫描仪的工作原理如图 8.2.5 所示。

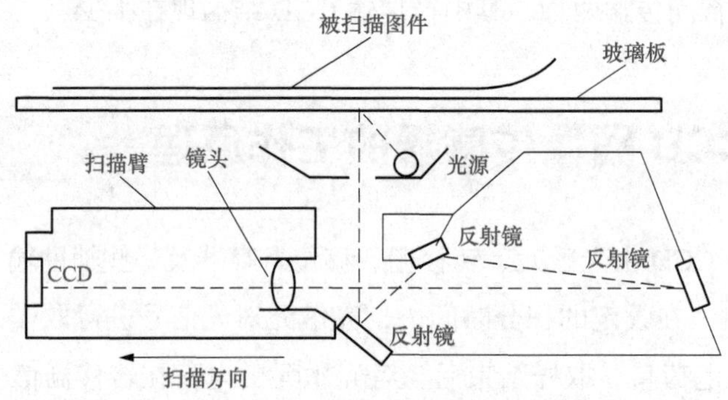

图 8.2.5 扫描仪工作的原理图

2. CCD 的其他应用

CCD 的其他应用如图 8.2.6 所示。

(a)

图 8.2.6 CCD 的其他应用（一）
（a）CCD 用于图像记录

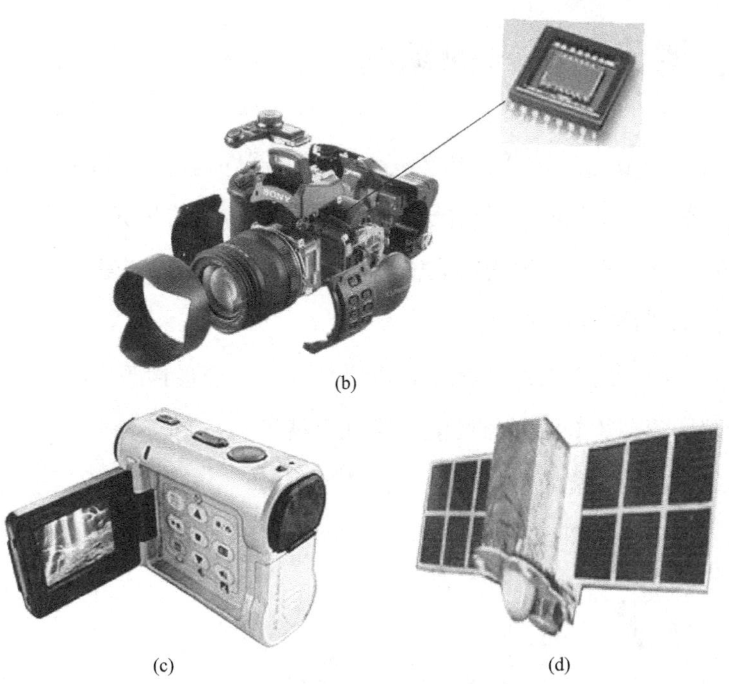

(b)

(c) (d)

图 8.2.6 CCD 的其他应用（二）

（b）CCD 用于数码相机；（c）CCD 用于数码摄像机；

（d）CCD 用于卫星对地球上空的云层分布进行逐行扫描

8.3 激光传感器

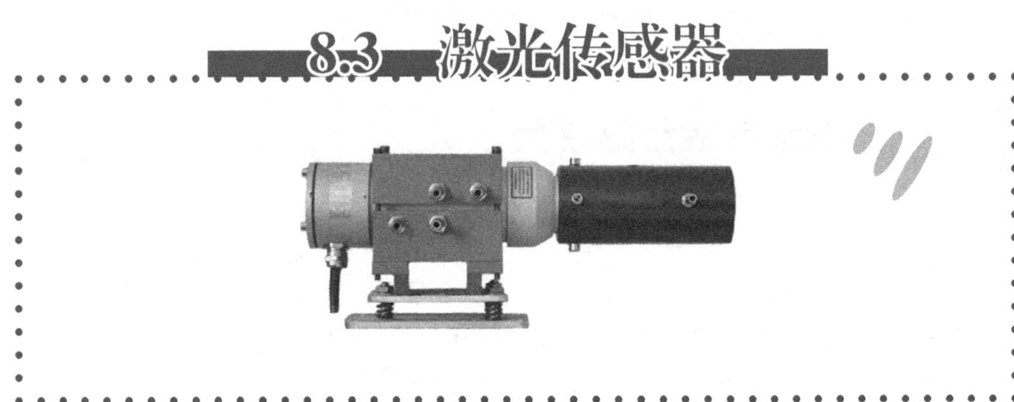

由于激光具有方向性强、亮度高、单色性好等特点，广泛用于工农业生产、国防军事、医学卫生、科学研究等方面，可用来测距、精密检测、定位等，还可用做长度基准和光频基准，其基本方法是将光信号转化成电信号。

学一学 激光传感器的结构

激光传感器一般由激光器、光学零件和光电器件构成，它能把被测物理量（如长度、流量、速度等）转换成光信号，然后用光电转换器把光信号变成电信号，通过相应电路的过滤、放大、整流得到输出信号，从而算出被测量。

激光式传感器具有以下优点：

（1）结构，原理简单可靠，抗干扰能力强，适应于各种恶劣的工作环境。

（2）分辨率较高（如测量长度能达到几个纳米）。

（3）示值误差小，稳定性好，宜用于快速测量。

常见激光传感器如图 8.3.1 所示。

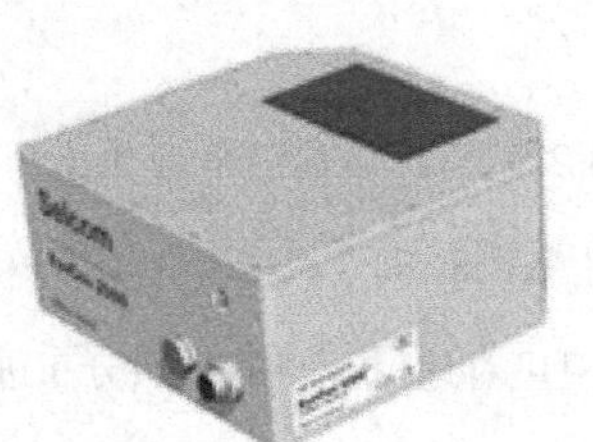

图 8.3.1　常见激光传感器

学一学 激光传感器的应用

1. 激光测距

激光在检测领域中的应用十分广泛，技术含量十分丰富，对社会生产和生活的影响也十分明显。激光测距是激光最早的应用之一。激光具有方向性强、亮度高、单色性好等优点。利用激光测量距离的基本原理是通过测量激光往返目标所需时间来确定目标距离。

工作原理

激光传感器工作时，先由激光二极管对准目标发射激光脉冲。经目标反射后向各方向散射。部分散射光返回到传感器接收器，被光学系统接收后成像到雪崩光电二极管上。记录并处理从光脉冲发出到返回被接收所经历的时间，即可测定目标距离。激光传感器必须极其精确地测定传输时间，因为光速太快。

【例 8.3.1】光速约为 3×10^{8}m/s，要想使分辨率达到 1mm，则传输时间测距传感器的电子电路必须能分辨出以下极短的时间

说明

雪崩光电二极管是内部具有放大功能的光学传感器，它能检测极其微弱的光信号。

$$0.001\text{m}\div(3\times10^{8}\text{m/s})=3\text{ps}$$

要分辨出 3ps，这是对电子技术提出的过高要求，实现起来造价太高。但是廉价的激光传感器巧妙地避开了这一障碍，利用一种简单的统计学原理，即平均法就实现了 1mm 的分辨率，还能保证响应速度。

2. 激光传感器的其他应用

激光传感器的其他应用如图 8.3.2 所示。

(a)

(b)

(c)

(d)

(e)

说明

在新型空中客车 A380 上，激光扫描仪被应用在焊接机上，用于A380客机纵向加强体焊接部分的尺寸测量和形状测量，在规定距离的焊接过程中，结合新开发的软件系统，对横断面的进行高精度测量，并将信息传递给生产控制系统和质量管理系统。

图 8.3.2 激光传感器的其他应用

（a）激光传感器测量;（b）接触网的高度和位置测量;

（c）路面平整度的水平检测和横向扫描;（d）激光打印机;（e）飞机

近年来，我国激光传感器技术取得了长足进步，但同发达国家相比还有很大差距，高端技术与产品仍然依赖进口。根据我国国情及国外技术发展趋势，智能化、

微型化、低功耗、无线传输、便携式将成为新型传感器的发展方向。随着微电子技术、大规模集成电路技术、计算机技术的成熟，光电子技术进入发展中期，超导电子等新技术也将进入发展初期，成为世界电子元器件领域增长最快的一个分支。

我国激光传感器市场发展前景良好，快速增长的电子信息产业对敏感元件和传感器有很大的需求量。激光传感器技术的发展将会给整个传感器学科的发展水平带来巨大的提升。

小资料

传感器是水下目标，如潜艇、水下机器人，要及时发现、准确识别水下威胁目标就必须装备先进的传感装置。利用蓝绿激光水下传感装置，可获得比其他水下传感器更高的识别精度和定位能力。有人曾设想，如果在潜艇上装设蓝绿激光水下传感装置，可使潜艇像使用雷达一样，利用高能蓝绿激光，穿透深层幽暗的海水，寻找和发现目标，并可对目标进行跟踪和指导鱼雷攻击，但是这种设想的实现尚存在许多技术问题。目前，已有将此种设备装在水下平台上，用于探测和识别水雷的技术，特别是利用其他手段很难探测的沉底雷的报道。如已在美海军“海豚”级潜艇上试验多次的 SM2000 水下同步蓝绿激光行扫描仪，试验证实它比其他水下成像系统性能要高很多。与 SM2000 性能相似的 LS2048 蓝绿激光行扫描仪最大使用距离可达 45m，扫描角为 70°，每行像元素达到 2048 个。LS2048 将被改进以适应装入自动水下机械的要求。海基光控武器系统水雷战是现代海战中的一种重要作战方式，水雷武器性能影响着布雷作战的效果。因此，随着科学技术的不断向前发展，许多先进科学技术不断应用于新型水雷的研制开发上。将蓝绿激光技术应用于水雷，则可能研制出崭新一代完全可控制的海基光控武器系统，如光控水雷、光控鱼水雷。这种光控海基武器系统是在水中武器上装设一个光探测器，该探测器能接收飞机或其他平台以一定编码形式向海中发出蓝绿激光信号，通过破译该信号，武器自动决定引信系统是否打开、关闭或自爆。部署了这种武器的海域，在平和时乙方舰船通过时，可由装有蓝绿激光系统的飞机关闭武器系统引信，而在战时，只需用激光打开武器引信就可迅速封锁该海域；战后，也只需用激光就可引爆。因此，光控海基武器系统将是现有各种海基武器中真正可控制的武器。此外，蓝绿激光系统还可用于固定基声纳列阵的控制和通信、测量树林密度和高度等。随着高功率、小体积、长寿命的蓝绿激光器技术，强光背景下的弱信号探测技术，大容量、高速计算机技术的迅猛发展，部分国家已形成了可真正应用于实战的蓝绿激光系统，如美、俄的探雷 / 探测系统、水文测量系统。对于蓝绿激光通信，现各国尚处于样机研制阶段。至于其他一些应用，就目前所能掌握的资料看，尚处于概念研究阶段。但由于蓝绿激光技术所具有的独特性能，以蓝绿激光为基础的各种应用系统，在海军装备中将占据重要的地位。

8.4 生物传感学

生物传感器是对生物物质敏感并将其浓度转换为电信号进行检测的仪器，是由固定化的生物敏感材料作为识别元件（如酶、抗体、抗原、微生物、细胞、组织、核酸等生物活性物质）与适当的理化换能器（如氧电极、光敏管、场效应管、压电晶体等）及信号放大装置构成的分析工具或系统。生物传感器具有接受器与转换器的功能。

学一学 生物传感器的类型

生物传感器采用不同的分类标准将有不同的分类方式。

（1）按感受器中所采用的生命物质，可分为微生物传感器、免疫传感器、组织传感器、细胞传感器、酶传感器、DNA 传感器。

（2）按传感器器件检测的原理，可分为热敏生物传感器、场效应管生物传感器、压电生物传感器、光学生物传感器、声波道生物传感器、酶电极生物传感器、介体生物传感器。

（3）按生物敏感物质相互作用，可分为亲和型和代谢型。

学一学 生物传感器的工作原理

被测物质经扩散作用进入生物活性材料，经分子识别，发生生物学反应，产生的信息继而被相应的物理或化学换能器转变成可定量和可处理的电信号，再经二次仪表放大并输出，便可知待测物浓度，其工作原理：如图 8.4.1 所示。生物传感器的核心元件为分子识别元件，其工作原理如图 8.4.2 所示。

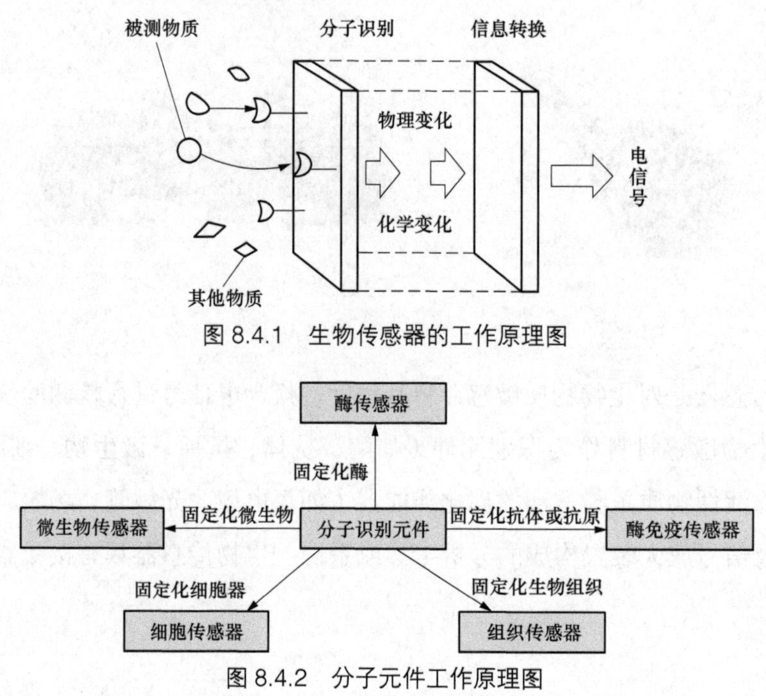

图 8.4.1　生物传感器的工作原理图

图 8.4.2　分子元件工作原理图

学一学　生物传感器的工作特点

生物传感器的工作特点如下：

（1）采用固定化生物活性物质作催化剂，价值昂贵的试剂可以重复多次使用，克服了过去酶法分析试剂费用高和化学分析繁琐复杂的缺点。

（2）专一性强，只对特定的底物起反应，而且不受颜色、浊度的影响。

（3）分析速度快，可以 1min 得出结果。

（4）准确度高，一般相对误差可以达到 1%。

（5）操作系统比较简单，容易实现自动分析。

（6）在连续使用时，每例测定的成本低。

（7）有的生物传感器能够可靠地指示微生物培养系统内的供氧状况和副产物的产生情况。

学一学 生物传感器的应用

1. 血糖分析仪

糖尿病人可以自测的手掌型血糖分析器已经达到大规模应用程度。研究者沿着干化学试剂条测定尿糖浓度的思路，采用酶法葡萄糖分析技术，并结合丝网印刷和微电子技术制作的电极，以及智能化仪器读出装置，完美地组合成了微型化的血糖分析仪。常见血糖分析仪如图 8.4.3 所示。

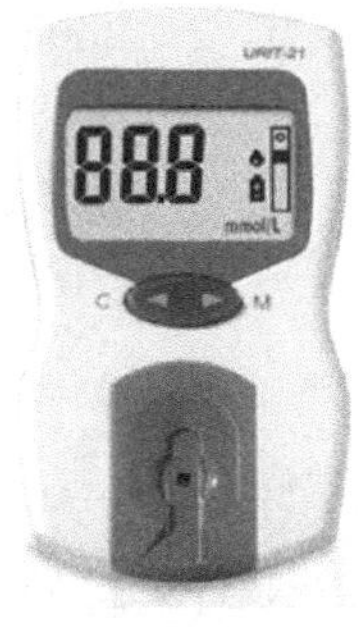

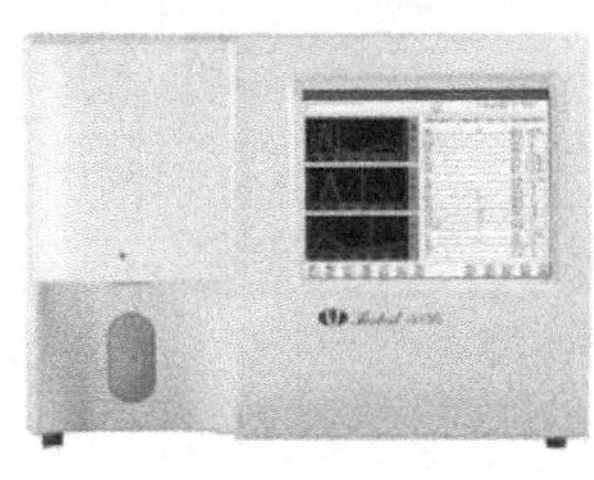
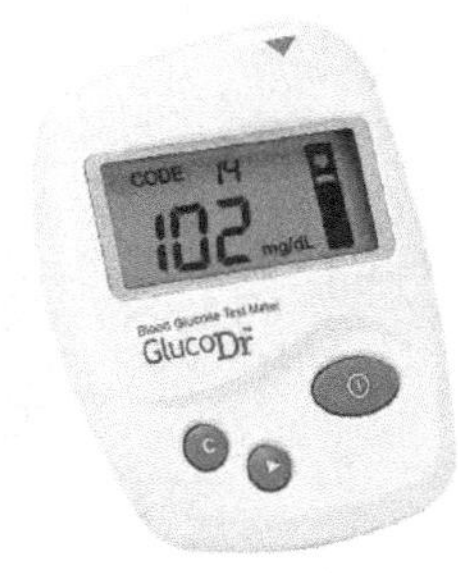

图 8.4.3 常见血糖分析仪

2. 胰岛素泵

胰岛素泵又称持续胰岛素输注泵，是为模拟自身胰岛素的生理性分泌，使血糖获得理想控制而设计的智能式输注装置，有皮下型和植入型。目前广泛应用的胰岛素泵是开环式的，从严格意义上说，它只是一种智能式的注射装置，不是生物传感器，它离不开血糖的分析，与血糖分析器偶联的闭环式人工胰岛的研制一直没有停止，这目标一定会实现。常见胰岛素泵如图 8.4.4 所示。

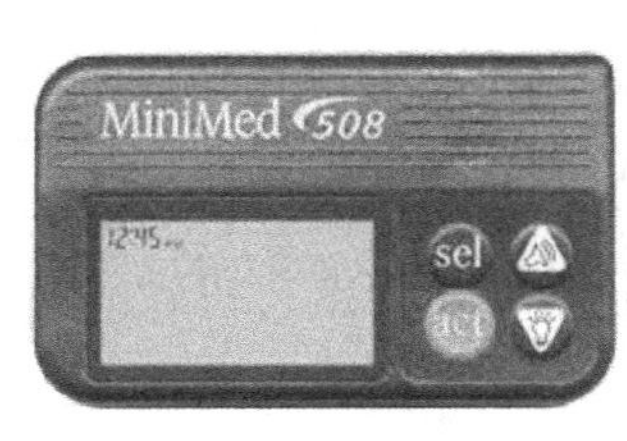

图 8.4.4 常见胰岛素泵

3. 用于环境检测的生物传感器

用于环境检测的微生物传感器种类很多，有 BOD 传感器和毒物传感器。1977

年 Karube 等报道了能够测定水质的 BOD 微生物传感器的研究成果，人类第一台 BOD 微生物传感器问世，如图 8.4.5 所示。BOD 微生物传感器在日、美、德、瑞典等国得到了开发和初步应用，现有少量国外的 BOD 分析仪已输入到国内作为研究应用。BOD 分析仪产业起步时期望很高，但是至今商品化过程仍在艰难徘徊，主要原因有以下几点：

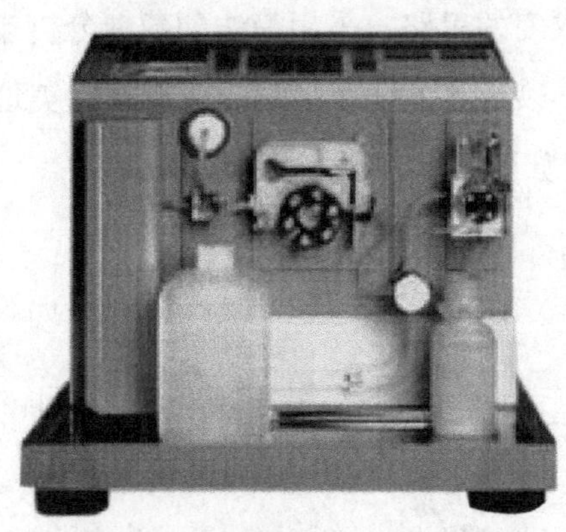

图 8.4.5　BOD(生化需氧量) 生物传感器快速测定仪

（1）用于水质分析的微生物菌膜难于按照商品化仪器习惯的配套的试剂盒来开发，而且一种菌膜不能同时测量多种类型的污水。

（2）受溶解氧分析的传感器的限制，作为水质分析的 BOD 分析仪测量的最低限是 10mg/L，高于国际标准五类水质的上限，因此它只能测定高浓度的有机废水，而不能对江河、海洋的水质污染程度进行测定。

（3）含有活性微生物的 BOD 传感器不能对同时含有重金属类毒物的高浓度有机污水进行测定，重金属类毒物会造成微生物材料不可逆中毒，使测定结果降低甚至不能延续。虽然如此，BOD 微生物分析仪对于我国环境废水的排放监控仍然有很大意义，一旦时机成熟，它将成为一类有一定市场规模的重要的环境生物传感器品种。

测定有机磷的生物传感器实际上是胆碱酯酶传感器，因为专一性不高、没有价格便宜的酶源、成本较高等方面原因，其在商品化方面仍没有获得突破，目前还无法用生物传感器取代传统化学分析测定有机磷的方法。

8.5 无损探伤技术

学一学 无损探伤

人们在使用各种材料（尤其是金属材料）的长期实践中，观察到大量的断裂现象，它曾给人类带来许多灾难事故，涉及舰船、飞机、轴类、压力容器、宇航器、核设备等。如何预先发现这些断裂现象，无损探伤技术可以帮助我们解决这个问题。

学一学 无损探伤方法

对缺陷的检测有破坏性试验和无损探伤。由于无损探伤以不损坏被检验对象为前提，所以得到广泛应用，无损探伤的主要方法有磁粉探伤法、放射线（X光、中子）照相探伤法、超声波探伤法。

1. 磁粉探伤法

磁粉探伤法是建立在漏磁原理基础上的一种磁力探伤方法。当磁力线穿过铁磁材料及其制品时，在其磁性不连续处将产生漏磁场，形成磁极。此时撒上干磁粉或浇上磁悬液，磁极就会吸附磁粉，产生用肉眼能直接观察的明显磁痕。因此，可借助该磁痕来显示铁磁材料及其制品的缺陷情况。磁粉探伤法可探测露出表面，用肉眼或借助于放大镜也不能直接观察到的微小缺陷，也可探测未露出表面，埋藏在表面下几毫米的近表面缺陷。如图 8.5.1 所示是磁粉探测仪和磁悬液。这种方法虽然也能探查气孔、夹杂、未焊透等体积型缺陷，但对面积型缺陷更灵敏，更适于检查因淬火、轧制、锻造、铸造、焊接、电镀、磨削、疲劳等引起的裂纹。

磁力探伤仪中对缺陷的显示方法有多种，有用磁粉显示的，也有不用磁粉显示的。用磁粉显示的称为磁粉探伤，因它显示直观、操作简单，故它是最常用方法之一。不用磁粉显示的，习惯上称为漏磁探伤，它常借助于感应线圈、磁敏管、霍尔元件等来反映缺陷，它比磁粉探伤更卫生，但不如前者直观。由于磁力探伤主要用磁粉来显示缺陷，因此人们有时把磁粉探伤直接称为磁力探伤，其设备称为磁力探伤设备。

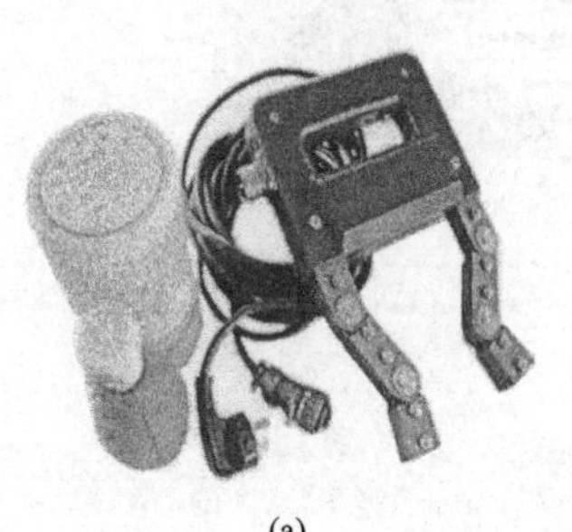

(a)

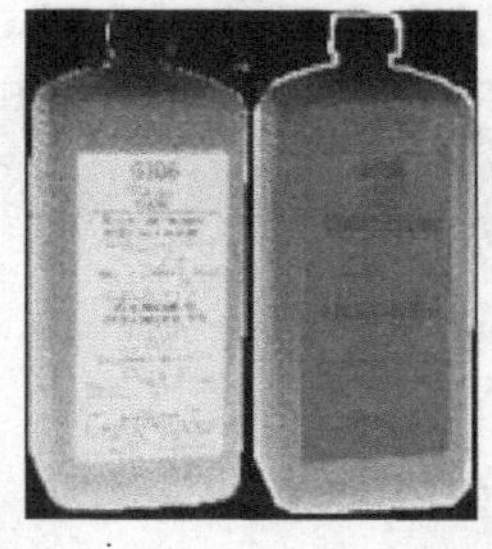

(b)

说明

将磁悬液喷洒在工件表面，将磁粉检测头夹持在被测工件上，通以数百安培的电流，工件中将产生磁场，工件表面的裂纹可因磁粉的不均匀分布而显示出来。

图 8.5.1　磁粉探测仪和磁悬液

（a）磁粉探测仪;（b）磁悬液

2. 射线探伤法

射线探伤法是利用射线的穿透性和直线超声波探伤仪性来探伤的方法。这些射线虽然不会像可见光那样凭肉眼就能直接观察到，但它可使照相底片感光，也可用特殊的接收器来接收。常用于探伤的射线有 X 光和同位素发出的 γ 射线，分别称为 X 光探伤和 γ 射线探伤。当这些射线穿过（照射）物质时，该物质的密度越大，射线强度减弱得越多，即射线能穿透过该物质的强度就越小。此时，若用照相底片接收，则底片的感光量就越小；若用仪器来接收，获得的信号就越弱。因此，用射线来照射待探超声波探伤仪伤的零部件时，若其内部有气孔、夹渣等缺陷，射线穿过有缺陷的路径比没有缺陷的路径所透过的物质密度要小得多，其强度减弱得就少些，即透过的强度就大些，若用底片接收，则感光量就大些，可以从底片上反映出缺陷垂直于射线方向的平面投影，如图 8.5.2 所示。由此可知，一般情况下，射线探伤是不易发现裂纹的，或者说，射线探伤对裂纹是不敏感的。因此，射线探伤对气孔、夹渣、未焊透等体积型缺陷最敏感，即射线探伤适用于体积型缺陷探伤，而不适用于面积型缺陷探伤。

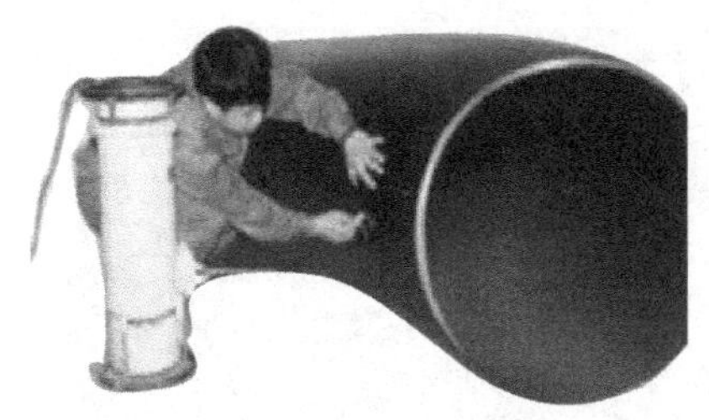

说明

将X光发生器对准被测位置，将感光片贴在物体背面，人离开后通上高压电，再将感光片冲洗出影响，即可观察到缺陷。

图 8.5.2 射线探伤示意图

3. 超声波探伤方法

工业上常用数兆赫兹超声波来探伤，超声波频率越高，传播的直线性越强，还易于在固体中传播，并且遇到两种不同介质形成的界面时易于反射，因此可以用它来探伤，如图 8.5.3 所示。将超声波探头与待探工件表面良好接触，探头则可有效地向工件发射超声波，并能接收（缺陷）界面反射来的超声波，同时转换成电信号，再传输给仪器超声波探伤仪进行处理。根据超声波在介质中传播的速度（常称声速）和传播的时间，可知缺陷的位置。当缺陷越大时，反射面则越大，其反射的能量也就越大，故可根据反射能量的大小来查知各缺陷（当量）的大小。常用的探伤波形有纵波、横波、表面波等，前二者适合探测内部缺陷，后者适合探测表面缺陷，但对表面的条件要求高。

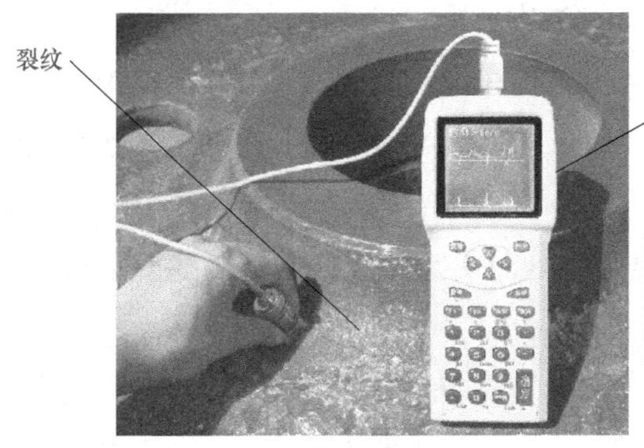

说明

超声波探伤是目前应用十分广泛的无损探伤手段 它既可检测材料表面的缺陷，又可检测内部几米深的缺陷，这是X光探伤所达不到的深度。

图 8.5.3 超声波探伤示意图

4. 其他无损探测

其他无损探测如图 8.5.4 所示。

(a)

(b)

图 8.5.4　其他无损探测

（a）CT 探伤成像；（b）钢管的涡流探伤

思考题

1. 简述超声波传感器的结构与工作原理。

2. 简述 CCD 图形传感器的工作原理与应用范围。

3. 简述生物传感器的工作原理与应用范围。

4. 简述无损坏探伤技术的重要性与应用范围。

5. 为了测量传送带上箱子的宽度，在传送带的两侧面对面安装两个发散型传输时间激光传感器。试设计该系统。（提示：因为尺寸变化的箱子落到传送带上的位置是不固定的，每个传感器都测量出自己与箱子的距离，设一个距离为 L_1，另一个为 L_2，此信息送给 PLC，PLC 将两个传感器间总的距离减去 L_1 和 L_2，从而可计算出箱子的宽度 W。）

6. 保护液压成型冲模，机械手把一根预成型的管材放进液压成型机的下部冲模中，操作者必须保证每次放的位置准确。在上部冲模落下之前，一个发散型传感器测量出距离管子临界段的距离，这样可保证冲模闭合前处于正确位置。

7. 设计一个二轴起重机定位系统，要求用两个反射型传感器面对反射器安装，反射器安装在桥式起重机的两个移动单元上，一个单元前后运动，另一个左右运动。当起重机驱动板架辊时，两个传感器监测各自到反射器的距离，通过 PLC 能连续跟踪起重机的精确位置。

项目 9 智能传感器

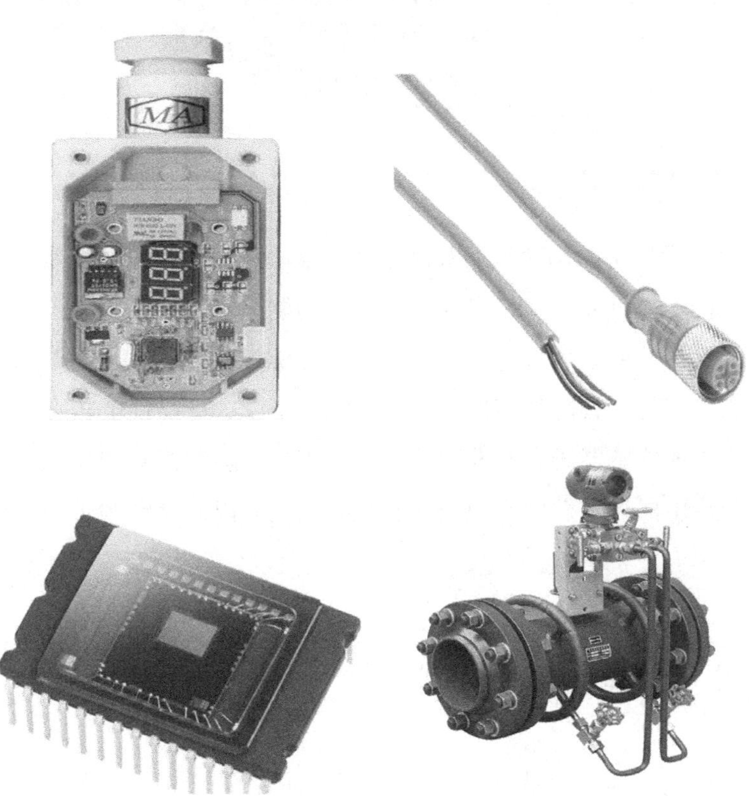

项目导读

- ▷ 智能传感器的基本概念。
- ▷ 智能传感器的硬件设计。
- ▷ 智能传感器的软件设计。
- ▷ 集成化智能传感器的应用。
- ▷ 智能传感器的 A/D 转化技术。
- ▷ 智能传感器的应用。

9.1 认识智能传感器

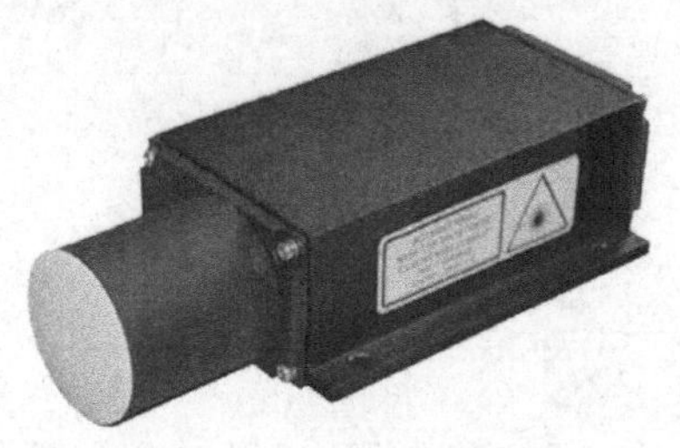

随着计算机技术的迅猛发展及测控系统自动化、智能化的发展，对传感器及检测技术的准确度、可靠性、稳定性以及其他功能（自检、自校、自补偿）提出了更高的要求，智能式传感器（Intelligent sensor 或 Smart sensor）是计算机技术与传感器技术相结合的产物。智能传感器因其在功能、精度、可靠性上较普通传感器有很大提高，已经成为传感器研究开发的热点。近年来，随着传感器技术和微电子技术的发展，智能传感器技术发展也很快。发展高性能的以硅材料为主的各种智能传感器已成为必然。

学一学　智能传感器的概念

所谓智能传感器，就是一种带有微处理机的，兼有信息检测、信号处理、信息记忆、逻辑思维与判断功能的传感器。其实质是用微处理器形成一个智能化的数据采集处理系统，实现人们希望的功能。其最大的特点是将传感器检测信息的功能与微处理器的信息处理功能有机的融合在一起，“带微处理器”包含两种情况，一种是将传感器与微处理器集成在一个芯片上构成的单片智能传感器，另一种情况是传感器配接单独的微处理器形成智能传感器。

学一学　智能传感器的基本功能

1. 具有自诊断、自校正功能

智能式传感器可实现开机自检（在接通电源时进行）和运行自检（在工作中实

时进行），以确定哪一组件有故障，提高了工作可靠性。

2. 具有自适应、自调整功能

内含的特定算法可根据待测物理量数值的大小及变化情况自动选择检测量程和测量方式，提高了检测适用性。

3. 极强的数据处理能力

智能型温度测量仪可进行各种复杂运算（测量算法和控制算法），对获取的温度信息进行整理和加工；统计分析干扰信号特性，采用适当的数字滤波，达到抑制干扰的目的；实现各种控制规律，满足不同控制系统的需求，对测量传感器（如热电偶）的冷端自动补偿和非线性补偿，以及对热电阻的引线电阻影响的消除等，还可实现各类测量误差的自动修正。可对检测数据进行分析、统计和修正，还可进行线性、非线性、温度、噪声、响应时间、交叉感应以及缓慢漂移等的误差补偿，可大大提高测量准确度。

4. 多种输出形式

智能型温度测量仪的输出形式可以有数字显示、打印记录、声光报警，还可以多点巡回检测。它既可输出模拟量，也可输出数字量（开关量）信号。

5. 具有组态功能

可实现多传感器、多参数的复合测量，扩大了检测与使用范围。

6 具有数据通信功能

智能传感器具有数据通信接口，还具有双向通信、标准化数字输出或符号输出特性，能与计算机直接连接，相互交换信息，提高了信息处理的质量。与其他仪器和微机进行数据通信，可构成各种计算机控制系统等。

学一学　智能传感器的基本结构

智能传感器的结构有多种形式，但总的来说，应主要包括：微处理器部分，这是智能传感器的核心部分；A/D 部分，这是主要决定智能传感器精度的部分；传感器测量及其信号调理部分，其主要包括信号放大、滤波、电平转换等，这是传感器的重要部分；其他辅助部分，如键盘显示电路等，如图 9.1.1 所示。

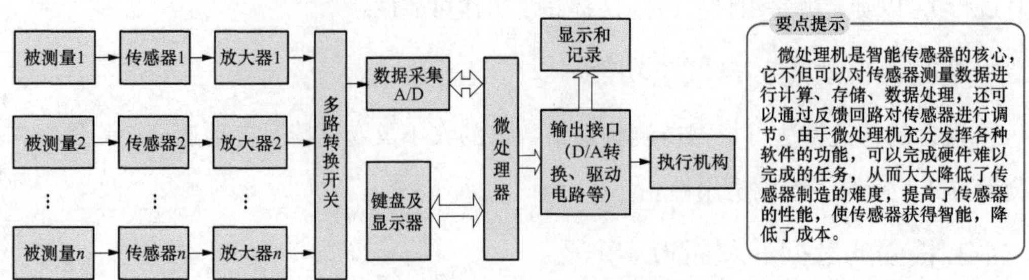

图 9.1.1　智能传感器的组成

学一学　智能传感器的实现途径

智能传感器实现途径一般有 3 种，即非集成实现、集成实现和混合实现，这 3 种实现途径均离不开微处理器，实际上，就是根据微处理器与传感器相对位置的不同来划分的，随着技术的发展，这种划分也会发生变化。

1. 非集成实现：非集成化智能传感器是将传感器的检测部分及其信号调理电路组成的信号检测系统，再配接合适的微处理器，组合为一整体而构成的一个智能传感器系统。其实质是指传感器配以微处理器或微型计算机，使之成为智能传感器，传感器的输出信号经处理和转化后由接口送到微处理器部分进行运算处理。它有强大的软件支撑，具有完善的智能化功能。这就是一般意义上的智能传感器，又称传感器的智能化。
2. 集成化实现：集成化智能式传感器，是指利用半导体技术把传感器与信号预处理电路、输入输出接口、微处理器等制作在同一块芯片上，形成大规模集成电路的智能式传感器，这类传感器不仅具有完善的智能化功能，而且还具有更高级的传感器阵列信息融合等功能，从而使传感器的集成度更高、功能更强大。集成智能式传感器具有多功能、一体化、精度高、适宜于大批量生产、体积小和便于使用等优点，是传感器发展的必然趋势。
3. 混合实现：根据需要与可能，将系统各个集成化环节，如敏感单元、信号调理电路、微处理器单元、数字总线接口，以不同的组合方式集成在两块或三块芯片上，并制作到一个电路板上的实现途径。

图 9.1.2 是混合实现的实例，图中Ⅰ，Ⅱ，Ⅲ，Ⅳ分别是集成化实现的智能传感器，它们分别由智能化敏感元件、信号调理电路、微处理器单元组成，而且是集成在一个芯片上，然后将这几个智能传感器按照一定的总线时序要求连接在一起（可

制作在同一个电路板上)，再与上位计算机进行通信，上位计算机根据实际的应用，协调管理各个智能化的传感器。

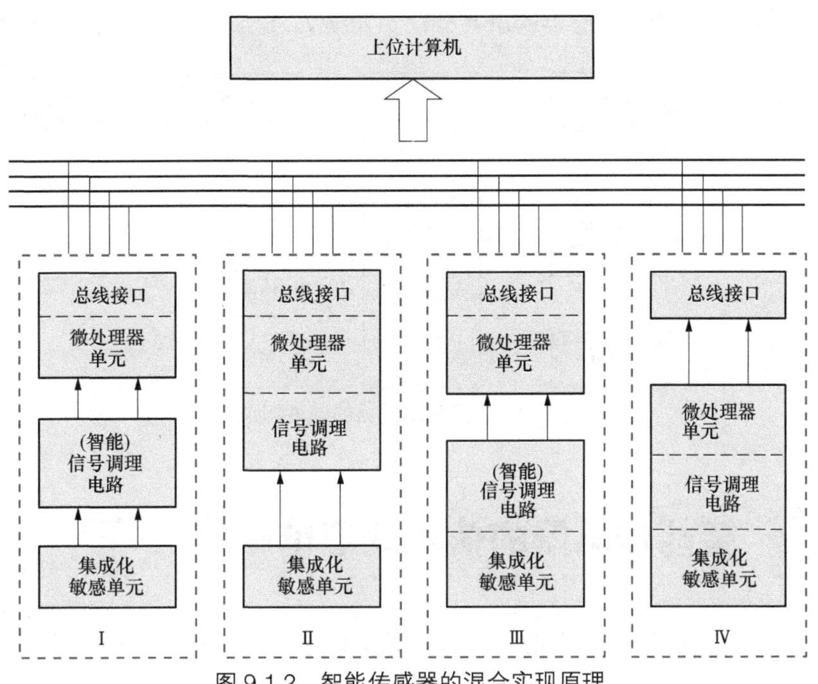

图 9.1.2 智能传感器的混合实现原理

9.2 智能传感器硬件

学一学 智能传感器的硬件组成

智能型传感器由输入电路、微处理器电路、输出通道、通信接口以及显示键盘电路组成，其中微处理器电路是核心。模拟量、开关量由传感器产生。模拟量输入电路主要接收传感器产生的信号，模拟量输入电路主要包括信号调理电路、A/D 转换电路等，微处理器主要包括中央处理器、存储器等，模拟量的输出电路主要是指 D/A 转换电路、功率驱动电路等，开关量的输入、输出电路主要包括开关量信号的整形、电平转换等，通信接口是智能传感器的重要特性。如图 9.2.1 所示为智能传感器的硬件组成。

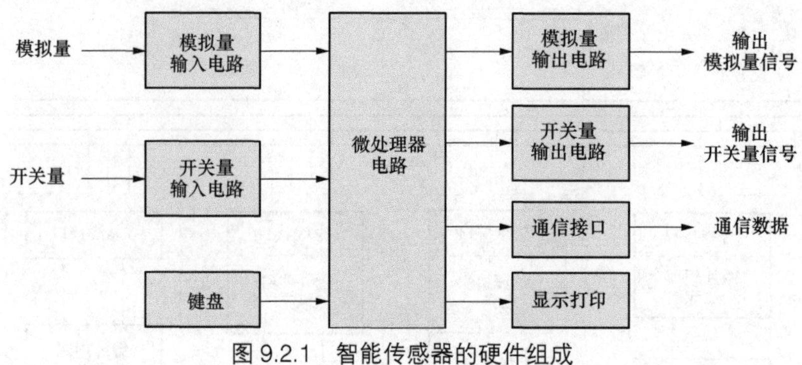

图 9.2.1 智能传感器的硬件组成

学一学 智能传感器的信号处理电路

传感器产生的模拟、数字信号要经过相关电路处理，这些信号处理电路的主要作用是将传感器探测元件的输出信号转换成易于测量的电压或电流信号，主要包括整形、放大、阻抗匹配、微分、积分、信号变换、滤波、零点校正、线性化处理、温度补偿、误差修正和量程切换等，这些电路又叫信号调理电路。

1. 信号的放大与隔离

信号的放大与隔离是信号处理电路中重要的环节，因为从传感器来的信号有许多是毫伏级的弱信号，须经放大才能进行 A/D 转换。系统对放大器的主要要求是精度高、温度漂移小、共模抑制比高、频带宽。

对小信号进行放大的放大器形式有测量放大器、可编程增益放大器及隔离放大器等。

（1）测量放大器。测量放大器是传感器中应用最为广泛的放大器，这种放大器的输入阻抗高、精度高、共模抑制比大、放大能力强，其原理如图 9.2.2 所示。另外，在传感器中，对测量放大器进行改进，可形成各种性能优越的放大器，这些都广泛地应用在传感器中。

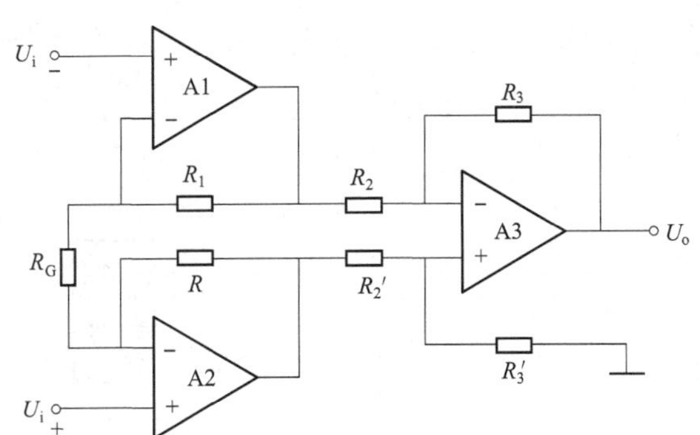

图 9.2.2　测量放大器原理图

要点提示

(1)广泛用于传感器的信号放大，特别是微弱信号及具有较大共模干扰的场合。

(2) 实用测量放大器芯片有美国的 AD 521、AD522、AD 612、AD 605 和国内的 ZF605、ZF603、ZF604、ZF606。

（2）程控放大器。程控放大器（PGA）即放大倍数由程序控制电路中的电子开关来实现，放大倍数灵活可调的放大器，广泛应用于有微处理器的电路中，其原理如图 9.2.3 所示。

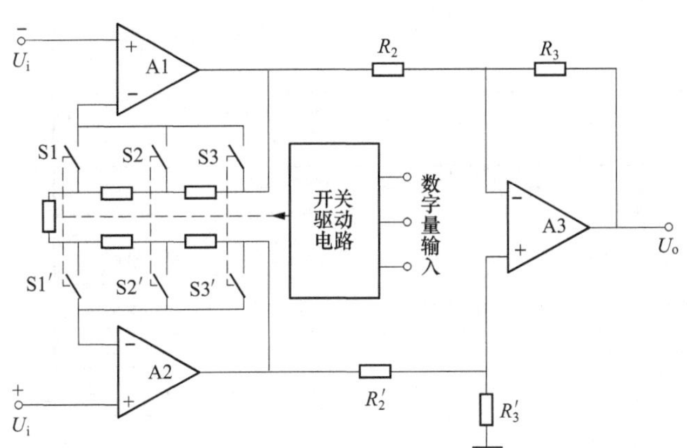

图 9.2.3　程控放大器原理

要点提示

数字量输入信号由微处理器产生，通过开关驱动电路控制电子开关 S1、S2、S3 等，进而改变放大电路的反馈阻值的大小，达到调节放大增益的目的，在自动测量系统中非常方便，因而广泛应用。

程控放大器与微处理器配合使用时，常采用图 9.2.4 所示的形式。

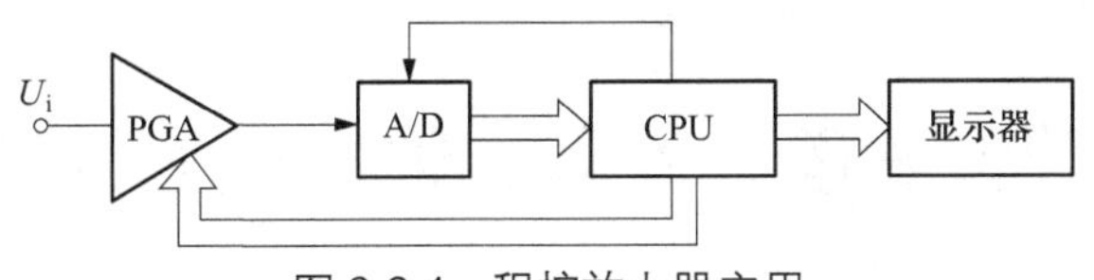

图 9.2.4　程控放大器应用

（3）隔离放大器。在某些要求输入和输出电路彼此隔离的情况下，必须使用隔离放大器。常用隔离放大器有变压器耦合隔离放大器和光耦合隔离放大器两种。

2. 信号的变换

在成套仪表系统及自动检测装置中，传感器和仪表之间及仪表和仪表之间的信号传送均采用统一的标准信号。世界各国均采用直流信号作为统一信号，并将直流电压 0~5V 和直流电流 0 ~10mA 或 4 ~20mA 作为统一的标准信号。

信号输入单片机的形式多种多样，如图 9.2.5 所示。在输入形式上，有许多专用的 A/D、V/F、I/V 等专用集成电路供选择，只要按照设计要求选择符合要求的芯片即可。

常用的信号变换方法有 V/I 变换器和 F/V 转换器。

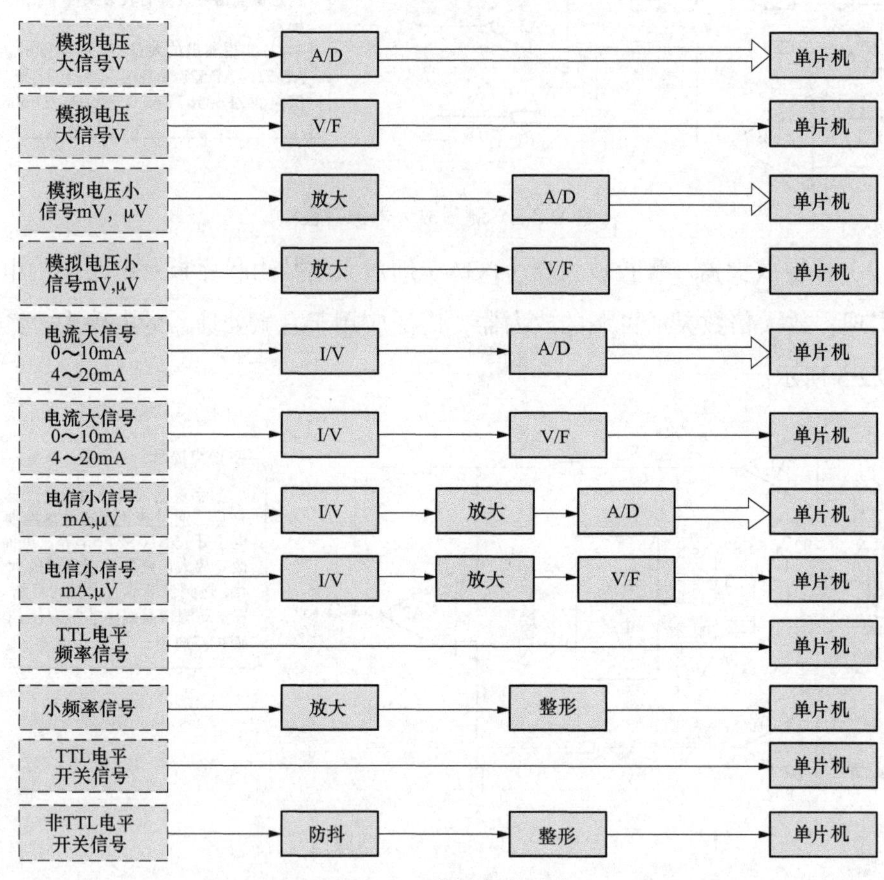

图 9.2.5　信号变化形式

学一学　智能传感器的输入、输出通道设计

输入、输出通道是指微处理器（如单片机）与被控对象之间进行信息交互的输入、输出通道，输入、输出通道的设计是传感器硬件设计的主要内容，通道设计的优良对传感器性能的影响很大，因此了解常见通道的结构对设计有重要的意义。输入、输出通道设计通常包括模拟量的输入、输出，数字量的输入、输出和开关量的输入、输出。因为输入通道靠近拾取信息的对象，传感器性能和工作环境因素影响通道的方案设计，另外输入信号含有模拟信号、开关量信号和数字信号，因此调理电路和抗干扰设计非常重要。输入通道结构形式取决于被测对象的环境、输出信号的类型、

数量、大小。输出通道经常接执行机构，因此需要功率放电，驱动电路的设计是输出通道经常考虑的问题。常见的 I/O 通道的一般结构如图 9.2.6 所示。

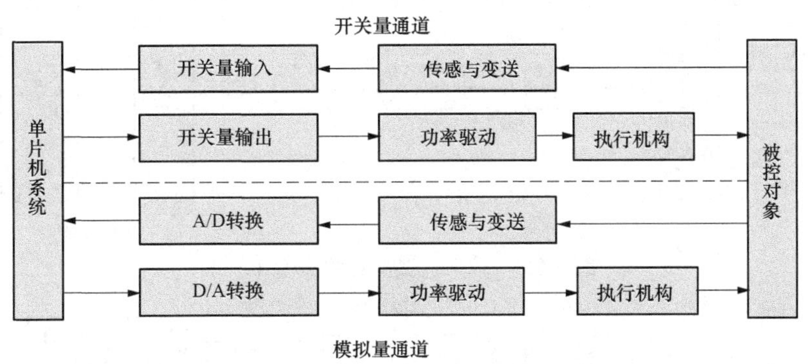

图 9.2.6　I/O 通道的一般结构

1. 模拟量输入通道

模拟量的输入通道根据应用要求的不同，可以有不同的结构形式，其一般结构如图 9.2.7 所示。

（1）模拟信号处理：主要进行小信号放大、信号滤波、信号衰减、阻抗匹配、电平转换、非线性补偿、电流电压转换等。

（2）多路模拟开关：当多个信号源分时使用模拟输入通道时采用。

（3）输入通道放大器 A：常采用可编程放大器。

（4）采样保持器 (S/H)：在 A/D 转换期间对模拟量进行保持。

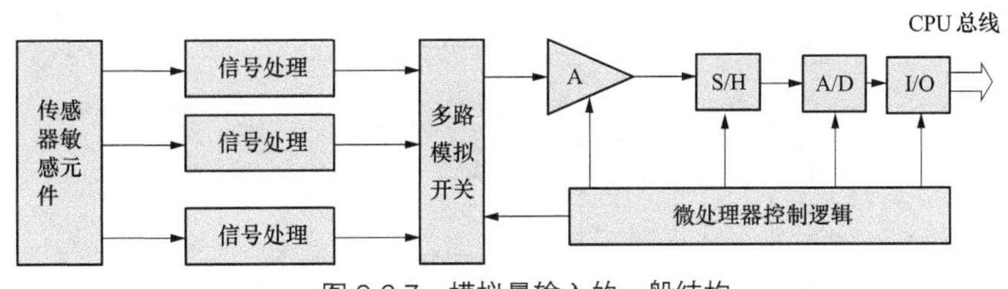

图 9.2.7　模拟量输入的一般结构

在输入通道中通常采用两种结构，一种如图 9.2.8 所示，为多通道共享 A/D 转换器，即多个信号通过多路模拟开关共用一个 A/D，在某一个时间，多路开关只能选择某一路，实施模数转换，然后将转换结果输入到微处理器中进行处理，这种结构形式简单，所用的芯片少，适用于信号速度要求不高、对信号不要求同步的场合。如果信号变化比较慢，可以省掉采样保持器。另一种如图 9.2.9 所示，为多通道同步数据采集系统，各个通道都有各自的采样保持和模数转换电路，各个通道可以独立的进行信号的转换，所以速度最快，但是所用的硬件多、成本高。

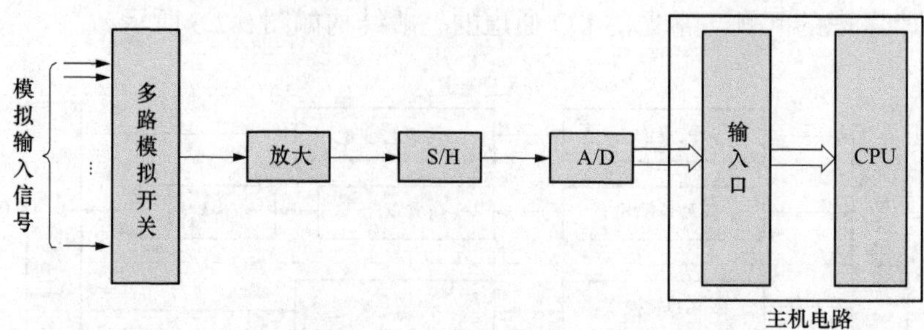

图 9.2.8　输入通道的结构类型（一）

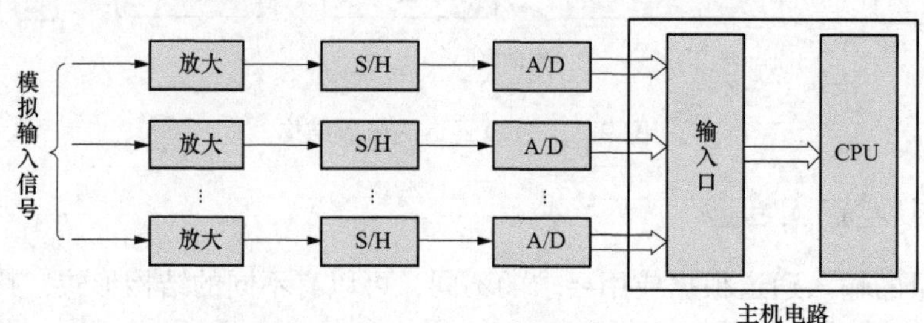

图 9.2.9　输入通道的结构类型（二）

2. 模拟量输出通道

模拟量输出通道也分单通道和多通道。多通道结构通常又分为两种，即每个通道都有各自的 D/A 转换器等器件，如图 9.2.10 所示，或多路通道共享 D/A 转换器等器件，如图 9.2.11 所示。在输出通道中，单片机完成控制处理后的输出，总是以数字信号或模拟信号的形式，通过 I/O 口或者数据总线传送给被控对象。

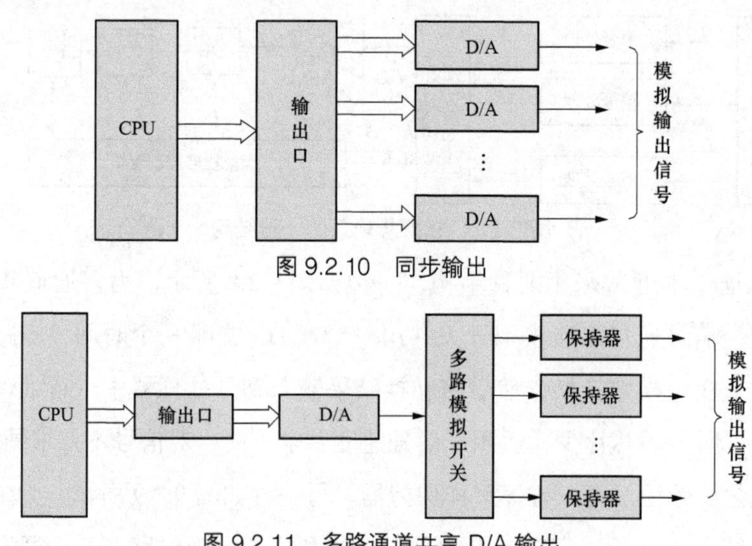

图 9.2.10　同步输出

图 9.2.11　多路通道共享 D/A 输出

3. 开关量、数字量的输入

开关量和数字量的输入通道通常包括信号的整形、滤波、隔离等环节。整形主要是将不规则的波形变成能让微处理器接受的规则波形，常用施密特触发器做整形电路。滤波主要是对输入回路上的干扰信号进行滤除，一般采用阻容电路滤波。隔离是防干扰的重要措施，常采用光电耦合器。如图 9.2.12 所示，如果输入信号时，三极管的基极变为低电平，光电耦合器中的发光二极管发光，光敏晶体管接收光后导通，将信号传到了后级电路中。

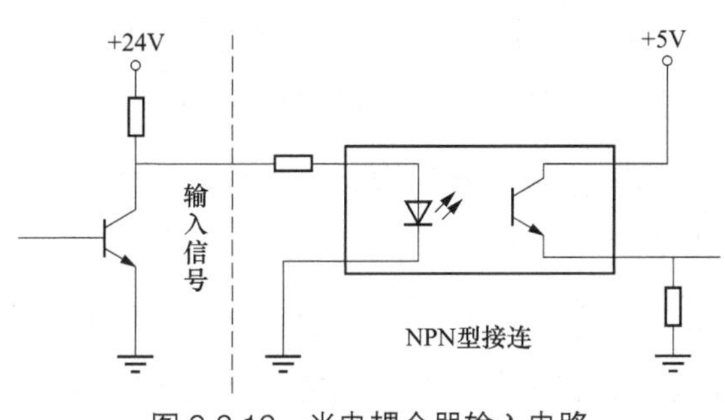

图 9.2.12　光电耦合器输入电路

4. 开关量、数字量的输出

输出信号因为要接执行机构，往往这些部件是大功率的器件，因此会产生强的干扰信号，所以要采取隔离措施，常用的方法是光电隔离，如图 9.2.13 所示。

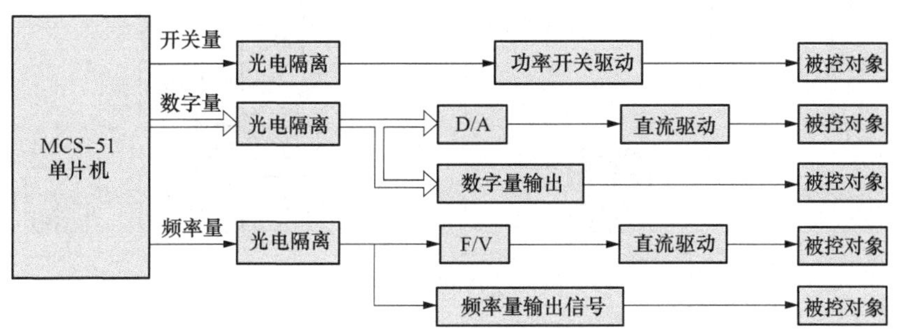

图 9.2.13　开关量、数字量的输出电路

学一学　智能传感器的微处理电路

智能化传感器用的微处理器有很多，主要包括单片机系列、台式计算机用处理器和专用微处理器。

1. 单片机系列

单片机是智能化传感器中应用最为广泛的微处理器，单片机的型号繁多，性能差异很大，常见的有 MCS-51 内核的单片机、PIC 系列、凌阳等，其中 MCS-51 内核单片机应用最为广泛。

MCS-51 系列单片机是 20 世纪 80 年代由美国 Intel 公司推出的一种高性能 8 位单片机。它的片内集成了并行 I/O、串行 I/O 和 16 位定时器 / 计数器。片内的 RAM 和 ROM 空间都比较大，RAM 可达 256 字节，ROM 可达 4 ~ 8 KB。由于片内 ROM 空间大，因此 BASIC 语言等都可固化在单片机内。现在的 MCS-51 系列单片机已有许多品种，其中较为典型的是 8031、8051 和 8751 三种，其优点是硬件通用性强，应用灵活，在不同场合应用时，硬件的结构基本不动，只要改变固化在存储器里的程序，就可更新换代变成新产品，指令系统适合实时控制，体积小，执行速度快，可靠性高，抗干扰能力强，可方便实现多机分布式控制，产品开发周期短，开发效率高，同一系列和配置接口的芯片种类多，功能全，便于挑选。如图 9.2.14 所示为一个温度控制系统的示意图。

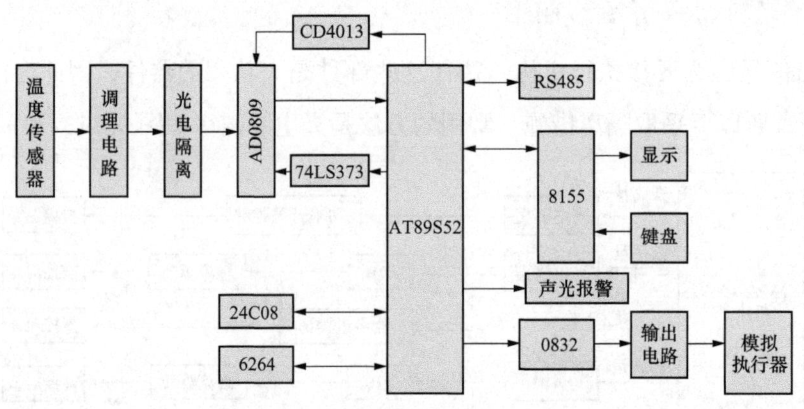

图 9.2.14　温度控制系统的示意图

2. 台式计算机用处理器

台式计算机处理器主要是 8086 系列，常用的有 80286、80386 系列等，这些处理器功能强大，适用于功能强大、计算工作量大的系统中。

3. 专用微处理器

有些智能传感器中，内部已经集成了自己专用的微处理单元，这些处理器一般都是专用的，适合本传感器的特殊要求，具有专用性。

9.3 智能传感器软件

软件是智能化传感器的主要设计内容，是智能化的主要体现，软件的设计方法非常多，软件可实现的功能也非常多，这里主要讲解应用级的软件设计，也就是构成应用系统时软件的设计。

学一学 智能传感器软件设计内容

智能传感器总体设计时就确定了软件与硬件的界面，进而软件设计的内容也就确定了，软件实现的任务是非常多的，因而没有一个通用的设计内容，应与硬件紧密结合，例如，采用集成温度传感器 18B20 来设计系统与采用 Pt100 来设计系统的软件内容就有很大的区别，但是一般来说软件设计应包括以下 5 方面的内容：

（1）键盘显示程序：这是系统设计必须的程序。

（2）系统监控程序：监控程序用于接受和分析各种指令，管理和协调整个系统，各程序的执行主要包括自检程序、自诊断程序、系统的初始化程序等。

（3）各种数据处理程序：完成系统数据处理和各种控制功能的程序，如标度变换程序、采样程序、补偿程序等。

（4）各种中断处理程序：中断处理程序是用于人机联系或输入产生中断请求以后转去执行并及时完成实时处理任务的程序。

（5）各种功能模块程序：实现不同系统所要求的不同的功能的程序，如步进电动机的控制程序、语音识别程序等。

学一学 智能传感器软件体系结构

系统软件的体系结构实际上是软件各个功能模块的组织形式，现代的软件设计大都采取子程序的方法，然后通过主程序进行调用，让各个子程序有序实现系统的功能，这个主程序一般由监控程序完成。从应用的设计方面来说主要有前后台型结构和中断型结构两种结构形式。

1. 前后台型结构

所谓前后台型是指在一个定时采样周期中，前台任务开销一部分时间，后台任务开销剩余部分时间，共同完成系统任务。定时采样周期一般为几毫秒或几十毫秒，前台任务一般设计成中断服务程序，主要实现实时性强的任务；后台任务则包括数据输入、数据处理、显示、通信及管理等实时性较差的一些任务，在结构上是一个循环程序。各种功能被处理成许多的中断任务处理模块，通过系统程序连接起来。系统软件的功能就是响应、处理中断、调度和监督各种中断任务处理模块的实施。如图 9.3.1 所示为软件的前后台结构，这种结构应用比较广泛。

2. 中断型结构

系统软件的各种功能子程序被安排在级别不同的中断服务程序中，整个软件是一个大的中断系统，无前后台之分，通过各级中断程序之间的通信实现管理功能。如图 9.3.2 所示为中断型结构的软件结构。

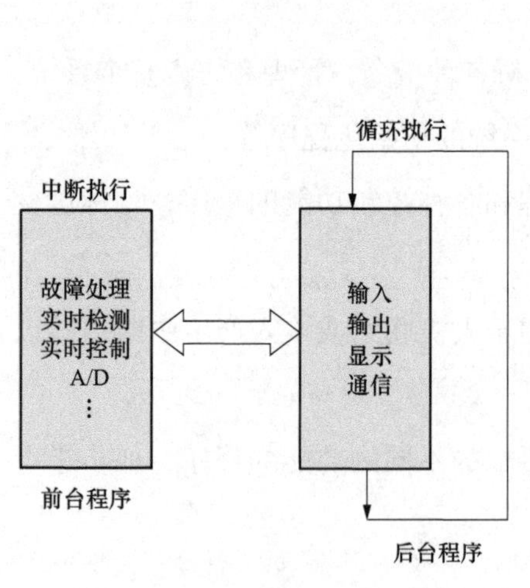

图 9.3.1　软件的前后台结构

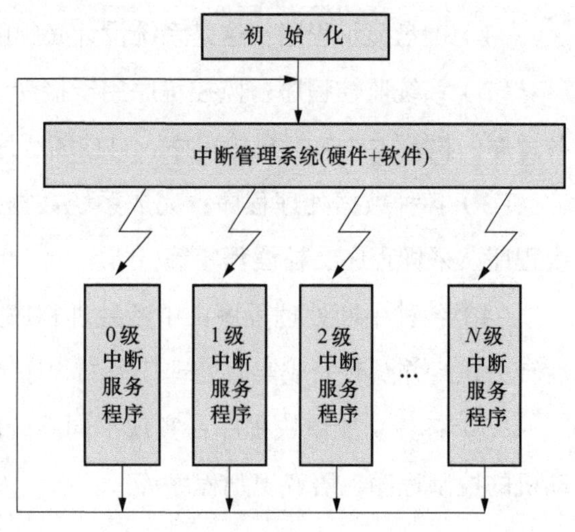

图 9.3.2　中断型结构的软件结构

学一学 智能传感器软件监控程序

1. 监控程序的功能

（1）进行键盘和显示管理。

（2）接收中断请求信号，区分优先级，实现中断控制子程序。

（3）对硬件定时器进行处理，对软件定时器进行管理。

（4）实现自诊断和掉电保护。

（5）完成初始化，手动、自动控制的选择等。

2. 监控程序的组成

监控程序的组成取决于仪器以及测控系统硬件的设备和功能，其软件监控程序结构如图 9.3.3 所示。监控程序将各组成模块连接成为一个有机的整体，实现对仪器的各种管理功能以及协调软件与硬件的工作。随着现代科学技术的发展，计算机已广泛用于智能传感器监控设备中，这类传感器中集成了高精度的模数转换器及高性能的处理器。智能传感器用更准确、可靠的数字网络以及更简单的内部连接替代了 4 ~ 20mA 的传输线，同时，它集成了分布式控制功能，提高了传感器的整体性能，降低了传感器的成本。

3. 监控主程序的流程

监控主程序的流程如图 9.3.4 所示。智能仪器上电或复位后，首先进行初始化，然后对软、硬件进行诊断，等待来自实时时钟、过程通道或面板按键的中断信号，以便做相应的处理并构成一个除初始化和自诊断外的无限循环。所有功能均在此循环圈中周而复始地或有选择地执行，直至掉电或按复位键为止。

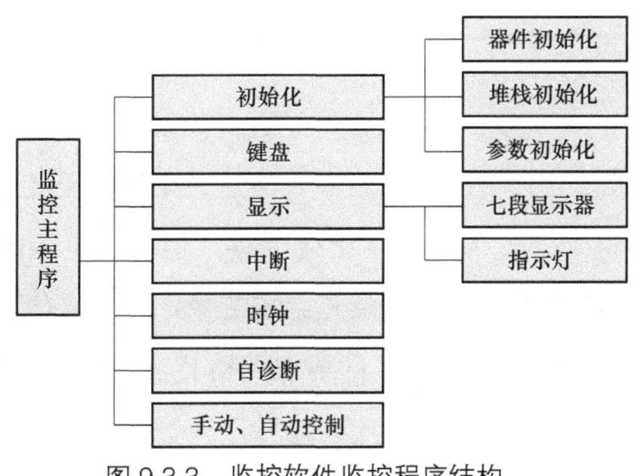

图 9.3.3　监控软件监控程序结构

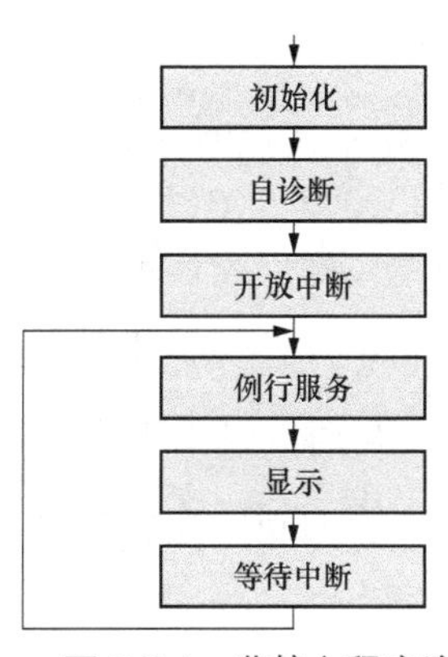

图 9.3.4　监控主程序流程图

学一学 智能传感器常见处理程序

智能传感器的处理程序有很多，下面介绍常见处理程序的基本原理。

1. 量程自动切换

当输入被测信号变化幅度很大时，用软件控制程控放大器的增益，对幅值小的信号用大增益，对幅值大的信号用小增益，使 A/D 转换器信号满量程达到均一化。例如，某温度仪表，量程分为 0 ~ 100℃和 0 ~ 1000℃两种。当检测到信号值较小时，微处理器自动选择小量程，并控制程控放大器处于较大的增益；当检测到信号大于小量程的最大值时，微处理器自动选择大量程，并控制程控放大器处于较小的增益。在实际应用时，增益的大小需要精确的计算得出。

2. 标度变换

把 A/D 转换后的数字量的数码转换成有量纲的数值的过程称为标度变换。标度变换的形式为

$$Y_x=(Y_{max}-Y_{min})\times N/N_{max}+Y_{min}$$

式中 Y_x——温度测量值；

Y_{max}、Y_{min}——传感器测量范围的最大值与最小值；

N——当前 A/D 转换的结果；

N_{max}——A/D 转换的最大值。

例如，某智能型数字测温仪的测量范围是－100 ~ 1500℃，当 $Y_{min}=-100$℃时，对应的 A/D 转换值为 $N_{min}=0$；当 $Y_{max}=1500$℃时，对应的 A/D 转换值为 $N_{max}=1600$。此时，若测得 A/D 的转换结果为 1000，则对应的温度为 $Y_x=(1500+100)\times1000/1600-100=900$（℃）。

3. 减小零漂的措施

零漂（零位漂移）主要是温漂。正常情况下，当输入信号为零时，经过传感器、放大器和单片机接口电路在内的整个测量部分的输出应为零。但由于零漂的存在，零输入信号时，输出不为零，此时的输出值实际上就是系统测量部分的零位漂移值。若采用传统的硬件克服零漂，则线路复杂，对元器件要求严格且成本高，尤其在环

境恶劣的场合，其效果不能尽如人意。但采用单片机控制后，则可以利用单片机强大的软件功能，只需用最少的硬件配以相应的处理软件，就可解决该问题。自动校零原理如图 9.3.5 所示。

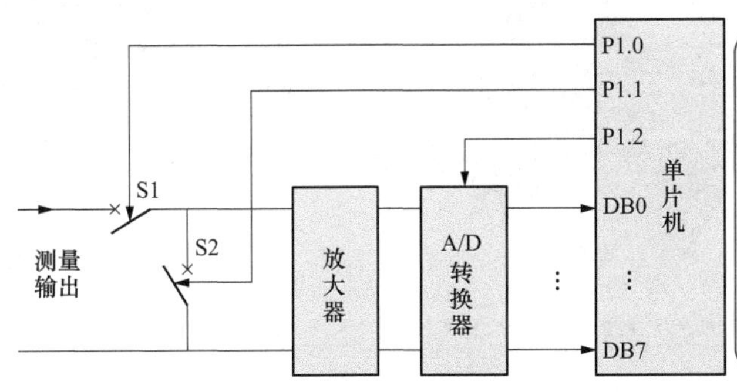

要点提示

S1、S2为电子开关，设由单片机接口的P1.0、P1.1控制。正常工作时，P1.0输出为“1”电平，S1闭合；P1.1输出为“0”电平，S2打开。零位补偿原理就是每次测量前，先将输入短路(P1.1输出为“1”电平，P1.0输出为“0”电平)，测出零漂值，将其存放在单片机的某一存储单元内，然后再测量检测电路的输出(置P1.1为“0”电平，P1.0为“1”电平)，此测量值减去零漂值即得到了真实的输出量。

图 9.3.5　自动校零原理图

4. 自校准

自校准是智能传感器的重要功能，主要由软件完成，执行步骤为：所用微机先向 D/A 转换口输出一个定值 (固定代码)，经 D/A 变换为对应的模拟电压值，再送到 A/D 通路的自校正输入端。此后，由微机启动 A/D 转换器，待 A/D 转换结束，再取回转换结果值，并与原送出的代码进行比较。如果结果相符或误差在允许范围内，则认为自校正功能正常。在实际应用时，设置 2 ~ 3 个自校正点，可设置零点、中点及满刻度点为自校正点，并分三次比较。通过比较和判断，确定输入、输出以及接口等是否正常。

5. 软件滤波

由于传感器检测部分使用的现场环境条件不甚理想，因而输入到 A/D 转换器的信号常会窜入各种各样的干扰信号，这些干扰信号会造成很大的测量误差，必须加以滤除。通常，硬件措施是在采样输入回路中采用滤波电路以滤除干扰信号。但是会使硬件结构复杂，如果采用软件滤波的方法，则可以较好地解决这一问题，而且大多数智能传感器都采用软件滤波技术。软件滤波方法很多，具体见后面相关内容。

9.4 智能传感器 A/D 转换

学一学 A/D 转换器的选择与性能指标

A/D 转换是影响智能传感器精度的主要因素，它在智能传感器中有着举足轻重的作用。按工作原理分，A/D 转换器主要有逐次逼近型、双积分型、V/F 转换型等，在应用中它们各有各的特点及适用的场合。通常，在条件许可的情况下，可选择分辨率和转换速度较高的器件，这是提高测量精度的一个重要措施。但是，在智能传感器中，常来用普通元器件，通过软件提高传感器的精度。

1. 智能传感器 A/D 转换器的选择

在智能传感器中 A/D 的选择完全由精度来决定，通常有两种途径：一种是选择 A/D 转换芯片，也就是集成电路，目前 A/D 的集成电路非常多，精度也不相同，供选择的余地较大；另一种选择是采用分离元件借助于软件实现 A/D 转换，这种方式一般适合于精度要求相当高的测量场合，设计实现的难道较大。

2. A/D 转换器的性能指标

（1）分辨率：分辨率是指输出数字量变化一个相邻数码所需输入模拟电压的变化量。也可以用 A/D 转换器的位数来表示。

（2）转换速率与转换时间：转换速率是指 A/D 转换器每秒钟转换的次数，转换时间是指完成一次 A/D 转换所需的时间（包括稳定时间），转换时间是转换速率的倒数。

（3）量化误差：有限分辨率 A/D 的阶梯状转移特性曲线与理想无限分辨率 A/D 的转移特性曲线（直线）之间的最大偏差称为量化误差。通常是 1 个或半个最小数字量的模拟变化量，表示为 1LSB，1/2LSB。

（4）线性度：实际 A/D 转换器的转移函数与理想直线的最大偏差，不包括量化误差、偏移误差（输入信号为零时，输出信号不为零的值）和满刻度误差（满度输出时，对应的输入信号与理想输入信号值之差）3 种误差。

（5）量程：量程是指 A/D 能够转换的电压范围，如 0 ~ 5V，–10 ~ +10V 等。

（6）其他指标：其他指标指内部 / 外部电压基准、失调（零点）温度系数、增益温度系数，以及电源电压变化抑制比等性能指标。

3. 传感器信号的采样 / 保持

在对模拟信号进行模数变换时，从启动变换到变换结束数字量输出，需要一定的时间，必须在 A/D 转换开始时将信号电平保持住，而在 A/D 转换结束后又能跟踪输入信号的变化，即输入信号处于采样状态，能完成这种功能的器件叫作采样保持器，从上面分析可知，采样保持器在保持阶段相当于一个模拟信号存储器。

采样保持器原理：

如图 9.4.1 所示，采样保持器由存储电容 C、模拟开关 S 等组成。当 S 接通时，输出信号跟踪输入信号，称采样阶段。当 S 断开时，电容 C 二端一直保持断开的电压，称保持阶段。

采样保持器可以用分立元件，也可以采样集成采样保持器，如 AD582、AD583、LF198、LF398 系列等。

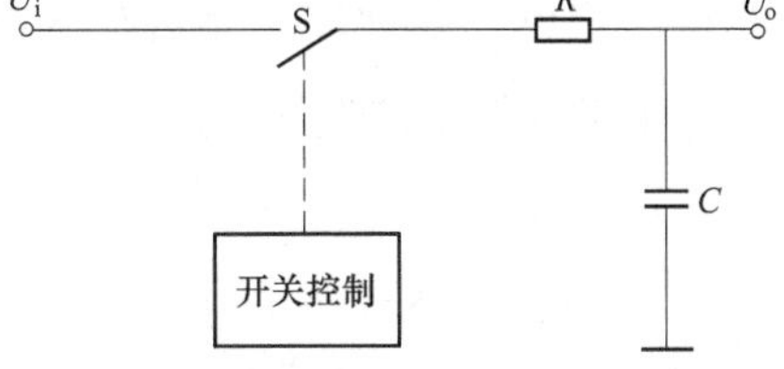

图 9.4.1 采样保持器原理图

4. 取样周期的选择

对输入信号进行两次采样之间的时间间隔称为采样周期 T。为了尽可能保持被采样信号的真实性，采样周期不宜太长，应根据采样定理来定。由采样得到的输出函数应能不失真地恢复到原来的信号。实用上，一般采样频率为 2.5~3 倍的输入信号最大频率，有时采用 5~9 倍的输入信号最大频率，根据实际需要而定。采样周期的长短还涉及与配置的 A/D 转换芯片的选择。

学一学 A/D 转换器的应用

1.A/D 集成电路 ADC0809

ADC0809 是应用非常广泛的转换芯片，其精度为 8 位，ADC0809 是一种逐次比较型 ADC。它是采用 CMOS 工艺制成的 8 位 8 通道 A/D 转换器，采用 28 只引脚的双列直插封装，其原理和引脚如图 9.4.2 所示。

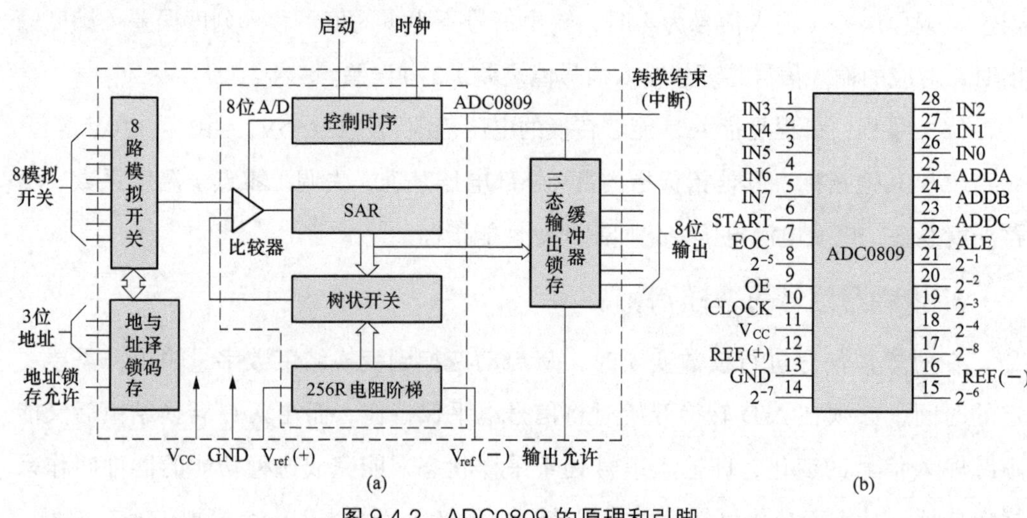

图 9.4.2　ADC0809 的原理和引脚

（a）功能框图；（b）引脚图

ADC0809 有 3 个主要组成部分：由 256 个电阻组成的电阻阶梯及树状开关、逐次比较寄存器 SAR 和比较器。另外，它还含有一个 8 通道单端信号模拟开关和一个地址译码器。地址译码器选择 8 个模拟信号中的一个送入 ADC 进行 A/D 转换，因此适用于数据采集系统。通道选择见表 9.4.1。

表 9.4.1　　通道选择表

地　址　输　入			选中通道
ADDC	ADDB	ADDA	
0	0	0	IN0
0	0	1	IN1
0	1	0	IN2
0	1	1	IN3
1	0	0	IN4
1	0	1	IN5
1	1	0	IN6
1	1	1	IN7

ADC0809 各引脚功能如下：

（1）IN0 ~ IN7 是 8 路模拟输入信号。

（2）ADDA、ADDB、ADDC 为地址选择端。

（3）2^{-8} ~ 2^{-1} 为变换后的数据输出端。

（4）START（6 脚）是启动输入端。

（5）ALE（22 脚）是通道地址锁存输入端。当 ALE 上升沿到来时，地址锁存器可对 ADDA、ADDB、ADDC 锁定，下一个 ALE 上升沿允许通道地址更新。实际使用中，ADC 开始转换之前地址就应锁存，所以通常将 ALE 和 TART 连在一起，使用同一个脉冲信号，上升沿锁存地址，下降沿则启动转换。

（6）OE（9 脚）为输出允许端，它控制 ADC 内部三态输出缓冲器。

（7）EOC（7 脚）是转换结束信号，由 ADC 内部控制逻辑电路产生。当 EOC=0 时，表示转换正在进行；当 EOC=1 时，表示转换已经结束。因此，EOC 可作为微机的中断请求信号或查询信号。显然只有当 EOC=1 以后，才可以让 OE 为高电平，这时读出的数据才是正确的转换结果。

ADC0809 应用电路原理如图 9.4.3 所示。

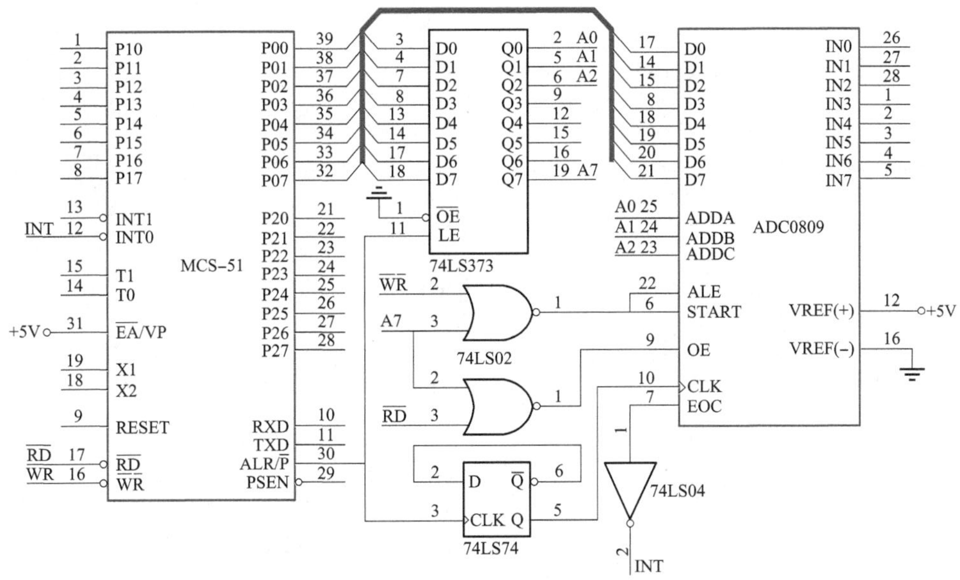

图 9.4.3 ADC0809 应用电路原理图

程序工作方式有两种，一种是查询方式，另一种是中断方式，程序如下。

（1）查询方式。

```
            ORG       0030H
START：     MOV       R0，#40H      ；采样数据存放首址
            MOV       R1，#78H      ；IN0 通道地址
            MOV       R2，#08H      ；模拟量通道数
            CLR       EX0           ；禁止中断
LOOP：      MOVX      @R1 ，A       ；启动 A/D 转换
```

```
          MOV     R3，#20H      ；延时一会儿，约40μs
DELY：    DJNZ    R3，DELY      ；等待EOC信号变低
          SETB    P3.2          ；设置P3.2为输入模式
POLL：JB  P3.2，POLL            ；查询转换是否结束
          MOVX    A，@R1        ；读取转换结果
          MOV     @R0，A        ；存放结果
          INC     R0
          INC     R1
          DJNZ    R2，LOOP      ；8通道未完，则采集下一通道
HERE：    SJMP    HERE
          END
```

（2）中断方式（主程序）。

```
          ORG     0000H
START：   AJMP    MAIN
           ORG    0003H
          AJMP    EXINT0
          ORG     0050h
MAIN：    MOV     PSW，#00H     ；设置第0工作区
          MOV     R0，#40H      ；采样数据存放首址
          MOV     R1，#78H      ；IN0通道地址
          MOV     R2，#08H      ；模拟量通道数
          MOVX    @R1 ，A       ；启动A/D转换
          SETB    IT0           ；外部中断0为边沿触发方式
          SETB    EX0           ；允许外部中断0中断
          SETB    EA            ；开放CPU中断
HERE：    SJMP    HERE
          EXINT0：
          PUSH    PSW           ；保护现场
          CLR     RS0
          CLR     RS1           ；设置当前工作区为0区
```

```
MOVX        A, @R1       ; 读取转换结果
MOV         @R0, A       ; 存放结果
```

2. 非集成 A/D 转换原理

由硬件电路实现的 A/D 转换器，精度不可能达到很高，高精度的智能传感器一般不直接采用集成的 A/D 转换芯片，而是在一般的 A/D 转换器的基础上，借助于软件来形成高精度的数模转换器。其中，广泛采用的有多斜积分式 A/D 转换器、余数循环比较式模数转换器、脉冲调宽式数模转换器等。下面以多斜积分式为例说明 A/D 转换原理。

多斜积分式常分为三斜式和四斜式，原理基本上类似，下面详细说明三斜式积分式的原理。三斜积分式主要可克服双积分转换速度慢的弱点，能将速度提高两个数量级。

如图 9.4.4 所示，将双积分的反向积分阶段 T_2 分为两个阶段，即 T_{21} 和 T_{22} 两部分，在 T_{21} 阶段对基准电压 U_b 进行积分，放电速度较快；在 T_{22} 阶段改为较小的基准电压 $U_b/2^m$ 进行积分，放电速度较慢，在计数时，把计数器也分为两个阶段进行计数，在 T_{21} 阶段从计数器的高位 2^m 位开始计数，设其计数值为 N_1，在 T_{22} 阶段从计数器的低位 2^0 位开始计数，设其计数值为 N_2，则计数器最后的读数应为

$$N=N_1\times 2^m+N_2$$

在一次测量过程中，积分器上积分电容的充电电荷与放电电荷平衡，得出三斜积分式的转换基本式为

$$U_X=U_b/2^m\times T_0/T_1\times N$$

式中 T_0——时钟脉冲周期；

T_1——正向积分时间。

若取 m=7，T_0=120μs，U_b=10V，把 12V 电压变成 120 000 个读数时，由转换基本式可得出 T_1=100ms，而采用双积分的方法则需要 15.36s，可以看出速度提高了许多。

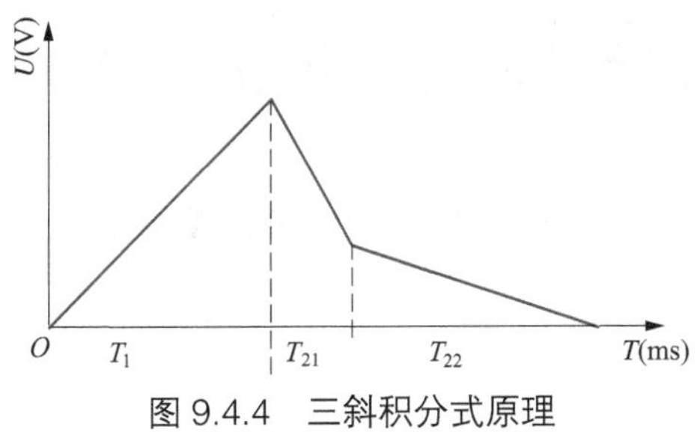

图 9.4.4　三斜积分式原理

具体实现电路原理如图 9.4.5 所示。

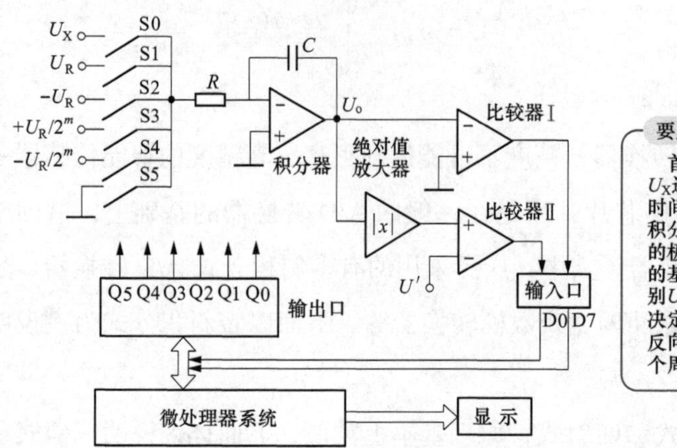

要点提示

首先打开S0，使积分器对被测电压U_X进行积分，并延时，使得S0接通的时间达到准确的100ms，这段时间为定积分。定积分结束后，微处理器判别U_X的极性，以便选择一个与U_X极性相反的基准电压实现快速反向积分，然后判别U_o的绝对值大小是否超过U'，以便决定采用$U_X/2^m$或$-U_X/2^m$，实现缓慢反向积分，结束后闭合S2，准备下一个周期。

图 9.4.5　三斜积分式原理图

9.5 集成智能传感器

9.1 节曾提到，智能传感器有三种实现途径，其中集成化智能传感器是将传感器电路与微处理器电路集成到一个芯片上，再与其他电路相配合形成的集成化智能传感器，这种形式的智能传感器应用方便，功能强大，应用广泛，但是随着技术的发展，这种形式的智能传感器也在不断的发展和完善中。

学一学　集成智能传感器的发展方向

计算机技术使得传感器实现了智能化，而集成电路和微机械工艺促进了智能传感器技术的发展。目前，智能传感器的发展主要集中在以下 3 个方面。

1. 集成化

集成化是指将多个功能相同或不同的敏感器件制作在同一个芯片上构成传感器阵列。集成化主要有3方面的含义：一是将多个功能完全相同的敏感单元集成在同一个芯片上，以测量被测量的空间分布信息；二是对多个结构相同、功能相近的敏感单元进行集成，如将不同气敏传感元集成在一起组成“电子鼻”，利用各种敏感元对不同气体的交叉敏感效应，采用神经网络模式识别等先进数据处理技术，可以对组成混合气体的各种成分同时监测，得到混合气体的组成信息，同时提高气敏传感器的测量精度；三是指对不同类型的传感器进行集成，如集成压力、温度、湿度、流量、加速度、化学等敏感单元的传感器，使传感器能同时测到环境中的物理特性或化学参量，从而对环境进行监测。

2. 小型化

集成电路和各种传感器的特征尺寸已达到亚微米和深亚微米量级，和经典的传感器相比，集成智能传感器能够减小系统的体积，降低制造成本，提高测量精度，增强传感器功能。

3. 材料多样化

理论上讲，有很多种物理效应可以把待测物理量转换为电学量。在智能传感器出现之前，为了方便读数，人们选择传感器材料时，会优先选择线性较好的材料，而舍弃线性不好但具有长期稳定性、精确性的材料。由于智能传感器可以很容易对非线性的传递函数进行校正，得到一个线性度非常好的输出结果，从而消除了非线性传递函数对传感器应用的制约，因此一些科研工作者正重新对稳定性好、精确度高、灵敏度高的转换机理或材料进行研究。

近几年，推出的多种高精度、高分辨力的智能温度传感器，所用的是9~12位A/D转换器，分辨力一般可达0.5~0.0625℃。由美国DALLAS半导体公司新研制的DS1624型高分辨力智能温度传感器，能输出13位二进制数据，其分辨力高达0.03125℃，测温精度为±0.2℃。为了提高多通道智能温度传感器的转换速率，也有的芯片采用高速逐次逼近式A/D转换器。AD7817型5通道智能温度传感器，它对本地传感器、每一路远程传感器的转换时间分别仅为27μs、9μs。

新型智能温度传感器的测试功能也在不断增强，如DS1629型单线智能温度传感器增加了实时日历时钟（RTC），使其功能更加完善，DS1624还增加了存储功能，利用芯片内部256字节的E2PROM存储器，可存储用户的短信息。另外，智能温度传感器正从单通道向多通道的方向发展，这为研制和开发多路温度测控系统创造了良好条件。

学一学 集成智能传感器的应用

1. 智能压差压力传感器

美国Honeywell公司研制的DSTJ–3000智能压差压力传感器，如图9.5.1所示，该传感器是在同一块半导体基片上用离子注入法配置扩散压差、静压和温度3个敏感元件。整个传感器还包含转换器、多路转换器、脉冲调制器、微处理器、数字量输出接口等，并在EPROM中存储该传感器的特性数据，以实现非线性补偿。

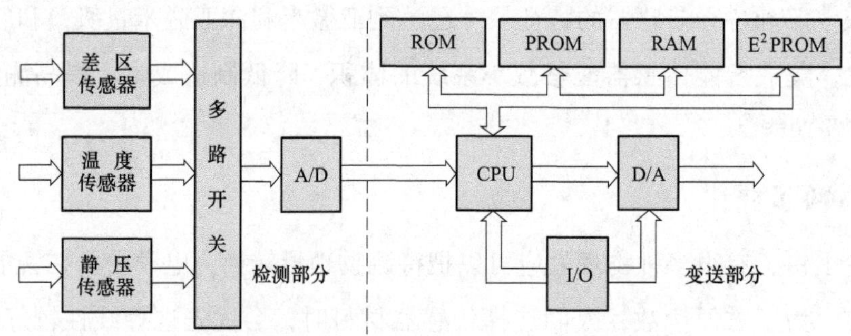

图9.5.1 DSTJ–3000智能压差压力传感器

2. 混合集成压力智能传感器

混合集成压力智能传感器是采用二次集成技术制造的混合智能传感器，图9.5.2是混合智能传感器组成框图，即在同一个管壳内封装了微控制器、检测环境参数的各种传感元件、连接传感元件和控制器的各种接口、输入输出电路、晶振、电池、无线发送器等电路及器件，系统的核心是Motorola公司的68HC11微控制器(MCU)，MCU与前台传感器间内部数据通过内部总线传递。

传感器包括温度传感器、压力传感器、加速度传感器、启动加速度计、湿度传感器等多种传感器。MCU将传感器的测量数据转换为标准格式，并对数据进行储存，然后通过系统内的无线发送器或RS232接口传送出去。整个智能传感器微系统的体积相当于一个火柴盒的体积。

3. 三维多功能单片智能传感器

三维多功能的单片智能传感器是把传感器、数据传送、存储及运算模块集成为以硅片为基础的超大规模集成电路的智能传感器，其已将平面集成发展成了三维集成，实现了多层结构。如图 9.5.3 所示，是日本的 3DIC 研制计划中设计的视觉传感器，它在硅片上分层集成了敏感元件、电源、记忆、传输等多个部分，将光电转换等检测功能和特征抽取等信息处理功能集成在一硅基片上。其基本工艺过程是先在硅衬底上制成二维集成电路，然后在上面依次用 CDV 法淀积 SiO_2 层，腐蚀 SiO_2 后再用 CDV 法淀积多晶硅，再用激光退火晶化形成第二层硅片，在第二层硅片上制成二维集成电路，依次一层一层地做成 3DIC。上面一层是 PN 结光敏二极管，下面一层是信号处理电路，其光谱效应线宽为 400 ~ 700 mm。这种将二维集成发展成三维集成的技术，可实现多层结构，可将传感器功能、逻辑功能、记忆功能等集成在一个硅片上，这是智能传感器的一个重要发展方向。

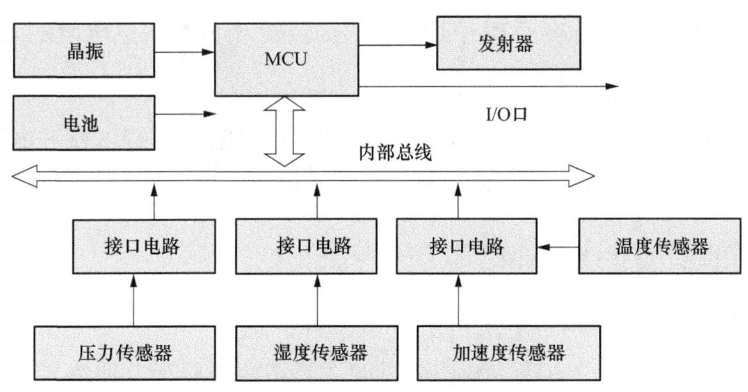

图 9.5.2 混合集成压力智能传感器组成框图

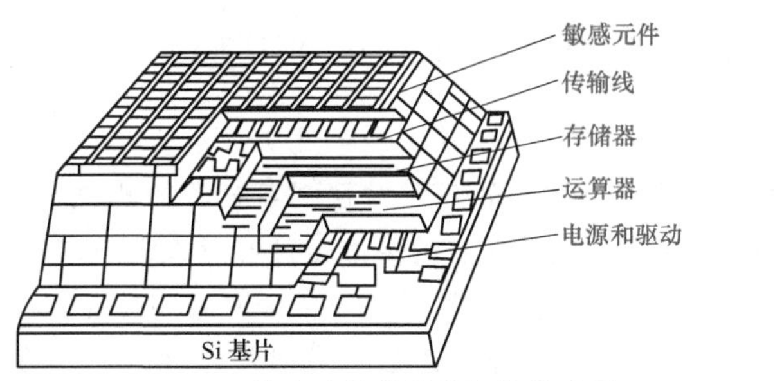

图 9.5.3 三维多功能的单片智能传感器

9.6 非线性校正与抗干扰

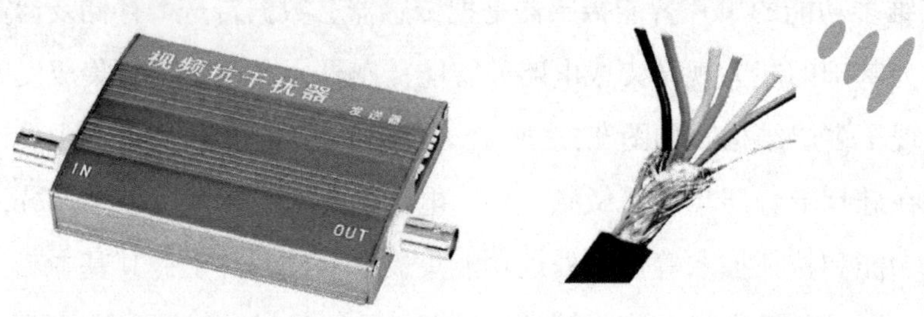

学一学 非线性补偿

1. 造成非线性的原因

（1）许多传感器的转换原理并非线性，如温度测量时，热电阻的阻值与温度、热电偶的电动势与温度都是非线性关系。

（2）采用的测量电路也是非线性的，如测量热电阻的四臂电桥，电阻变化会引起电桥失去平衡，此时输出电压与电阻之间的关系为非线性。

2. 常用的增加非线性补偿环节的方法

（1）硬件电路的补偿方法。

（2）微机软件的补偿方法，利用微机的运算功能可以很方便地对一个自动检测系统的非线性进行补偿。

用软件进行“线性化”处理的方法有三种，即计算法、查表法和插值法。

❶ 计算法：被测参数经过采样、滤波和标度变换后直接进入计算机程序进行计算，常采用数学上曲线拟合的方法对被测参数和输出电压进行拟合，得出误差最小的近似表达式，这种方法的缺点是计算量大。

❷ 查表法：将事先计算或测得的数据按一定顺序编制成表格，查表程序的任务就是根据被测参数的值或者中间结果，查出最终所需要的结果。

查表是一种非数值计算方法，利用这种方法可以完成数据补偿工作，它具有程序简单、执行速度快等优点。查表的方法有顺序查表法、计算查表法、对分搜索法等。下面只介绍顺序查表法，其是针对无序排列表格的一种方法。因为无序表格中所有各项的排列均无一定的规律，所以只能按照顺序从第一项开始逐项查找，直到找到所要查找的关键字为止。

❸ 插值法：查表法占用的内存单元较多，表格的编制比较麻烦。所以，常利用微机的运算能力，使用插值计算法来减少列表点和测量次数。

学一学 传感器干扰源

在非电量测量过程中，会发现总是有一些无用的背景信号与被测信号叠加在一起，将在信号检测领域内，检测系统检测和传输的有用信号以外的一切信号称为噪声，称具有一定幅值和一定强度能影响检测系统正常工作的噪声为干扰。它们主要来自被测信号本身、传感器，或是外界干扰。为了准确测量和控制，必须消除被测信号中的噪声和干扰。在测量过程中应尽量提高信噪比，以减少噪声对测量结果的影响。

1. 噪声源的种类

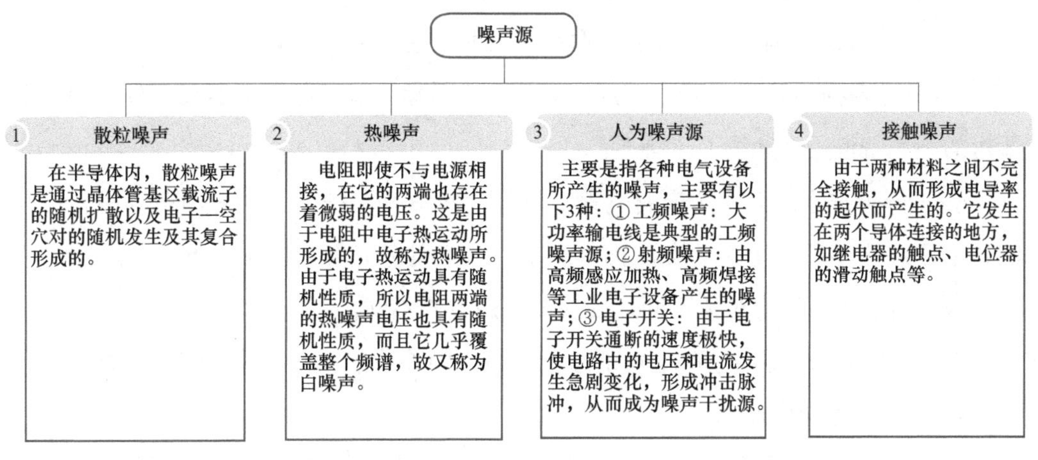

噪声源
1 散粒噪声
在半导体内，散粒噪声是通过晶体管基区载流子的随机扩散以及电子—空穴对的随机发生及其复合形成的。
2 热噪声
电阻即使不与电源相接，在它的两端也存在着微弱的电压。这是由于电阻中电子热运动所形成的，故称为热噪声。由于电子热运动具有随机性质，所以电阻两端的热噪声电压也具有随机性质，而且它几乎覆盖整个频谱，故又称为白噪声。
3 人为噪声源
主要是指各种电气设备所产生的噪声，主要有以下3种：①工频噪声：大功率输电线是典型的工频噪声源；②射频噪声：由高频感应加热、高频焊接等工业电子设备产生的噪声；③电子开关：由于电子开关通断的速度极快，使电路中的电压和电流发生急剧变化，形成冲击脉冲，从而成为噪声干扰源。
4 接触噪声
由于两种材料之间不完全接触，从而形成电导率的起伏而产生的。它发生在两个导体连接的地方，如继电器的触点、电位器的滑动触点等。

2. 噪声的耦合方式

噪声要引起干扰必须通过一定的耦合通道或传输途径才能对检测装置的正常工作造成不良的影响。常见的干扰耦合方式主要有如下几种：

（1）静电耦合：即经杂散电容耦合到电路中去。

（2）电磁耦合：即经互感耦合到电路中去。

（3）共阻抗耦合：即电流经两个以上电路之间的公共阻抗耦合到电路中去。

（4）漏电流耦合：即由于绝缘不良由流经绝缘电阻的电流耦合到电路中去。

学一学 传感器抗干扰技术

1. 硬件抗干扰技术

（1）接地技术。对于仪器、通信、计算机等电子技术，地线多是指电信号的基准电位，也称公共参考端，它除了作为各级电路的电流通道之外，还是保证电路工作稳定、抑制干扰的重要环节。它可以接大地，也可以与大地隔绝。检测系统中地线的种类如下：

1）信号地：指传感器本身的零电位基准线。

2）模拟地：模拟信号的参考点。

3）数字地：数字信号的参考点。

4）负载地：指大功率负载的地线。

5）系统地：整个系统的统一参考电位。

以上 5 种类型地线的接地方式有两种：

1）单点接地：有串联接地和并联接地两种，主要用于低频系统。

2）多点接地：高频系统中，通常采用多点接地方式，各个电路或元件的地线以最短的距离就近连到地线汇流排上。

（2）屏蔽技术。利用金属材料制成容器，将需要防护的电路包围在其中，可以防止电场或磁场耦合干扰的方法称为屏蔽。屏蔽可分为静电屏蔽、低频磁屏蔽、驱动屏蔽、电磁屏蔽等，对象不同，使用的屏蔽方式不同。

1）静电屏蔽：能防止静电场的影响，可以消除或削弱两电路之间由于寄生分布电容耦合而产生的干扰。

2）电磁屏蔽：采用导电性能良好的金属材料做成屏蔽层，利用高频干扰电磁场在屏蔽体内产生涡流，再利用涡流消耗高频干扰磁场的能量，从而削弱高频电磁场的影响。

3）低频磁屏蔽：电磁屏蔽对低频磁场干扰的屏蔽效果很差，应用导磁材料做屏蔽层，将干扰磁通限制在磁阻很小的磁屏蔽体内部，防止其干扰。

4）驱动屏蔽：使被屏蔽导体的电位与屏蔽导体的电位相等，能有效抑制通过寄生电容的耦合干扰。

（3）滤波技术。滤波器是一种允许某一频带信号通过，而阻止另一些频带通过的电子电路。滤波就是保持需要的频率成分的振幅不变，尽量减小不必要的频率成分振幅的一种信号处理方法。

2. 软件抗干扰技术

（1）软件冗余技术。进行软件设计时要考虑到万一程序“跑飞”，应让其自动恢复到正常状态下运行，冗余技术是常用的方法。通常是在双字节指令和三字节指令后插入两个字节以上的NOP，这样即使乱飞程序飞到操作数上，由于空操作指令NOP的存在，即可避免后面的指令被当作操作数执行，程序便可自动纳入正轨。

（2）软件陷阱技术。当乱飞程序进入非程序区或表格区时，采用冗余指令使程序入轨的条件便不满足，此时可设定软件陷阱。软件陷阱，就是用引导指令强行将捕获到的乱飞程序引向复位入口地址0000H，在此处将程序转向专门对程序出错进行处理的程序，使程序纳入正轨。当乱飞程序进入非程序区时，冗余指令便无法起作用。通过软件陷阱，拦截乱飞程序，将其引向指定位置，再进行出错处理。软件陷阱是指用来将捕获的乱飞程序引向复位入口地址0000H的指令。通常在EPROM的非程序区填入以下指令作为软件陷阱：

```
NOP
NOP
LJMP 0000H
```

（3）“看门狗”技术。计算机受到干扰而失控，引起程序乱飞，可能会使程序陷入“死循环”。当指令冗余技术、软件陷阱技术不能使失控的程序摆脱“死循环”困境时，通常采用程序监控技术，又称“看门狗”技术，使失控的程序摆脱“死循环”。“看门狗”技术既可由硬件实现，也可由软件实现，还可由两者结合，其核心思想是当程序跑飞时，如果没有在一定的时间内复位时，“看门狗”动作，强制系统复位。

（4）数字滤波。所谓数字滤波，就是通过一定的计算或判断程序减少干扰信号在有用信号中的比重，实质上是一种程序滤波。

数字滤波的方法有很多种，可以根据不同的测量参数进行选择。下面介绍几种常用的数字滤波方法及相应的用MCS–51指令系统编写的程序。

1）中值滤波法。中值滤波法的工作原理：对信号连续进行N次采样，然后对采样值排序，并取序列中位值作为采样有效值，采样次数N一般取大于3的奇数。

例如，在三个采样周期内，连续采样读入三个检测信号X1、X2、X3，从中选择一个居中的数据作为有效信号。三次采样输入中有一次发生干扰，则不管这个干扰发生在什么位置，都将被剔除掉。若发生的两次干扰是异向作用，则同样可以滤去。若发生的两次干扰是同向作用或三次都发生干扰，则中值滤波无能为力。

中值滤波能有效地滤去由于偶然因素引起的波动或采样器不稳定造成的误码等引起的脉冲干扰。对缓慢变化的过程变量采用中值滤波是有效果的。中值滤波不宜用于快速变化的过程参数。下面的程序是仅当 $N=3$ 时的中值滤波程序：

```
FILTER：MOV  A，R2           ；判 R 2 < R 3 否
        CLR  C
        SUBB  A，R 3
        JC  FILT1            ；R2  R3 时，转 FILT1，保持原顺序不变
        MOV  A，R2           ；R2 > R3 时，交换 R2、R3
        XCH  A，R3
        MOV  R2，A
FILT1：MOV  A，R3            ；判 R 3 < R 4 否
        CLR  C
        SUBB  A，R 4
        JC  FILT2            ；R3  R4，转 FILT2，排序结束
        MOV  A，R4           ；R3 > R4，交换 R3、R4
        XCH  A，R3
        XCH  A，R4
        CLR  C               ；判 R3 > R2 否
        SUBB  A，R 2
        JNC  FILT2           ；R3 > R2，排序结束
        XCH  A，R2           ；R3 < R2，以 R2 为中值
        MOV  R3，A           ；中值送 R3
FILT2：RET
```

在该程序中，将连续三次的采样值分别存放在 R2、R3、R4 中，排序结束后，三个寄存器中数值的大小顺序为 R2 < R3 < R4，中位值在 R3 中。若连续采样次数 $N>5$，则排序过程比较复杂，可采用“冒泡”算法等通用的排序方法。

2）算术平均滤波法。算术平均滤波法适用于一般的具有随机干扰的信号滤波。它特别适用于信号本身在某一数值范围附近上下波动的情况，如流量、液平面等信

号的测量。

算术平均滤波法的原理：寻找一个 Y 值，使该 Y 值与各采样值间误差的平方和最小，即

$$E=\min\left[\sum_{i=1}^{M} e_i^2\right]=\min\left[\sum_{1}^{N}(Y-X)^2\right]$$

由 dE/dY=0 得算术平均值法的算式为

$$Y=\frac{1}{N}\sum_{i=1}^{N}X_i$$

式中 X_i——第 i 次采样值；

Y——数字滤波的输出；

N——采样次数。

N 的选取应按具体情况决定。N 越大，平滑度越高，滤波效果越好，但灵敏度低，计算量大。为了便于运算处理，对于流量信号，推荐取 $N=8\sim16$；压力信号取 $N=4$；对信号连续进行 N 次采样，以其算术平均值作为有效采样值。该方法对压力、流量等具有周期脉动特点的信号具有良好的滤波效果。下面是一个采样次数 $N=8$ 的算术平均滤波程序清单。

```
FILTER：CLR   A                      ；清累加器
        MOV   R2，A
        MOV   R3，A
        MOV   R0，# 30H              ；指向第一个采样值
FILT1： MOV   A，@R0                 ；取一个采样值
        ADD   A，R3                  ；累加到 R2、R3 中
        MOV   R3，A
        CLR   A
        ADDC  A，R2
        MOV   R2，A
        INC   R0
        CJNE  R0，#38H，FILT1        ；判累加 8 次否
        SWAP  A                      ；累加完，求平均值
        RL    A
```

```
MOV  B, A
ANL  A, #1FH
XCH  A, R3
SWAP  A
RL  A
ANL  A, #1FH
XCH  A, B
ANL  A, #0E0H
ADD  A, B
XCH  A, R3
XCH  A, R2
RET
```

说明

本程序，算术平均滤波的结果存在R2、R3中。

3）滑动平均滤波法。在中值滤波和算术平均滤波方法中，每获得一个有效的采样数据，必须连续进行 N 次采样，当采样速度较慢或信号变化较快时，系统的实时性往往得不到保证。例如，A/D数据采样速率为每秒10次，而要求每秒输入4次数据时，则 N 不能大于2。下面介绍一种只需进行一次测量，就能得到一个新的算术平均值的方法——滑动平均值滤波法。

滑动平均值滤波法采用循环队列作为采样数据存储器，队列长度固定为 N，每进行一次新的采样，把采样数据放入队尾，扔掉原来队首的一个数据，使队列始终有 N 个最新的数据。对这 N 个最新数据求取平均值，作为此次采样的有效值。这种方法每采样一次，便可得到一个有效采样值，因而速度快，实时性好，对周期性干扰具有良好的抑制作用。

如果 $N=16$，以40H～4FH共16个单元作为环形队列存储器，用R0作为队尾（在环形队列里同时也是队首）指针，设计相应的滑动滤波程序如下：

```
FILTER：MOV  A, 30H        ；新的采样数据在30H中
        MOV  @R0, A        ；以R0间址将新数据排入队尾，
                           同时冲掉原队首数据
        INC  R0            ；修改队尾指针
        MOV  A, R0
        ANL  A, #4FH       ；对指针作循环处理
```

```
        MOV   R0, A
        MOV   R1, #40H            ; 设置数据地址指针
        MOV   R2, #00H            ; 清累加和寄存器
        MOV   R3, #00H
FILT1:  MOV   A, @R1              ; 取队列中采样值
        ADD   A, R3               ; 求累加和
        MOV   R3, A
        CLR   A
        ADDC  A, R2
        MOV   R2, A
        INC   R1
        CJNE  R1, #50H, FILT1     ; 判是否已累加 16 次
        SWAP  A                   ; 累加完，求平均值
        MOV   B, A
        ANL   A, #0FH
        XCH   A, R3
        SWAP  A
        ANL   A, #0FH
        XCH   A, B
        ANL   A, #0F0H
        ADD   A, B
        XCH   A, R3
        XCH   A, R2
        RET                       ; 结果在 R2、R3 中
```

4）低通滤波法。当被测信号缓慢变化时，可采用数字低通滤波法去除干扰。数字低通滤波器是用软件算法来模拟硬件低通滤波器的功能，低通滤波器微分方程为

$$u_i = iR + u_0 = RC\frac{\mathrm{d}u_0}{\mathrm{d}t} + u_0 = \tau\frac{\mathrm{d}u_0}{\mathrm{d}t} + u_0$$

用 $X(N)$ 替换 u_i，$Y(N)$ 替换 u_o，并将微分方程转换成差分方程，得

$$X(N) = \tau\frac{Y(N) - Y(N-1)}{\Delta t} + Y(N)$$

整理后得

$$Y(N)=\frac{\Delta t}{\tau+\Delta\tau}X(N)+\frac{\tau}{\tau+\Delta\tau}Y(N-1)$$

式中　　τ——滤波器的时间常数；

Δt——采样周期；

$X(N)$——本次采样值；

$Y(N)$、$Y(N-1)$——本次和上次的滤波器输出值。

取

$$a=\frac{\Delta t}{\tau+\Delta\tau}$$

则上式可改写成

$$Y(N)=aX(N)+(1-a)Y(N-1)$$

式中　a——滤波平滑系数，通常 $a<<1$。

由上式可知，滤波器的本次输出值主要取决于其上次输出值，本次采样值对滤波输出仅有较小的修正作用，因此该滤波算法相当于一个具有较大惯性的一阶惯性环节，模拟了低通滤波器的功能，其截止频率为

$$f_c=\frac{1}{2\pi\tau}=\frac{a}{2\pi\Delta t(1-a)}\approx\frac{a}{2\pi\Delta t}$$

如取 $a=1/32$，$\Delta t=0.5$s，即每秒采样两次，则 $f_c\approx0.01$Hz，可用于频率相当低的信号的滤波。

低通数字滤波器程序流程图的对应的程序清单如下：

```
FILTER：MOV  30H，32H      ；更新 Y（N-1）
        MOV  31H，33H
        MOV  A，40H        ；采样值 X（N）在 40H 中
        MOV  B，#8         ；取 a = 8 / 256
        MUL  AB            ；计算 aX（N）
        RLC  A             ；将 aX（N）临时存入 Y（N）
        MOV  A，B
        ADDC  A，#00H
        MOV  33H，A
```

```
         CLR   A
         ADDC  A, #00H
         MOV   32H, A
         MOV   B, #248            ; 1-a = 248 / 256
         MOV   A, 31H
         MUL   AB                 ; 计算（1-a）Y（N-1）的低位
         RLC   A                  ; 四舍五入
         MOV   A, B
         ADDC  A, 33H             ; 累加到Y（N）中
         MOV   33H, A
         JNC   FILT1
         INC   32H
FILT1 :  MOV   B, #248
         MOV   A, 31H
         MUL   AB                 ; 计算（1-a）Y（N-1）的高位
         ADD   A, 33H
         MOV   33H, A
         MOV   A, B
         ADDC  A, 32H
         MOV   32H, A
         RET                      ; Y（N）存于32H、33H中
```

程序中，采样数据为单字节，滤波输出值用双字节。为计算方便，取 $a = 8 / 256$，$1-a = 248 / 256$，运算时分别用8和248代入相乘，然后在积中将小数点左移8位。

5）防脉冲干扰平均值法。在工业控制等应用场合中，经常会遇到尖脉冲干扰现象。干扰通常只影响个别采样点的数据，此数据与其他采样点的数据相差比较大。如果采用一般的平均值法，则干扰将“平均”到计算结果中，故平均值法不易消除由于脉冲干扰而引起的采样值的偏差。为此，可采取先对 N 个数据进行比较，去掉其中最大值和最小值，然后计算余下的 $N-2$ 个数据的算术平均值。该方法类似于一级体操比赛中采用的评分方法，它即可以滤去脉冲干扰又可滤去小的随机干扰。

在实际应用中，N 可取任何值，但为了加快测量计算速度，一般 N 不能太大，

常取 4，即为四取二再取平均值法。它具有计算方便、速度快、需存储容量小等特点，故得到了广泛应用。

如下为防脉冲干扰平均值子程序，连续进行 4 次数据采样，去掉最大值和最小值，计算中间两个数据的平均值送到 R6、R7 中。本程序调用 A/D 测量输入子程序 RDAD，测量输入一个数据，送到寄存器 B 和累加器 A 中，输入数据的字长小于等于 14 位二进制数。计算时，将 R0 作为计数器，在 R2、R3 中存放最大值，在 R4、R5 中存放最小值，在 R6、R7 中存放累加值和最后结果。

程序：

```
DAVE：   CLR   A
         MOV   R2，A              ；最大值初态
         MOV   R3，A
         MOV   R6，A              ；累加和初态
         MOV   R7，A
         MOV   R4，#3FH           ；最小值初态
         MOV   R5，#0FFH
         MOV   R0，#4             ；N=4
DAV1：   LCALL  RDAD              ；A/D 输入值送寄存器 A、B 中
         MOV   R1，A              ；保存输入值低位
         ADD   A，R7              ；累加输入值
         MOV   R7，A
         MOV   A，B
         ADDC  A，R6
         MOV   R6，A
         CLR   C                  ；输入值与最大值作比较
         MOV   A，R3
         SUBB  A，R1
         MOV   A，R2
         SUBB  A，B
         JNC   DAV2
         MOV   A，R1              ；输入值大于最大值
         MOV   R3，A
```

```
         MOV   R2, B
DAV2:    CLR   C               ; 输入值与最小值作比较
         MOV   A, R1
         SUBB  A, R5
         MOV   A, B
         SUBB  A, R4
         JNC   DAV3
         MOV   A, R1           ; 输入值小于最小值
         MOV   R5, A
         MOV   R4, B
DAV3:    DJNZ  R0, DAV1
         CLR   C
         MOV   A, R7           ; 累加和中减去最大值
         SUBB  A, R3
         XCH   A, R6
         SUBB  A, R2
         XCH   A, R6
         SUBB  A, R5           ; 累加和中减去最小值
         XCH   A, R6
         SUBB  A, R4
         CLR   C               ; 除以 2
         RRC   A
         XCH   A, R6
         RRC   A
         MOV   R7, A           ; R6、R7 中为平均值
         RET
```

除以上五种数字滤波法外，还有一些其他方法，在使用时，应根据实际情况选择。

9.7 智能传感器应用实例

学一学 智能应力传感器

如图 9.7.1 所示是智能式应力传感器的硬件结构图，其用于测量飞机机翼上各个关键部位的应力大小，并判断机翼的工作状态是否正常，是否有故障情况。它共有 6 路应力传感器和 1 路温度传感器，其中每一路应力传感器由 4 个应变片构成的全桥电路和前级放大器组成，用于测量应力大小。温度传感器用于测量环境温度，从而对应力传感器进行误差修正。采用 8031 单片机作为数据处理和控制单元。多路开关根据单片机发出的命令轮流选通各个传感器通道，0 通道作为温度传感器通道，1 ~ 6 通道分别为 6 个应力传感器通道。程控放大器则在单片机的命令下分别选择不同的放大倍数对各路信号进行放大。该智能式应力传感器具有较强的自适应能力，它可以判断工作环境因素的变化，进行必要的修正，以保证测量的准确性。

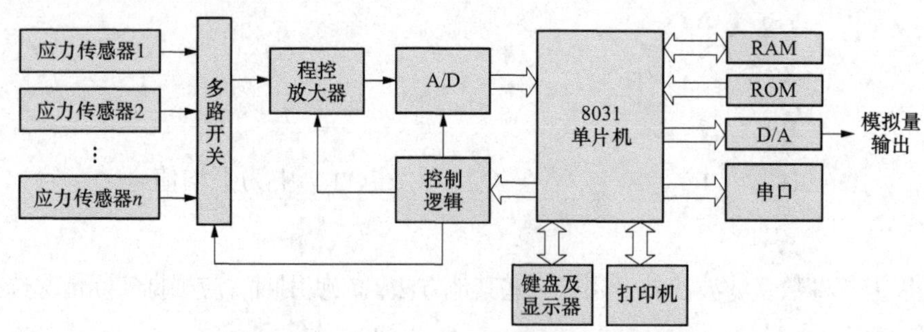

图 9.7.1　智能式应力传感器的硬件结构图

智能式应力传感器具有测量、程控放大、转换、处理、模拟量输出、键盘监控及通过串口与计算机通信的功能。其软件采用模块化和结构化的设计方法，软件结构如图 9.7.2 所示。主程序模块完成自检、初始化、通道选择以及各个功能模块调用的功能。其中信号采集模块主要完成数据滤波、非线性补偿、信号处理、误差修正以及检索查表等功能。故障诊断模块的任务是对各个应力传感器的信号进行分析，判断飞机机翼的工作状态及是否存在损伤或故障。键盘输入及显示模块具有以下任务：

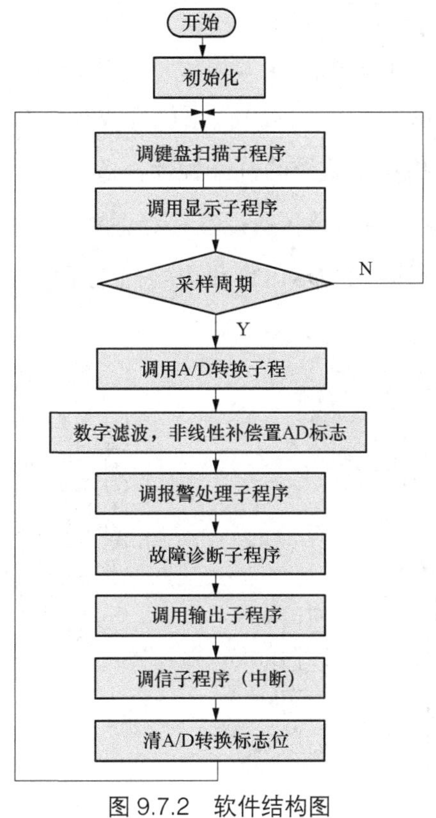

图 9.7.2　软件结构图

（1）查询是否有键按下，若有键按下则反馈给主程序模块，主程序模块根据键意执行或调用相应的功能模块。

（2）显示各路传感器的数据和工作状态，输出打印模块主要控制模拟量输出，通信模块主要控制 RS232 串行通信口和上位微机发通信。

提　示

键盘的设计要考虑按键的确认、重键与连击以及键盘的防抖动问题。

显示器件可以采用普通仪表显示、CRT 终端显示、LED 或 LCD 显示以及大屏幕显示等。每种显示方式都有自身的优势。CRT 终端是目前计算机控制系统中最常用的显示设备。

学一学　智能温度传感器 DS18B20

1. 基本介绍

DS18B20 采用美国 Dallas 半导体公司的数字化温度传感器，温度传感器支持“一线总线”接口（1-Wire），从 DS1820 读出信息或写入 DS1820 信息，仅需要一根口线（单线接口），大大提高了系统的抗干扰性，适合于恶劣环境的现场温度测量。由于每片 DS1820 含有唯一的编码，所以在一条总线上可挂接任意多个 DS1820 芯片。总线本身也可以向所挂接的 DS1820 供电，而无需额外电源。如图 9.7.3 所示为 DS18B20 外观及结构。

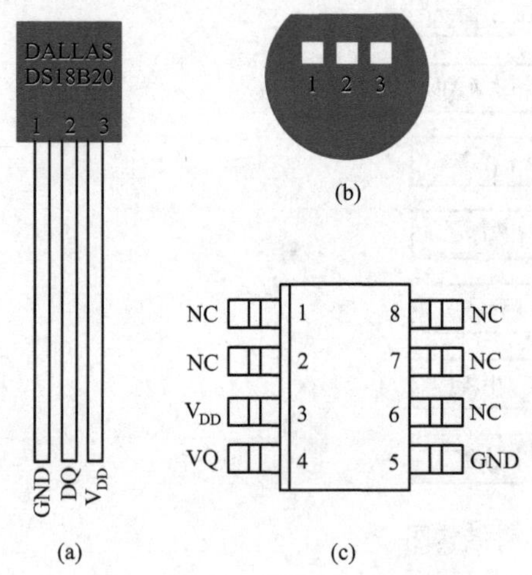

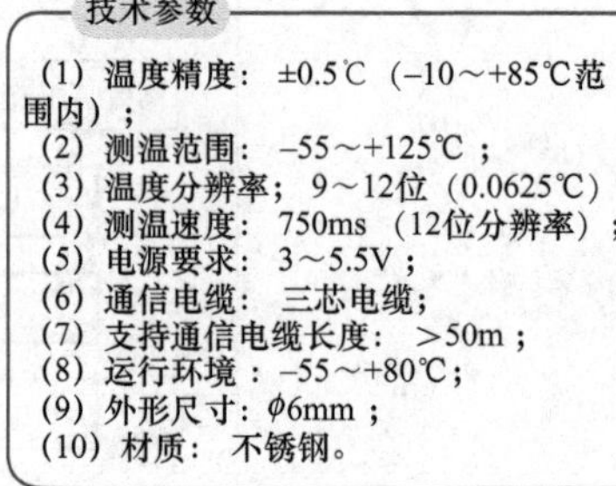

技术参数
（1）温度精度：±0.5℃（-10～+85℃范围内）；
（2）测温范围：-55～+125℃；
（3）温度分辨率；9～12位（0.0625℃）；
（4）测温速度：750ms（12位分辨率）；
（5）电源要求：3～5.5V；
（6）通信电缆：三芯电缆；
（7）支持通信电缆长度：>50m；
（8）运行环境：-55～+80℃；
（9）外形尺寸：ϕ6mm；
（10）材质：不锈钢。

图 9.7.3　DS18B20 外观及结构

（a）外观图；（b）TO-92 封装底视图；（c）8 脚 SOIC 封装

GND—地；DQ—数据输入 / 输出脚，当在寄生电源下，也可以向器件提供电源；VDD—电源电压，当工作于寄生电源时，此引脚必须接地

2. 结构组成

DS18B20 主要由 64 位激光 ROM、温度传感器、非易失性温度报警触发器 TH 和 TL 等部分组成，如图 9.7.4 所示。

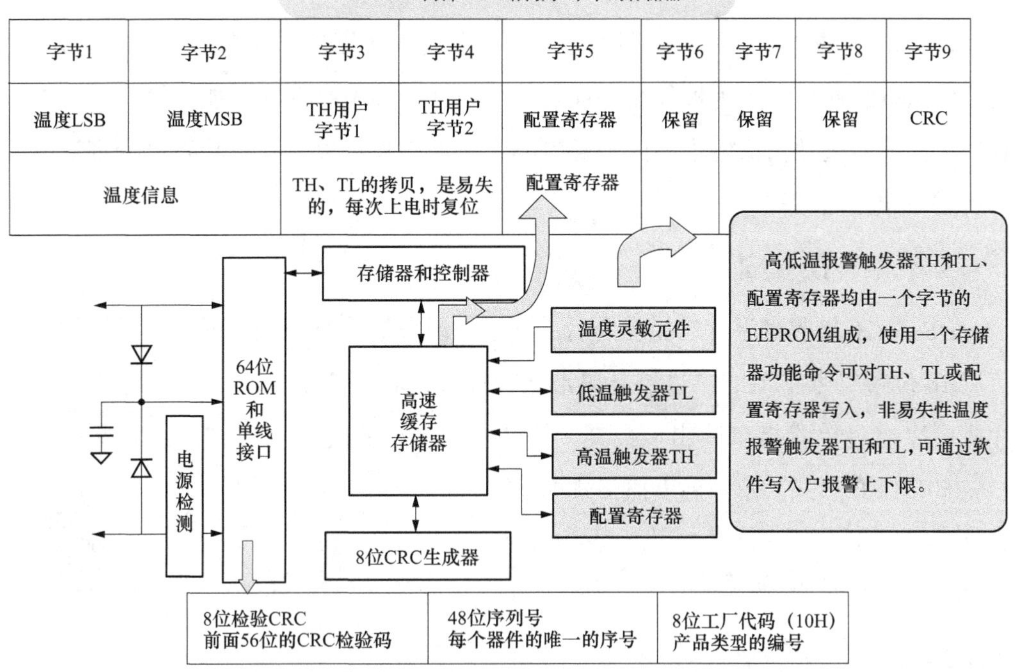

图 9.7.4 DS18B20 智能传感器系统结构框图

RAM 的第 5 个字节为配置寄存器，它用于确定温度值的数字转换分辨率，DS18B20 工作时按此寄存器中的分辨率将温度转换为相应精度的数值。配置寄存器各位定义如下：

TM	R1	R2	1	1	1	1	1

低 5 位全为 1，T M是测试模式位，用于设置 DS18B20 在工作模式还是在测试模式，出厂时该位被设置为 0，用户不要去改动，R1 和 R2 位决定温度转换的精度位数，规定见表 9.7.1。

表 9.7.1　　配置寄存器 R1、R2 位温度转换的精度位数规定表

R1	R2	分辨率（位）	温度最大转换时间（ms）
0	0	9	93.75
0	1	10	187.5
1	0	11	375
1	1	12	750

DS18B20 温度转换的时间比较长，而且设定的分辨率越高，所需的温度转换时间就越长。因此，在实际应用中应将分辨率和转换时间权衡考虑。

高速暂存 RAM 的第 6 、 7 、 8 字节保留未用，表现为全逻辑 1，第 9 字节读出前面所有 8 个字节的 CRC 码，以检验数据，从而保证通信数据的正确性。

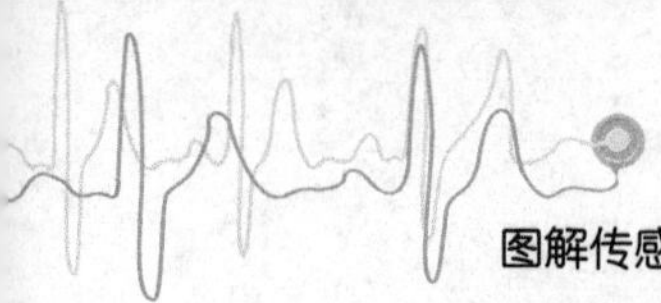

3. 能量供给方式

DS18B20 的能量供给共有两种方式：一种是直接用外部 5V 电源供电，另一种是器件从单线通信线上汲取能量，即在信号线处于高电平期间把能量储存在内部电容里，在信号线处于低电平期间消耗电容上电能工作，直到高电平来再给寄生电源（电容）充电。

4. 数据转换规则

DS18B20 接收到温度转换命令后，开始启动采集 A/D 转换。转换完成后的温度值以 16 位带符号扩展的二进制补码形式存储在高速暂存 RAM 中第 1、2 字节。单片机可以通过单线接口读出该数据，读数据时低位在先，高位在后，数据格式以 0.06250C/LSB 形式表示，温度值格式如下：

2^3	2^2	2^1	2^0	2^{-1}	2^{-2}	2^{-3}	2^{-4}	LSB
S	S	S	S	S	2^6	2^5	2^4	MSB

要点提示

二进制中的前面 5 位是符号位，如果测得的温度大于 0，这 5 位为 0，只要将测到的数值乘以 0.0625 即可得到实际温度；如果温度小于 0，这 5 位为 1，测到的数值需要取反加 1 再乘以 0.062 5 即可得到实际温度。例如 +125℃的数字输出为 07D0H，+25.0625℃的数字输出为 0191H，–25.0625℃的数字输出为 FF6FH，–55℃的数字输出为 FC90H。

DS18B20 完成温度转换后，把测得的温度值与 RAM 中的 TH、TL 字节内容做比较。若值高于 TH 或低于 TL，则将该器件的报警标志位置位，并对主机发出的报警搜索命令作出响应。因此，可用于多只 DS18B20 同时测量温度并进行报警搜索。

5. 协议定义信号的时序

由于 DS18B20 单线通信功能是分时完成，它有严格的时隙概念，因此读写时序很重要。

（1）初始化时序。主机总线 t_0 时刻发送一复位脉冲 (最短为 480μs 的低电平信号)，接着在 t_1 时刻释放总线并进入接收状态，DSl820 在检测到总线的上升沿之后等待 15 ~ 60μs，接着 DS1820 在 t_2 时刻发出存在脉冲 (低电平持续 60 ~ 240μs) 如图 9.7.5 虚线所示。

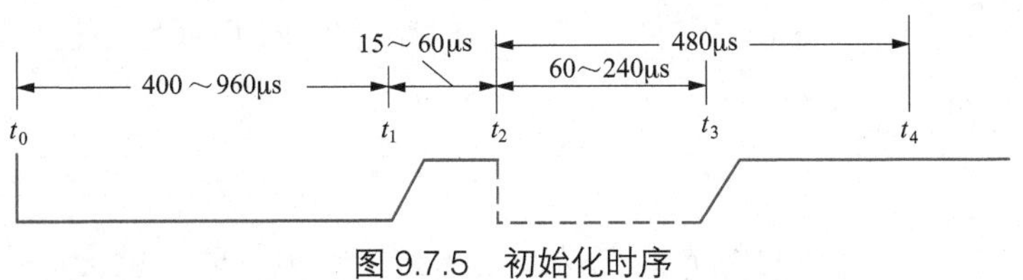

图 9.7.5 初始化时序

程序名称 :INIT_TEMP

功能 : 初始化 DS18B20，确定 DS18B20 是否存在。

入口参数 : 无

出口参数 :FLAG

```
INIT_TEMP:
SETB P_DS18B20
NOP
CLR P_DS18B20                  ; 主机发出延时 537μs 的复位低脉冲
MOV R0, #6BH
MOV R1, #04H
TSR1:DJNZ R0, $
MOV r0, #6BH
DJNZ R1, TSR1
SETB P_DS18B20                 ; 然后拉高数据线，释放总线进入接受状态
NOP
NOP
NOP
MOV R0, #32H
TSR2:     JNB P_DS18B20, TSR3 ; 等待 DS18B20 回应
DJNZ R0, TSR2
LJMP TSR4                      ; 延时
TSR3:     SETB FLAG            ; 置标志位，表示 DS1820 存在
LJMP TSR5
TSR4:     CLR FLAG             ; 清标志位，表示 DS1820 不存在
LJMP TSR7
TSR5: MOV R0, #06BH
```

```
TSR6:DJNZ R0, TSR6          ；时序要求延时一段时间
TSR7:SETB P_DS18B20
RET
```

（2）写时序。当主机总线 t_0 时刻从高电平拉至低电平时，就会产生写时隙，从 t_0 时刻开始 15us 之内应将所需写的位送到总线上，DS1820 在 t_0 后 15~60μs 对总线采样，若低电平写入的位是 0，高电平写入的位是 1，连续写 2 位间的间隙应大于 1μs。DS18B20 写 0 时序和写 1 时序的要求不同，当写 0 时序时，单总线要被拉低至少 60μs，保证 DS18B20 能在 15~45μs 正确地采样 I/O 总线上的 0 电平；当写 1 时序时，单总线被拉低之后，在 15μs 内就应释放单总线。写 0 时序和写 1 时序如图 9.7.6 所示。

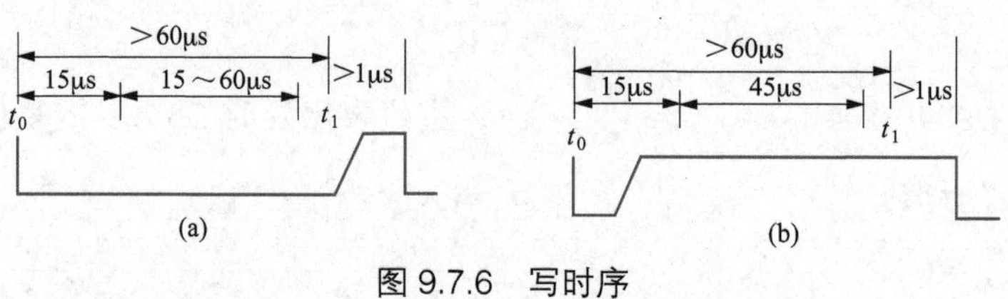

图 9.7.6 写时序

（a）写 0 时序；（b）写 1 时序

程序名称 :WRITE_18B20

功能 : 将 A 保存的数值写入 DS1820 中，有具体的时序要求。

入口参数 :A 寄存器

出口参数 : 无

```
WRITE_18B20:
MOV R2, #8                  ；一共 8 位数据，串行通信
CLR C
WR1: CLR P_DS18B20
MOV R3, #07
DJNZ R3, $
RRC A；循环右移
MOV P_DS18B20, C
MOV R3, #3CH
DJNZ R3, $；23×2 = 46μs
SETB P_DS18B20
```

```
NOP
DJNZ R2, WR1                        ; A 里面一共是 8 位，所以要送 8 次
SETB P_DS18B20                      ; 释放总线
RET
```

（3）读时序。主机总线 t_0 时刻从高电平拉至低电平时，总线只须保持低电平 15 μs 之后，在 t_1 时刻将总线拉高，让 DS18B20 把数据传输到单总线上，读时隙在 t_2 时刻后 t_3 时刻前有效，读时序分为读 0 时序和读 1 时序两个过程，DS18B20 至少需要 60 μs 才能完成一个读时序过程，如图 9.7.7 所示。

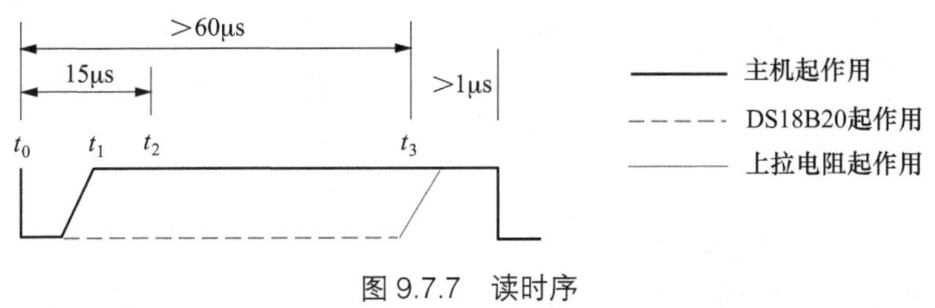

图 9.7.7 读时序

程序名称 :READ_18B20

功能：读取 18B20 中的数据，由于是串行通信，每次读取一个，循环 8 次读取。

入口参数 :TEMPRATURE_L

出口参数：无

```
READ_18B20:
MOV R4, #4                          ; 将温度高位和低位从
                                    DS18B20 中读出
MOV R1, #T_L
RE00: MOV R2, #8                    ; 数据一共有 8 位
RE01:CLR C
SETB P_DS18B20
NOP
NOP
CLR P_DS18B20
NOP
NOP
NOP
```

```
SETB P_DS18B20
MOV R3，#09
RE10:DJNZ R3，RE10
MOV C，P_DS18B20
MOV R3，#3CH
RE20:DJNZ R3，RE20
RRC A
DJNZ R2，RE01
MOV @R1，A
DEC R1
DJNZ R4，RE00
RET
```

6. 温度的采集软件设计

根据 DS18B20 的通信协议，主机（单片机）控制 DS18B20 完成温度转换必须经过 3 个步骤，即每一次读写之前都要对 DS18B20 进行复位操作，复位成功后发送一条 ROM 指令，最后发送 RAM 指令，这样才能对 DS18B20 进行预定的操作。所有时序都是将主机作为主设备，单总线器件作为从设备。而每一次命令和数据的传输都是从主机主动启动写时序开始，如果要求单总线器件回送数据，在进行写命令后，主机需启动读时序完成数据接收。数据和命令的传输都是低位在先。

（1）初始化。单总线上的所有处理均从初始化开始。

（2）ROM 操作命令。 总线主机检测到 DSl8B20 的存在，即初始化完成后，便可以发出 ROM 操作命令，这些命令见表 9.7.2。

表 9.7.2　　ROM 操作命令

命令	代码	含义
READROM	33H	如果只有一片 DS18B20，可用此命令读出其序列号，若在线 DS18B20 多于一个，将发生冲突
MATCHROM	55H	多个 DS18B20 在线时，可用此命令匹配（选择）一个给定序列号的 DS18B20，此后的命令将针对该 DS18B20
SKIPROM	CCH	此命令执行后的存储器操作将针对在线的所有 DS18B20
SEARCHRDH	F0H	用以读出在线的 DS18B20 的序列号

续表

命令	代码	含义
ALARMSEARCH	ECH	当温度值高于 TH 或低于 TL 中的数值时，此命令可以读出报警的 DS18B20

（3）存储器操作命令见表 9.7.3。

表 9.7.3　　　　存储器操作命令

命令	代码	含义
WRITESCRATCHPAD	4EH	写两个字节的数据到温度寄存器
READSCRATCHPAD	BEH	读取温度寄存器的温度值
COPYSCRATCHPAD	48H	将温度寄存器的数值拷贝到 EERAM 中，保证温度值不丢失
CONVERT	44H	启动在线 DS12B80 做温度 A/D 转换
RECALL EE	B8H	将 EERAM 中的数值拷贝到温度寄存器中
READPOWERSUPPLY	B4H	在本命令送到 DS12B80 之后的每一个读数据间隙，指出电源模式，“0”为寄生电源，“1”为外部电源

（4）程序流程图及示例程序。DS18B20 温度采集程序流程图如图 9.7.8 所示。

程序名称 :READ_TEMP

```
功能：读取 DS18B20 的数据
入口参数 :T_L，T_H
出口参数：无
READ_TEMP:
SETB P_DS18B20
LCALL INIT_TEMP          ；先复位 DS18B20
JB FLAG，TSS2
RET                      ；判断 DS1820 是否存在？若 DS18B20 不存在则返回
TSS2:MOV A,#0CCH         ；跳过 ROM 匹配
LCALL WRITE_18B20
MOV A,#44H               ；发出温度转换命令
LCALL WRITE_18B20
LCALL DISPLAY            ；等待 A/D 转换结束，12 位的话 750μs
LCALL INIT_TEMP          ；准备读温度前先复位
MOV A，#0CCH             ；跳过 ROM 匹配
```

```
LCALL WRITE_18B20
MOV A, #0BEH          ; 发出读温度命令
LCALL WRITE_18B20
LCALL READ_18B20      ; 将读出的温度数据保存到 35H/36H
RET
```

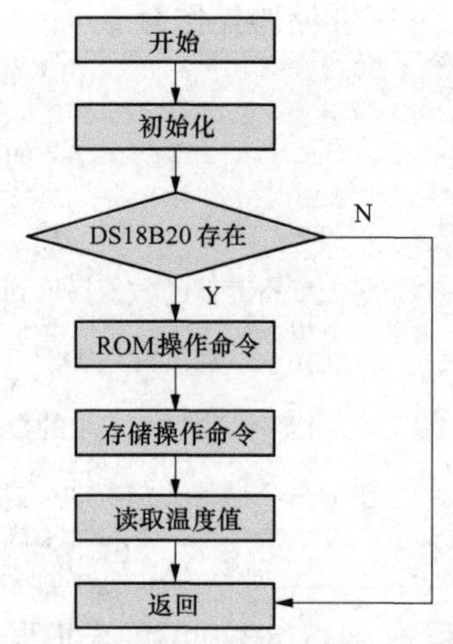

图 9.7.8　DS18B20 温度采集程序流程图

7. 用 18B20 设计的环境温度检测器

（1）电路图设计。图 9.7.9 中的 DS18B20 采用外接电源方式，其 U_{DD} 端用 3 ~ 5.5V 电源供电。

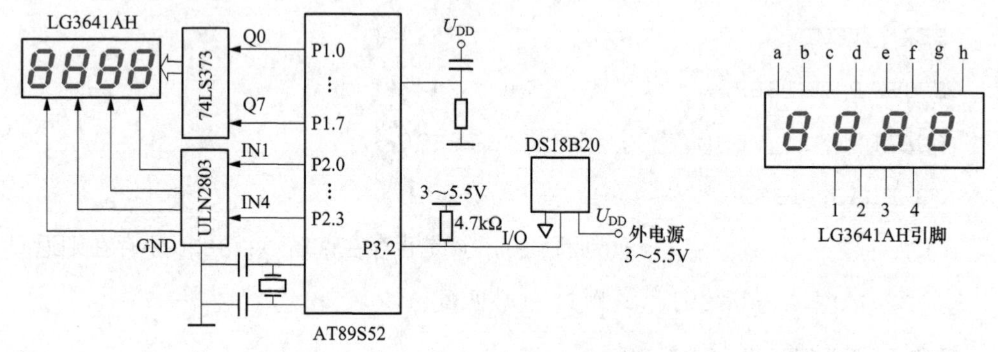

图 9.7.9　环境温度检测原理图

（2）程序流程图（见图 9.7.10）。

温度转换算法分析：由于 DS18B20 转换后的代码并不是实际的温度值，所以要进行计算转换。温度高字节（MS Byte）高 5 位是用来保存温度的正负（标志为 S 的 11 ~ 15 位），高字节（MS Byte）低 3 位和低字节来保存温度值（0 ~ 10 位）。

其中低字节（LS Byte）的低 4 位来保存温度的小数位（0 ~ 3 位）。当采用 0.062 5 的精度时，小数部分的值，可以用后四位代表的实际数值乘以 0.062 5，得到真正的数值。

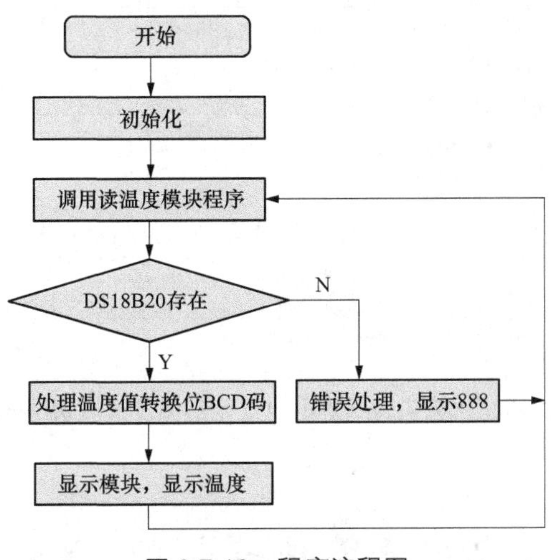

图 9.7.10　程序流程图

算法核心：首先程序判断温度是否是零下，如果是，则 DS18B20 保存的是温度的补码值，需要对其低 8 位（LS Byte）取反加 1 变成原码。处理过后把 DS18B20 的温度传到单片机的 RAM 中，里面已经是温度值的 Hex 码了，然后转换 Hex 码到 BCD 码，分别把小数位，个位，十位，百位的 BCD 码存入 RAM 中。

学一学　智能温度传感器 DS1629

DS1629 将智能温度传感器、实时日历时钟和 32 位的静态存储器集成在一片 CMOS 大规模的集成电路中，测温范围为最低 –55℃，最高 125℃，日历能产生年、月、日、星期、时、分、秒共 7 种时钟信号。两线的串行接口便于与微处理器通信，待机模式时，工作电流可降至 0.1μA。应用电路如图 9.7.11 所示。

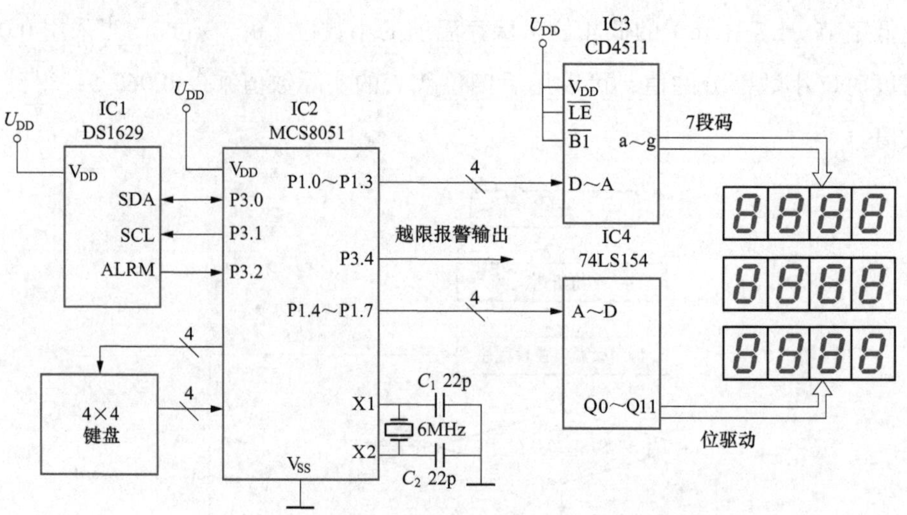

图 9.7.11　带实时日历时钟显示的温度检测系统电路

学一学　四通道智能温度传感器 MAX6691

MAX6691 是美国 MAXIM 公司生产的四通道智能温度传感器，芯片可配正负温度系数的热敏电阻，在测量液体或者气体时，使用负温度系数的热敏电阻更为普遍，T1~T4 分别接 4 只热敏电阻，R+ 与 R– 之间接外部电阻，I/O 为漏极开路的单线输入输出口，外部只需接一个 10kΩ 的上拉电阻，8 脚为空。测温时，首先通过自动切换多路转换器（MUX），依次检测 4 只 NTC 热敏电阻的电压，然后进行缓冲放大，再利用 PWM 转换器把电压信号变成脉宽信号，由单线 I/O 接口送给单片机，最后由单片机分别计算出 4 路被测温度的数值。测量过程需 120ms，测量结束时，MAX6691 先把 I/O 端拉成低电平并保持 125μs，然后顺序输出 4 个脉宽信号，它与外部电阻上的压降成正比，热敏电阻的阻值与外部电阻有关，也与脉冲的宽度有关，微处理器很容易算出，并折算成相应的温度。MAX6691 的内部结构及典型应用电路如图 9.7.12 所示。

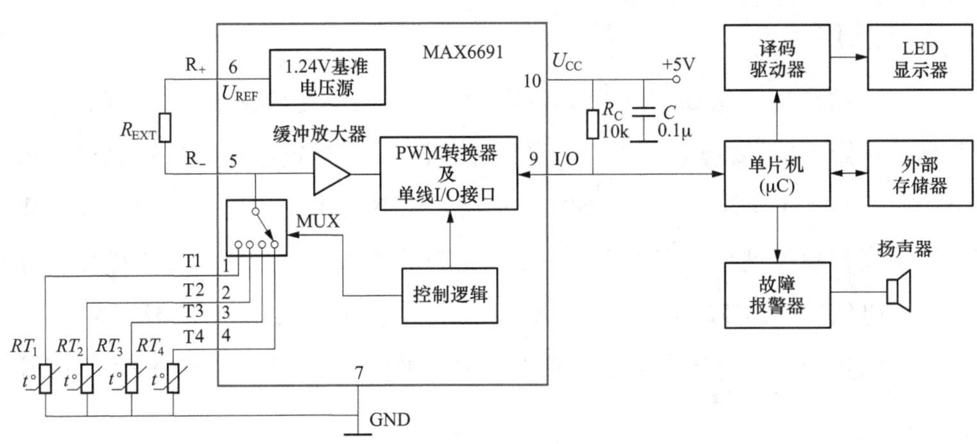

图 9.7.12　MAX6691 的内部结构及典型应用电路

学一学　智能温度传感器 ADT75

1. 简述

ADT75 是 ADI 公司推出的数字温度传感器，内置一个高度集成的温度传感器，其额定工作温度为 –55 ~ +125℃，能对温度进行准确测量，其内部还包含一个 12 位的 A/D 转换器，可用来监测并数字化温度值，其分辨率可达 0.062 5℃，功耗低，工作电压为 3 ~5.5 V。若工作电压在 3.3 V，其典型电流值为 300 μA；在关断模式下，典型电流值仅为 3 μA。ADT75 是一款完善的数字温度传感器，集传感器和模数转换器于一体，可大大简化温度测试系统的设计，提高系统的集成化。温度误差最大是 ± 1℃，温度分辨率为 0.062 5℃；SMBus/I2C 兼容接口；有超温指示器；采用关断模式降低能耗；在 3.3 V 工作电压下的功耗典型值为 69 μ W。ADT75 各个引脚的功能见表 9.7.4。

表 9.7.4　　ADT75 各引脚的功能

引脚号	引脚名称	功能
1	SDA	SMBus / I^2C 串行数据输入 / 输出
2	SCL	串行时钟输入
3	OS/ALERT	温度超限指示
4	CND	模拟地和数字地
5	A2	SMBus / I^2C 串行总线地址选择引脚
6	A1	SMBus / I^2C 串行总线地址选择引脚
7	A0	SMBus / I^2C 串行总线地址选择引脚
8	U_{DD}	电源正极

2. 工作原理

ADl75 的内部结构如图 9.7.13 所示，主要包括温度传感器、∑–Δ 调节器、4 个数据寄存器（温度数据寄存器、配置寄存器、THYST 定值寄存器和 TOS 定值寄存器）和 1 个地址指针寄存器、数字比较器、SMBus/I2C 串行接口等。其工作过程为：温度传感器进行温度采集，产生与绝对温度成一定比例的精确电压，并与内部参考电压进行比较，输入精确的数字式调节器中，转换为有效精度为 12 位的数据。被测量的温度值与限定值比较，如果测量值超限，则 OS/ALERT 引脚输出超限信息。

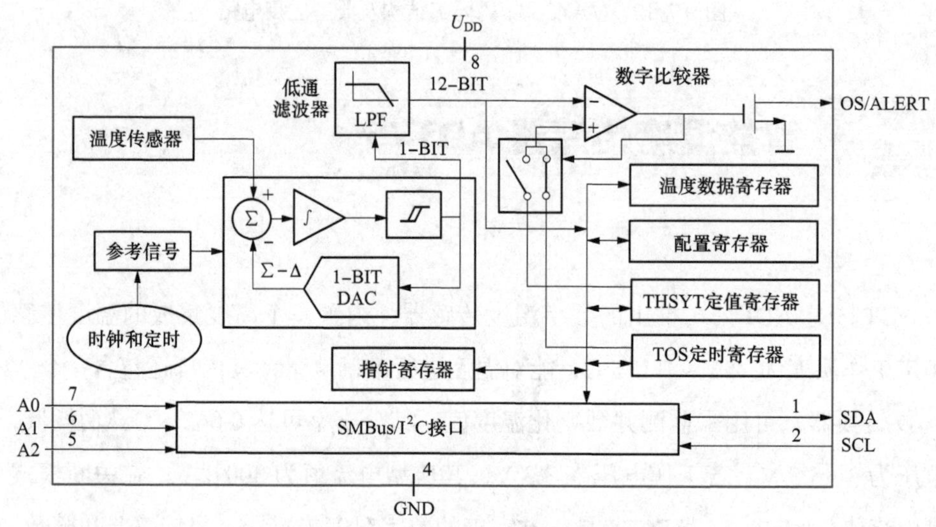

图 9.7.13　ADT75 的内部结构图

ADT75 包含 5 个寄存器，即 4 个数据寄存器和 1 个地址指针寄存器。配置寄存器是唯一的 8 位数据寄存器，其余的均是 16 位。温度数据寄存器是唯一的只读数据寄存器。上电时，地址指针寄存器被设置为 0x00，且指针指向温度数据寄存器。ADT75 寄存器地址见表 9.7.5。

表 9.7.5　　ADT75 寄存器地址

指针地址	名　称	上电默认值
0x00	温度数据寄存器	0x00
0x01	配置寄存器	0x00
0x02	THYST 定值寄存器	0x4B00（75℃）
0x03	TOS 定值寄存器	0x5000（80℃）
0x04	单步模式	0xXX

（1）地址指针寄存器。该 8 位写寄存器存放指向 4 个数据寄存器之一的 1 个地址，并选择单步模式。采用单步模式可以减少电能消耗，当单步模式启动时，

ADT75 立刻进入关断模式。当 U_{DD} 为 3.3V 时，电流消耗为 3μA；当 U_{DD} 为 5 V 时，电流消耗为 5.5μA。P0 和 P1 选择被写入或读出数据字节的数据寄存器，P0、Pl 和 P2 通过向这个寄存器写入 04H 来选择单步模式。

（2）温度数据寄存器。该 16 位只读寄存器存储由内置温度传感器测得的温度值，以二进制补码的方式存储，以 MSB 为温度标记位。当从这个读寄存器读数时，先读高 8 位，后读低 8 位。

（3）配置寄存器。该 8 位可读 / 写寄存器可为 ADT75 配置各种模式，如关断、超温中断、单步、SMBus 报警使能、OS/ALERT 引脚极性和超温错误队列等。

（4）THYST 定值寄存器。该 16 位读 / 写寄存器可存放 2 个中断模式下的温度滞后限定值，以二进制补码的方式存储，用 MSB 作为温度标志位。当从这个寄存器读数时，先读高 8 位 MSB，后读低 8 位 LSB。THYST 的缺省设置极限温度为 +75℃。

（5）TOS 定值寄存器。该 16 位读 / 写寄存器以 2 个中断模式存放超温限定值，以二进制补码的方式存储。当从这个寄存器读数时，先读高 8 位 MSB，后读低 8 位 LSB。TOS 的缺省设置极限温度为 +80℃。

3. 应用实例

在直冷式电冰柜温度测控系统的设计中，以 AT89C51 型单片机为核心，采用 ADT75 构成温度控制电路。这种电路硬件设计简单且功耗较低，实用性强。ADT75 与 AT89C51 的硬件接口电路如图 9.7.14 所示。

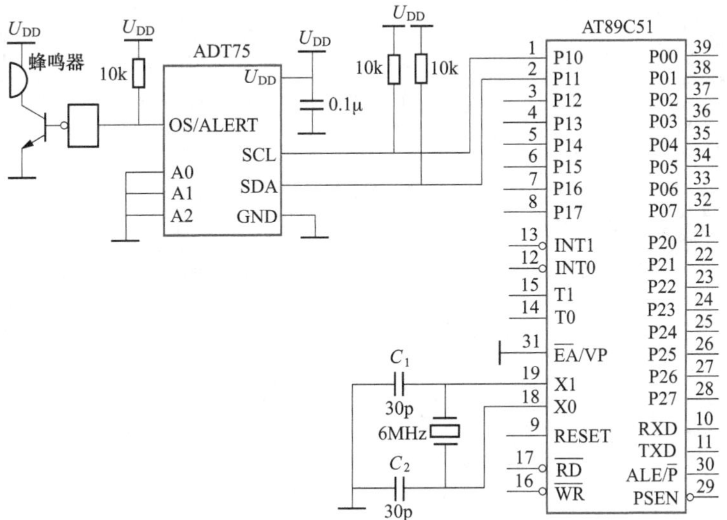

图 9.7.14　ADT75 与 AT89C51 的硬件接口电路

在电路中，将 ADT75 的 SMBus/I2C 串行数据输入 / 输出端 SDA 与单片机的 P11 脚相连，串行时钟输入端 SCL 由 P10 脚依次发出高、低电平，10kΩ 电阻为漏极开路时的上拉电阻器；ADT75 采用比较模式，当 OS/ALERT 输出设置为低电平时，与其相接的蜂鸣器进行温度超限报警。设计中 A2、A1 和 A0 接地，则 SMBus/I2C 的地址为 1001000。系统根据测得的温度值，由单片机内部完成 PID 运算，然后通过外部温度控制装置控制制冷压缩机的启停，进行温度的调节，使电冰柜内的温度保持在某个设定的范围内。

1. 用 DS18B20,DS1302 设计一个具有环境温度显示，同时具有万年历的数字钟，要求用单片机实现，若显示采用液晶显示更好。

2. 设计一个集温度、湿度检测于一体的智能型的传感器，要求具有显示功能，同时具有报警功能。

3. 设计一个消防智能小车模型，要求其能到指定区域进行抢险灭火工作。以蜡烛模拟火源，随机分布在场地中，场地如下图所示（2007 年山东省大学生电子设计大赛试题）。

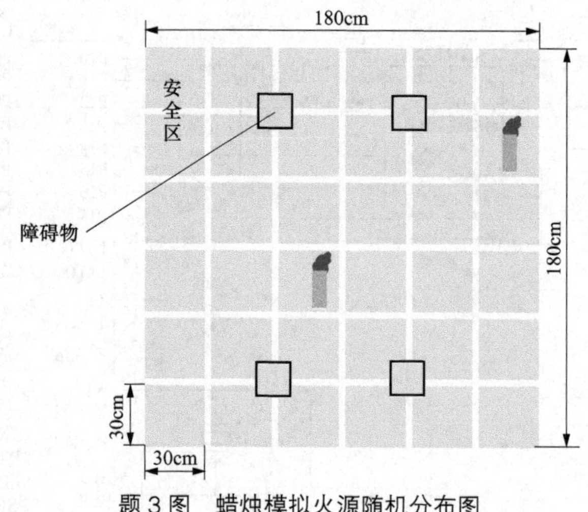

题 3 图　蜡烛模拟火源随机分布图

要求：

（1）智能小车从安全区启动，自动寻找到火源并显示。

（2）除安全区外，场地随机出现两个火源，要求智能小车能够发现其中一个火焰并将其完全扑灭。

（3）能够发现并扑灭第二个火焰。

（4）扑灭两个火焰的总时间不超过 5min。

（5）能够自动计算和显示扑灭的火源数。

（6）抢险完毕后智能小车能够返回到安全区（原位）。

（7）能够自动计算和显示路程。

（8）能够用不同声音对不同的状态进行报警。

4. 设计一个具有高分辨率的 A/D 转换器，实现对模拟电压的测量和显示，系统组成框图如下（2007 年山东省大学生电子设计大赛试题）。

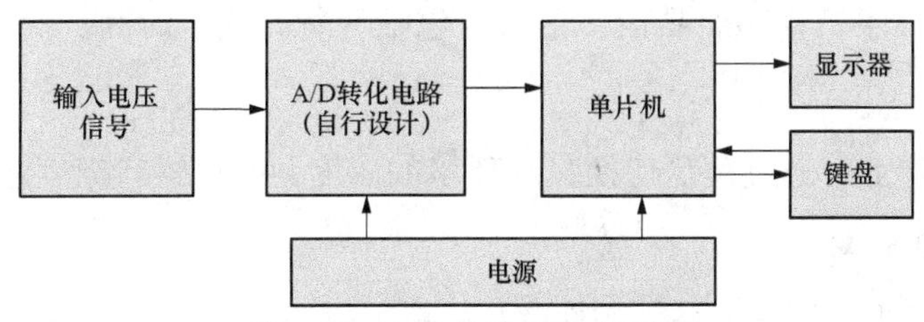

题 4 图　A/D 转换器组成框图

要求：

（1）采用普通元器件（不允许使用任何专用 A/D 芯片）设计一个具有 15 位分辨率的 A/D 转换电路，转换速度不低于 10 次 /s，线性误差小于 1%。

（2）设计并制作一个具有测量和显示功能的仪器或装置，将该 A/D 转换电路的结果显示出来，有转换结束信号，显示器可采用 LED 或 LCD。

（3）要求有一个 A/D 转换结束后的输出信号。

（4）自行设计一个可以从 0~100mV 连续调节的模拟电压信号作为该系统的被测信号源，以便对 A/D 转换电路的分辨率进行测试。例如，输入 100mV 电压时显示器显示值不低于 32767。

（5）将 A/D 转换电路与测量显示部分实现电气隔离。

5. 设计简易超市收银机，其组成框图如下。

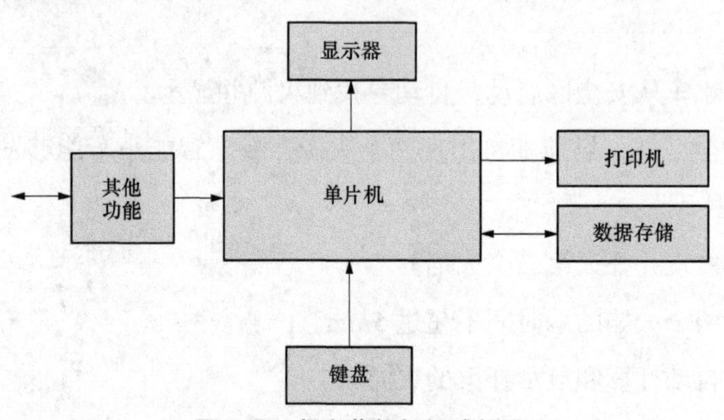

题 5 图　超市收银机组成框图

要求：

（1）简易超市收银机可设置 100 个商品价目表（PLU），并具有掉电保护功能。商品的数字编号、品名（数字或英文字母）、单价等信息可输入，具有 200 条销售日志。

（2）扩展键盘实现数字和英文字符输入。

（3）扩展打印机打印商品销售记录（包括售货日期、时间、商品名称、单价、合计等）。

（4）显示器上可通过键盘切换显示环境的温度，并可进行温度超限报警（温度误差不超过 ±0.5℃）。

（5）扩展条形码输入设备，实现商品的条形码输入。

（6）汉字打印每笔交易的商品名、商品单价、销售数量、销售金额、小计金额、商店店名、单据流水号、交易日期和时间等。

附录 A 智能化温度传感器 DS18B20 温度检测与显示总程序

温度检测程序：

```
T_L DATA 31H；DS18B20 低 8 位 Buffer
T_H DATA 30H；DS18B20 高 8 位 Buffer

T_HC DATA 32H；计算后的百位和十位的 BCD 码存放 Buffer
T_LC DATA 33H；计算后的个位和小数位的 BCD 码存放 Buffer
T_ZH DATA 34H；计算后十位和个位 HEX 码的存放 Buffer

DIS_BUF_X DATA 35H；数码管小数位 Buffer
DIS_BUF_G DATA 36H；数码管个位 Buffer
DIS_BUF_S DATA 37H；数码管十位 Buffer
DIS_BUF_B DATA 38H；数码管百位 Buffer

KEY_BUF_G DATA 39H；键盘输入后的个位值
KEY_BUF_S DATA 49H；键盘输入后的十位值
KEY_BUF_B DATA 41H；键盘输入后的百位值

P_DS18B20 EQU P3.2；读取 DS18B20 的输入端口
FLAG EQU 20H.0；标志位，确定是否存在 DS18B20
ENTER_FLAG EQU 20H.1；键盘输入的标志位，为 0 说明键盘正在输入，为 1 说明键盘输入退出

程序开始执行
ORG 0000H
LJMP MAIN
ORG 0100H
MAIN：MOV SP，#60H；初始化

start：
LCALL READ_TEMP；调用读温度子程序
```

```
JB FLAG，NORMAL；判断是否有 DS18B20 的存在
CALL ERR；不存在时显示错误信息
AJMP start
NORMAL：LCALL DATA_DEAl；处理从 DS18B20 得到的数据
LCALL SET_DIS_BUF；赋值给 DIS_BUF_X，G，S，B
LCALL DISPLAY；调用数码管显示子程序
AJMP start
```

程序名称：ERR

功能：程序出错处理，显示四个 8，即 8888

入口参数：无

出口参数：DIS_BUF_X，DIS_BUF_G，DIS_BUF_S，DIS_BUF_B

```
ERR：MOV DIS_BUF_X，#08H；如果没有找到 DS18B20，那么就显示错误，错误显示为
888
MOV DIS_BUF_G，#08H
MOV DIS_BUF_S，#08H
MOV DIS_BUF_B，#08H
LCALL DISPLAY
RET
```

程序名称：DATA_DEAL

功能：处理采集后的数据

入口参数：T_L

出口参数：DIS_BUF_G，DIS_BUF_S，DIS_BUF_B

```
DATA_DEAL：
MOV A，T_H；判温度是否零下
ANL A，#80H
JZ TEMPC1；A 为 0，说明是正数，跳往 TEMPC1，如果是负数，则对低 8 位进行补码处理
CLR C
MOV A，T_L；二进制数求补（双字节）
CPL A；取反加 1
ADD A，#01H
MOV T_L，A；取补码后存回 T_L，此时 T_L 里面的值就能表示温度
MOV A，T_H
CPL A
ADDC A，#00H；高位 T_H 取反，加上从低位 T_L 进来的位
MOV T_H，A；写回 T_H
```

```
MOV T_HC, #0BH
SJMP TEMPC11

TEMPC1：MOV T_HC, #0AH
TEMPC11：MOV A, T_HC
SWAP A
MOV T_HC, A
MOV A, T_L
ANL A, #0FH；取 A 低 4 位（小数位，单位是 0.0625），得出的数乘以 0.0625，通过查表算出值
MOV DPTR, #TEMPDOTTAB
MOVC A, @A+DPTR；查表
MOV T_LC, A；T_LC LOW= 小数部分 BCD
MOV DIS_BUF_X, A；小数位的 BCD 码送入显示 Buffer 中

MOV A, T_L；整数部分
ANL A, #0F0H；得到个位单个数值
SWAP A；SWAP 后得到个位真正的个位
MOV T_L, A
MOV A, T_H
ANL A, #0FH
SWAP A
ORL A, T_L
MOV T_ZH, A；组合后的值存入 T_ZH
LCALL HtoB；转换 HEx 值成为 BCD 码
MOV T_L, A；T_L 目前存入的是十位和个位的 BCD 编码
ANL A, #0F0H
SWAP A
ORL A, T_HC；T_HC LOW 位 = 十位数 BCD
MOV T_HC, A
MOV A, T_L
ANL A, #0FH
SWAP A；T_LC HI 位 = 个位数 BCD
ORL A, T_LC
MOV T_LC, A
MOV A, R7
JZ TEMPC12
```

```
ANL A, #0FH
SWAP A
MOV R7, A
MOV A, T_HC ; T_HC HI = 百位数 BCD
ANL A, #0FH

ORL A, R7
MOV T_HC, A
TEMPC12 : RET
```

小数部分码表

```
TEMPDOTTAB : DB 00H, 01H, 01H, 02H, 03H, 03H, 04H, 04H, 05H, 06H, 06H,
07H, 08H, 08H, 09H, 09H
0.0625->00H
0.0625*2 = 0.125->01H
0.0625*3 = 0.1875->01H
0.0625*4 = 0.25->02H
0.0625*5 = 0.3125->03H
```

以此类推 ....

程序名称：HtoB

功能：十六进制转 BCD

入口参数：A

出口参数：R7

```
HtoB : MOV B, #064H ; 100
DIV AB ; a/100
MOV R7, A ;
MOV A, #0AH
XCH A, B
DIV AB
SWAP A
ORL A, B
RET
```

程序名称：INIT_TEMP

功能：初始化 DS18B20，确定 DS18B20 是否是存在的

入口参数：无

出口参数：FLAG

```
INIT_TEMP:
SETB P_DS18B20
NOP
CLR P_DS18B20；主机发出延时 537μs 的复位低脉冲
MOV R0，#6BH
MOV R1，#04H
TSR1:DJNZ R0，$
MOV 40，#6BH
DJNZ R1，TSR1
SETB P_DS18B20；然后拉高数据线，释放总线进入接受状态
NOP
NOP
NOP
MOV R0，#32H
TSR2:JNB P_DS18B20，TSR3；等待 DS18B20 回应
DJNZ R0，TSR2
LJMP TSR4；延时
TSR3:SETB FLAG；置标志位，表示 DS1820 存在
LJMP TSR5
TSR4:CLR FLAG；清标志位，表示 DS1820 不存在
LJMP TSR7
TSR5:MOV R0，#06BH
TSR6:DJNZ R0，TSR6；时序要求延时一段时间
TSR7:SETB P_DS18B20
RET
```

程序名称：READ_TEMP

功能：读取 DS18B20 的数据

入口参数：T_L，T_H

出口参数：无

```
READ_TEMP:
SETB P_DS18B20
LCALL INIT_TEMP；先复位 DS18B20
JB FLAG，TSS2
RET；判断 DS1820 是否存在，若 DS18B20 不存在则返回
TSS2:MOV A，#0CCH；跳过 ROM 匹配
LCALL WRITE_18B20
```

```
MOV A，#44H；发出温度转换命令
LCALL WRITE_18B20
LCALL DISPLAY；等待AD转换结束
LCALL INIT_TEMP；准备读温度前先复位
MOV A，#0CCH；跳过ROM匹配
LCALL WRITE_18B20
MOV A，#0BEH；发出读温度命令
LCALL WRITE_18B20
LCALL READ_18B20；将读出的温度数据保存到35H/36H
RET
```

具体的步骤：初始化完后当拉低电平开始产生写时序，15μs之内送入一位数据，15～60μs，DS18B20来采样读取它 。

程序名称：WRITE_18B20

功能：将A保存的数值写入DS18B20中，有具体的时序要求，详细参考附图的说明

入口参数：A 寄存器

出口参数：无

```
WRITE_18B20：
MOV R2，#8；一共8位数据，串行通信
CLR C
WR1：CLR P_DS18B20
MOV R3，#07
DJNZ R3，$
RRC A；循环右移
MOV P_DS18B20，C
MOV R3，#3CH
DJNZ R3，$；23*2 = 46μs
SETB P_DS18B20
NOP
DJNZ R2，WR1；A里面一共是8位，所以要送8次
SETB P_DS18B20；释放总线
RET
```

程序名称：READ_18B20

功能：读取DS18B20中的数据，由于是串行通信，每次读取一个，循环8次读取

入口参数：TEMPRATURE_L

出口参数：无

```
READ_18B20：
```

```
MOV R4, #4 ；将温度高位和低位从 DS18B20 中读出
MOV R1, #T_L
RE00 : MOV R2, #8 ；数据一共有 8 位
RE01 : CLR C
SETB P_DS18B20
NOP
NOP
CLR P_DS18B20
NOP
NOP
NOP
SETB P_DS18B20
MOV R3, #09
RE10 : DJNZ R3, RE10
MOV C, P_DS18B20
MOV R3, #3CH
RE20 : DJNZ R3, RE20
RRC A
DJNZ R2, RE01
MOV @R1, A
DEC R1
DJNZ R4, RE00
RET
```

程序名称：SET_DIS_BUF

功能：赋值给 DIS_BUF_G，DIS_BUF_S，DIS_BUF_B

入口参数：T_LC，T_HC

出口参数：DIS_BUF_G，DIS_BUF_S，DIS_BUF_B

```
SET_DIS_BUF :
MOV A, T_LC
ANL A, #0FH
MOV DIS_BUF_X, A ；小数位
MOV A, T_LC
SWAP A
ANL A, #0FH
MOV DIS_BUF_G, A ；个位
MOV A, T_HC
```

```
ANL A, #0FH
MOV DIS_BUF_S, A；十位
MOV A, T_HC
SWAP A
ANL A, #0FH
MOV DIS_BUF_B, A；百位
MOV A, T_HC
ANL A, #0F0H
CJNE A, #010H, NEXT0
SJMP NEXT1

NEXT0：MOV A, T_HC
ANL A, #0FH
JNZ NEXT1；十位数是 0
MOV A, T_HC
SWAP A
ANL A, #0FH
MOV 73H, #0AH；符号位不显示
MOV 72H, A；十位数显示符号
NEXT1：RET
```

程序名称：SET_DIS_BUF

功能：显示数据到数码管中。

入口参数：DIS_BUF_G, DIS_BUF_S, DIS_BUF_B

出口参数：无

```
DISPLAY：
MOV DPTR, #DISTAB
MOV R3, #01H
MOV R1, #DIS_BUF_B
DPLOP：MOV A, @R1
MOVC A, @A+DPTR
cpl a
MOV P2, R3
MOV P1, A
CJNE R3, #04H, DPNEXT
SETB P1.7
DPNEXT：MOV A, R3
```

```
RL A
MOV R3, A
DEC R1
CALL DS1M
CJNE R3, #10H, DPLOP
MOV P1, #00H ; 一次显示结束，P0 口复位
MOV P2, #00H ; P2 口复位
RET
DS1M:
MOV R7, #0FFH
DJNZ R7, $
RET

数码管 TAB
DISTAB:
DB 0C0H ; 0
DB 0F9H ; 1
DB 0A4H ; 2
DB 0B0H ; 3
DB 099H ; 4
DB 092H ; 5
DB 082H ; 6
DB 0F8H ; 7
DB 080H ; 8
DB 090H ; 9
DB 0FFH ; NONE
END
```

附录 B

Pt100 温度传感器分度表

温度	0	1	2	3	4	5	6	7	8	9
(℃)	电阻值(Ω)									
-200	18.52									
-190	22.83	22.40	21.97	21.54	21.11	20.68	20.25	19.82	19.38	18.95
-180	27.10	26.67	26.24	25.82	25.39	24.97	24.54	24.11	23.68	23.25
-170	31.34	30.91	30.49	30.07	29.64	29.22	28.80	28.37	27.95	27.52
-160	35.54	35.12	34.70	34.28	33.86	33.44	33.02	32.60	32.18	31.76
-150	39.72	39.31	38.89	38.47	38.05	37.64	37.22	36.80	36.38	35.96
-140	43.88	43.46	43.05	42.63	42.22	41.80	41.39	40.97	40.56	40.14
-130	48.00	47.59	47.18	46.77	46.36	45.94	45.53	45.12	44.70	44.29
-120	52.11	51.70	51.29	50.88	50.47	50.06	49.65	49.24	48.83	48.42
-110	56.19	55.79	55.38	54.97	54.56	54.15	53.75	53.34	52.93	52.52
-100	60.26	59.85	59.44	59.04	58.63	58.23	57.82	57.41	57.01	56.60
-90	64.30	63.90	63.49	63.09	62.68	62.28	61.88	61.47	61.07	60.66
-80	68.33	67.92	67.52	67.12	66.72	66.31	65.91	65.51	65.11	64.70
-70	72.33	71.93	71.53	71.13	70.73	70.33	69.93	69.53	69.13	68.73
-60	76.33	75.93	75.53	75.13	74.73	74.33	73.93	73.53	73.13	72.73
-50	80.31	79.91	79.51	79.11	78.72	78.32	77.92	77.52	77.12	76.73
-40	84.27	83.87	83.48	83.08	82.69	82.29	81.89	81.50	81.10	80.70
-30	88.22	87.83	87.43	87.04	86.64	86.25	85.85	85.46	85.06	84.67
-20	92.16	91.77	91.37	90.98	90.59	90.19	89.80	89.40	89.01	88.62
-10	96.09	95.69	95.30	94.91	94.52	94.12	93.73	93.34	92.95	92.55
0	100.00	99.61	99.22	98.83	98.44	98.04	97.65	97.26	96.87	96.48
0	100.00	100.39	100.78	101.17	101.56	101.95	102.34	102.73	103.12	103.51
10	103.90	104.29	104.68	105.07	105.46	105.85	106.24	106.63	107.02	107.40
20	107.79	108.18	108.57	108.96	109.35	109.73	110.12	110.51	110.90	111.29
30	111.67	112.06	112.45	112.83	113.22	113.61	114.00	114.38	114.77	115.15
40	115.54	115.93	116.31	116.70	117.08	117.47	117.86	118.24	118.63	119.01
50	119.40	119.78	120.17	120.55	120.94	121.32	121.71	122.09	122.47	122.86
60	123.24	123.63	124.01	124.39	124.78	125.16	125.54	125.93	126.31	126.69
70	127.08	127.46	127.84	128.22	128.61	128.99	129.37	129.75	130.13	130.52
80	130.90	131.28	131.66	132.04	132.42	132.80	133.18	133.57	133.95	134.33
90	134.71	135.09	135.47	135.85	136.23	136.61	136.99	137.37	137.75	138.13

续表

温度（℃）	0	1	2	3	4	5	6	7	8	9
	电阻值（Ω）									
100	138.51	138.88	139.26	139.64	140.02	140.40	140.78	141.16	141.54	141.91
110	142.29	142.67	143.05	143.43	143.80	144.18	144.56	144.94	145.31	145.69
120	146.07	146.44	146.82	147.20	147.57	147.95	148.33	148.70	149.08	149.46
130	149.83	150.21	150.58	150.96	151.33	151.71	152.08	152.46	152.83	153.21
140	153.58	153.96	154.33	154.71	155.08	155.46	155.83	156.20	156.58	156.95
150	157.33	157.70	158.07	158.45	158.82	159.19	159.56	159.94	160.31	160.68
160	161.05	161.43	161.80	162.17	162.54	162.91	163.29	163.66	164.03	164.40
170	164.77	165.14	165.51	165.89	166.26	166.63	167.00	167.37	167.74	168.11
180	168.48	168.85	169.22	169.59	169.96	170.33	170.70	171.07	171.43	171.80
190	172.17	172.54	172.91	173.28	173.65	174.02	174.38	174.75	175.12	175.49
200	175.86	176.22	176.59	176.96	177.33	177.69	178.06	178.43	178.79	179.16
210	179.53	179.89	180.26	180.63	180.99	181.36	181.72	182.09	182.46	182.82
220	183.19	183.55	183.92	184.28	184.65	185.01	185.38	185.74	186.11	186.47
230	186.84	187.20	187.56	187.93	188.29	188.66	189.02	189.38	189.75	190.11
240	190.47	190.84	191.20	191.56	191.92	192.29	192.65	193.01	193.37	193.74
250	194.10	194.46	194.82	195.18	195.55	195.91	196.27	196.63	196.99	197.35
260	197.71	198.07	198.43	198.79	199.15	199.51	199.87	200.23	200.59	200.95
270	201.31	201.67	202.03	202.39	202.75	203.11	203.47	203.83	204.19	204.55
280	204.90	205.26	205.62	205.98	206.34	206.70	207.05	207.41	207.77	208.13
290	208.48	208.84	209.20	209.56	209.91	210.27	210.63	210.98	211.34	211.70
300	212.05	212.41	212.76	213.12	213.48	213.83	214.19	214.54	214.90	215.25
310	215.61	215.96	216.32	216.67	217.03	217.38	217.74	218.09	218.44	218.80
320	219.15	219.51	219.86	220.21	220.57	220.92	221.27	221.63	221.98	222.33
330	222.68	223.04	223.39	223.74	224.09	224.45	224.80	225.15	225.50	225.85
340	226.21	226.56	226.91	227.26	227.61	227.96	228.31	228.66	229.02	229.37
350	229.72	230.07	230.42	230.77	231.12	231.47	231.82	232.17	232.52	232.87
360	233.21	233.56	233.91	234.26	234.61	234.96	235.31	235.66	236.00	236.35
370	236.70	237.05	237.40	237.74	238.09	238.44	238.79	239.13	239.48	239.83
380	240.18	240.52	240.87	241.22	241.56	241.91	242.26	242.60	242.95	243.29
390	243.64	243.99	244.33	244.68	245.02	245.37	245.71	246.06	246.40	246.75
400	247.09	247.44	247.78	248.13	248.47	248.81	249.16	249.50	245.85	250.19
410	250.53	250.88	251.22	251.56	251.91	252.25	252.59	252.93	253.28	253.62
420	253.96	254.30	254.65	254.99	255.33	255.67	256.01	256.35	256.70	257.04
430	257.38	257.72	258.06	258.40	258.74	259.08	259.42	259.76	260.10	260.44
440	260.78	261.12	261.46	261.80	262.14	262.48	262.82	263.16	263.50	263.84

续表

温度（℃）	0	1	2	3	4	5	6	7	8	9
	电阻值（Ω）									
450	264.18	264.52	264.86	265.20	265.53	265.87	266.21	266.55	266.89	267.22
460	267.56	267.90	268.24	268.57	268.91	269.25	269.59	269.92	270.26	270.60
470	270.93	271.27	271.61	271.94	272.28	272.61	272.95	273.29	273.62	273.96
480	274.29	274.63	274.96	275.30	275.63	275.97	276.30	276.64	276.97	277.31
490	277.64	277.98	278.31	278.64	278.98	279.31	279.64	279.98	280.31	280.64
500	280.98	281.31	281.64	281.98	282.31	282.64	282.97	283.31	283.64	283.97
510	284.30	284.63	284.97	285.30	285.63	285.96	286.29	286.62	286.85	287.29
520	287.62	287.95	288.28	288.61	288.94	289.27	289.60	289.93	290.26	290.59
530	290.92	291.25	291.58	291.91	292.24	292.56	292.89	293.22	293.55	293.88
540	294.21	294.54	294.86	295.19	295.52	295.85	296.18	296.50	296.83	297.16
550	297.49	297.81	298.14	298.47	298.80	299.12	299.45	299.78	300.10	300.43
560	300.75	301.08	301.41	301.73	302.06	302.38	302.71	303.03	303.36	303.69
570	304.01	304.34	304.66	304.98	305.31	305.63	305.96	306.28	306.61	306.93
580	307.25	307.58	307.90	308.23	308.55	308.87	309.20	309.52	309.84	310.16
590	310.49	310.81	311.13	311.45	311.78	312.10	312.42	312.74	313.06	313.39
600	313.71	314.03	314.35	314.67	314.99	315.31	315.64	315.96	316.28	316.60
610	316.92	317.24	317.56	317.88	318.20	318.52	318.84	319.16	319.48	319.80
620	320.12	320.43	320.75	321.07	321.39	321.71	322.03	322.35	322.67	322.98
630	323.30	323.62	323.94	324.26	324.57	324.89	325.21	325.53	325.84	326.16
640	326.48	326.79	327.11	327.43	327.74	328.06	328.38	328.69	329.01	329.32

附录 C

K 型热电偶温度传感器分度表

温度（℃）	0	10	20	30	40	50	60	70	80	90
	热电动势（mV）									
0	0.000	0.397	0.798	1.203	1.611	2.022	2.436	2.850	3.266	3.681
100	4.095	4.508	4.919	5.327	5.733	6.137	6.539	6.939	7.338	7.737
200	8.137	8.537	8.938	9.341	9.745	10.151	10.560	10.969	11.381	11.793
300	12.207	12.623	13.039	13.456	13.874	14.292	14.712	15.132	15.552	15.974
400	16.395	16.818	17.241	17.664	18.088	18.513	18.938	19.363	19.788	20.214
500	20.640	21.066	21.493	21.919	22.346	22.772	23.198	23.624	24.050	24.476
600	24.902	25.327	25.751	26.176	26.599	27.022	27.445	27.867	28.288	28.709
700	29.128	29.547	29.965	30.383	30.799	31.214	31.214	32.042	32.455	32.866
800	33.277	33.686	34.095	34.502	34.909	35.314	35.718	36.121	36.524	36.925
900	37.325	37.724	38.122	38.915	38.915	39.310	39.703	40.096	40.488	40.879
1000	41.269	41.657	42.045	42.432	42.817	43.202	43.585	43.968	44.349	44.729
1100	45.108	45.486	45.863	43.238	46.612	46.985	47.356	47.726	48.095	48.462
1200	48.828	49.192	49.555	49.916	50.276	50.633	50.990	51.344	51.697	52.049
1300	52.398	52.747	53.093	53.439	53.782	54.125	54.466	54.807	—	—

参考文献

[1] 郭迎福，焦锋，等．测试技术与信号处理．徐州：中国矿业大学出版社，2012.

[2] 谢志平．传感器与检测技术．北京：电子工业出版社，2008.

[3] 姜树杰．传感器应用技术．天津：天津大学出版社，2010.

[4] 祁树胜．传感器与检测技术．北京：北京航空航天大学出版社，2010.